W0292764

Kakteen-Atlas

Rod & Ken
Preston-Mafham

KAKTEEN-ATLAS

1094 Kugelkakteen
in Farbe

Aus dem Englischen
von Holger Dopp

2. *Auflage*

VERLAG
EUGEN
ULMER

Die Deutsche Bibliothek - CIP-Einheitsaufnahme

Kakteen-Atlas : 1094 Kugelkakteen in Farbe / Rod & Ken Preston-Mafham.
Aus dem Engl. von Holger Dopp. - 2. Aufl. - Stuttgart : Ulmer, 1995
Einheitssacht.: Cacti <dt.>
ISBN 3-8001-6582-1
NE: Preston-Mafham, Rod; Preston-Mafham, Ken; EST

Das Werk einschließlich aller seiner Teile ist urheberrechtlich geschützt. Jede Verwertung außerhalb der engen Grenzen des Urheberrechtsgesetzes ist ohne Zustimmung des Verlages unzulässig und strafbar. Das gilt insbesondere für Vervielfältigungen, Übersetzungen, Mikroverfilmungen und die Einspeicherung und Verarbeitung in elektronischen Systemen.

© Blandford, London/Großbritannien 1991
Text copyright © 1991 K. G. & R. A. Preston-Mafham
Photographs copyright © Premaphotos Wildlife and photographers credited on page 224
Titel der englischen Originalausgabe: Cacti. The Illustrated Dictionary.

© Deutsche Ausgabe 1992, 1995 Eugen Ulmer GmbH & Co.
Wollgrasweg 41, 70599 Stuttgart (Hohenheim)
Satz: Steffen Hahn GmbH, Kornwestheim
Printed and bound in Singapore by Kyodo Printing Co.

Inhaltsverzeichnis

Danksagung

Wir sind vielen Leuten zu tiefem Dank verpflichtet: einige von ihnen waren uns völlig unbekannt, als wir das erste Mal bezüglich dieses Projektes Kontakt mit ihnen aufnahmen, und dennoch stellten sie uns ihre Kakteensammlungen und ihre Sachkenntnis, verbunden mit einer großzügigen Gastfreundschaft, selbstlos zur Verfügung. Ohne Zugang zu diesen Spezialsammlungen, die zum größten Teil aus vollständig dokumentiertem Material bestehen, wäre dieses Buchprojekt sicher gescheitert. Unser besonderer Dank gilt deshalb folgenden Personen, denn dieses Buch ist damit auch das ihrige: Elisabeth und Graham Charles, John Donald, Len Evans, Roger Ferryman, Peter Gavin, Graham Hole, Heinz Klein, Mike Muse, David Parker, Chris Pugh, 'Pip' Smart, Nigel Taylor und Sidney Woolcock.

Ein weiterer Dank geht an Graham Charles, der uns außer seiner Kakteensammlung auch noch viele ausgezeichnete Aufnahmen zur Verfügung stellte. In der Tat schien seine Begeisterung für dieses Projekt manchmal größer zu sein als unsere eigene – das sieht man auch an der Anzahl seiner Aufnahmen, die wir freundlicherweise benutzen durften. Ebenfalls danken möchten wir Roger Ferryman und 'Pip' Smart, die uns mit zusätzlichem Bildmaterial versorgten. Dank auch an Rene Geissler, der uns seine sämtlichen Exemplare der Deutschen Kakteen-Zeitschrift 'KuaS' lieh, und natürlich auch an John Donald für die vielen Ratschläge.

Wir möchten uns außerdem bei den leidgeprüften Ehefrauen der oben genannten Kakteenfreunde bedanken, die sich mit dem Engagement ihrer Ehegatten abfinden mußten.

Ein besonderer Dank gebührt Rod Preston-Mafhams Frau Jean für ihre Mitarbeit bei der Erstellung dieses Manuskriptes.

Einleitung

Der Umfang dieses Werkes war notwendig, um alle kugelförmigen Kakteen, die gesammelt werden, nicht nur abzubilden, sondern auch korrekt zu beschreiben.

Unsere Vorstellung des Begriffes „kugelförmig“ mußte von Anfang an etwas korrigiert werden, weil wir auch die Gattung *Echinocereus* mit relativ wenigen kugelförmigen Arten aufnehmen wollten, um einen vollständigen Überblick zu schaffen. Um andererseits die Aufnahme der Gattung *Trichocereus* zu verhindern, die vorwiegend aus säulenförmigen Arten besteht, haben wir ein sehr enges Gattungskonzept gefaßt. Das wiederum ermöglichte uns, die kugelförmigen Kakteen der Gattung *Echinopsis* in ihrer bisherigen Klassifizierung – also ohne *Trichocereus* – aufzunehmen, obwohl man immer mehr dazu übergeht, *Trichocereus* und *Echinopsis* in einer Gattung zusammenzufassen.

Wir haben uns auch dafür entschieden, Gattungen wie *Lobivia* – vielfach *Echinopsis* zugeordnet – und *Notocactus* (Anmerkung des Übersetzers: wird lediglich von Nigel Taylor *Parodia* zugeordnet) als eigenständige Gattungen in diesem Werk aufzunehmen. Wir müssen an dieser Stelle jedoch darauf hinweisen, daß nicht alle wissenschaftlich tätigen Botaniker und ernsthaften Kakteensammler den Trend zu einer gewissen Gattungskonzentration akzeptieren.

Diese Anmerkung bezieht sich auch auf die Art der Bedornung, die für eine Beschreibung unerläßlich ist, aber immer wieder zu Meinungsverschiedenheiten zwischen Wissenschaftlern und Sammlern führt. Es scheint, daß dieser Streit nie endgültig gelöst werden wird. Der Kern des Problems liegt wohl in einer gewissen Bandbreite des Habitus, der bei verschiedenen Kakteenpopulationen am Heimatstandort beobachtet werden kann. Verglichen mit anderen Pflanzen ist deshalb die Systematik der Kakteen einem permanenten Wandel unterworfen.

In den meisten Fällen hat eine Kakteenpopulation gut ausgeprägte Erkennungsmerkmale, die die Art am Heimatstandort und in der eigenen Zucht sofort erkennbar macht. Wenn wir beispielsweise *Mammillaria plumosa* nehmen, die kaum variiert und auch keine enge Verbindung zu einer anderen Art besitzt, so gibt es hier sicher keine nennenswerten Identifizierungsprobleme.

Bei einer Art wie *Sulcorebutia glomerispina* oder *S. tiraquensis* ist die Bestimmung bereits schwieriger. Beide Arten sind offensichtlich mit jener verwandt, die früher mit *Sulcorebutia steinbachii* bezeichnet wurde, und können demzufolge als Variationen der letztgenannten angesehen werden.

Um diese Beziehungen untereinander besser verstehen zu können, ist ein Studium dieser Pflanzen am Heimatstandort notwendig. *Sulcorebutia glomerispina* wächst z. B. wenige Meilen von der sehr variablen *S. steinbachii*-Population entfernt. *S. glomerispina* unterscheidet sich jedoch durch einige relativ gut definierbare Merkmale, so daß diese Art ursprünglich getrennt von *S. steinbachii* beschrieben wurde. Unter rein botanischen Gesichtspunkten ist es aber sehr zweifelhaft, ob es sich um eine eigene Art handelt, obwohl sie in diesem Werk so geführt wird.

Es ist sehr schwierig, die komplexe Situation, die sich um eine Typus-Art wie z. B. *Sulcorebutia steinbachii* ergibt, im weitgehenden Interesse der Sammler zufriedenstellend zu lösen. So sind z. B. die Abstufungen von *Sulcorebutia steinbachii* zu *S. tiraquensis* derart fließend, daß man immer wieder auf Pflanzen trifft, die deutliche Merkmale von beiden Arten aufweisen. Es ist deshalb nicht immer sinnvoll, bei kleineren oder unbedeutenden Abweichungen von den üblichen und bekannten Merkmalen der Typus-Art gleich eine allgemeingültige Varietät zu schaffen. (Die allmähliche Veränderung diverser Merkmale einer Art entlang einer geographischen Linie kann dazu führen, daß Pflanzen an jedem Ende dieser Linie zumindest äußerlich deutlich als völlig andere Art erscheinen können.)

Es wäre jedoch durchaus sinnvoll, zumindest bei extrem variablen Arten den Trend zu permanenter Varietätenbenennung bei unwesentlichen Änderungen von Merkmalen deutlich zu reduzieren. Eine bislang botanische Art kann bei sorgfältiger Prüfung durchaus zu einer qualifizierten botanischen Varietät werden.

Als Antwort auf dieses Problem haben wir beschlossen, einen Mittelweg zu wählen, der hoffentlich die Interessen jener Leser zufriedenstellen wird, die es gewohnt sind, wissenschaftliche botanische Bezeichnungen kontinuierlich anzuwenden. Die Anmerkungen unter den Abbildungen sollen helfen, unsere Entscheidungen in diesem Zusammenhang zu verstehen, und sie sollen zugleich die Beziehungen zwischen den Arten aufzeigen.

Durch die mitunter extreme Variationsbreite innerhalb einer anerkannten Art wird die ganze Angelegenheit noch komplizierter. Manchmal können Pflanzen innerhalb einer völlig isolierten Population, die oftmals von denselben Samen abstammen, in Pflanzenfarbe und -form, in der Anzahl der Dornen, in deren Länge und Farbe sowie in der Farbe der Blüte und in der Form des Blütenblattes derart variieren, daß sie auf den ersten Blick wie eine Mischung aus mehreren Arten wirken und folglich auch so beschrieben werden könnten. Durch derartige Mißverständnisse sind viele der überflüssigen Namen entstanden, die in Kursivschrift angegeben sind.

Sorgfältige Studien dieser ungemein variablen Arten zeigen oftmals, daß es keine Typus-Art gibt, an der sich ein Sammler orientieren kann. Dieses Varietätenbild einer spezifischen Art entstand in der Vergangenheit, weil den Sammlern häufig nur eine sehr beschränkte Anzahl lebender Pflanzen zur Verfügung stand, die aus einer Population an verschiedenen Stellen entnommen wurden und so zu einem falschen Eindruck führen mußten.

Unter Berücksichtigung dieser Fakten hatten wir bei einigen Arten Schwierigkeiten, eine Typus-Pflanze abzubilden mit ausreichend charakteristischen Artmerkmalen, wie sie am Heimatstandort vorkommen. Bei einigen Arten haben wir dieses Problem gelöst, indem wir zwei nach bestimmten Merkmalen verschiedene Formen in der gleichen Abbildung zeigen. Wo das nicht möglich war, muß sich der Leser auf die informativen Angaben über die Bandbreite der Art verlassen. Wenn es der zur Verfügung stehende Platz gestattet, sind auch leicht erkennbare Varietäten und/oder Formen bestimmter Arten abgebildet.

Die Kakteen, die wir für dieses Werk fotografiert haben, stammen aus unserer eigenen Sammlung und von anderen hilfreichen und begeisterten Sammlern. Soweit es uns möglich war, haben wir uns auf Material bekannter Herkunft konzentriert oder am Heimatstandort gesammelte Pflanzen bzw. Pflanzen aus entsprechendem Saatgut fotografiert. Oft haben wir auch vegetativ vermehrte Kakteen (oder Klone) von ursprünglichen, am Heimatstandort gesammelten Pflanzen genutzt. Es gibt jedoch viele Arten, die nur wenig variieren und als gutes Feldmaterial schwer zu erhalten sind. In diesen Fällen haben wir entsprechende Pflanzen abgebildet, die zwar aus Züchtungen stammen, aber der Typusform sehr ähneln.

Die Tatsache, daß wir die Anzahl der abgebildeten Arten beträchtlich reduziert haben, betrifft nicht die Anzahl der sammelbaren Kakteen. Früher hat der Leser z. B. drei verschiedene Arten kultiviert, die sich nur durch eine unterschiedliche Blütenfarbe voneinander unterschieden haben. Gegenwärtig ist es durchaus möglich, daß er, von der gleichen Anzahl Pflanzen ausgehend, nur eine einzige Art kultiviert, obwohl diese Kakteen unterschiedliche Blütenfarben, verschiedene Dornenlängen und unterschiedliche Dornenanzahl aufweisen. Wir wollen damit die Bandbreite der Arten aufzeigen.

Benutzung des Kakteen-Atlas

Dieses Werk besteht aus zwei Teilen: der erste enthält sämtliche Abbildungen mit erklärenden Texten in alphabetischer Reihenfolge. Der zweite Teil ist ein querverweisendes Register, das nahezu sämtliche Namen für Kugelkakteen enthält, die in den vergangenen 20 Jahren benutzt wurden.

Sucht der Leser Informationen über eine spezielle Art, z. B. einen Namen aus einer Samenliste, so sollte er zunächst im illustrierten, alphabetisch aufgebauten Hauptteil danach suchen. Falls er den gesuchten Namen dort nicht findet, kann er im Register nachschlagen, wo er hoffentlich den Hinweis auf die im Buch abgebildete synonyme Art entdecken wird.

In beiden Teilen findet man von uns akzeptierte Namen in **fettgedruckten** Buchstaben und Namen, die wir für nicht gerechtfertigt halten, in *kursiver* Schrift. (Vermutlich werden manche Leser mit einigen unserer Entscheidungen nicht einverstanden sein, obwohl diese auf unserer großen Erfahrung mit der teilweise extremen Variabilität der Kakteen in ihren eigentlichen Verbreitungsgebieten beruhen.)

Einige der von uns akzeptierten Namen erscheinen in einfachen Anführungszeichen, die aus drei Gründen verwendet werden: Erstens kennzeichnen sie Pflanzen, die wir für so eigenständig halten, daß wir sie in diesem Buch erwähnen, obwohl es für sie noch keine gültige Erstbeschreibung gibt. Zweitens verwenden wir diese Anführungszeichen bei Pflanzen, die zwar eine gültige Erstbeschreibung haben, aber nach unserer Meinung in der falschen Gattung sind oder einen falschen Art- oder Varietät-Namen erhalten haben – oder umgekehrt. Drittens sind einige Namen im normalen Gebrauch deshalb ungültig, weil in der ursprünglichen Beschreibung Fehler gemacht wurden oder die beschriebene Originalpflanze nicht in einem autorisierten Herbarium hinterlegt wurde. Bis zu dem Zeitpunkt einer allgemein gültigen und anerkannten Beschreibung müssen ihre Namen erhalten werden, auch wenn sie nach unserer Meinung falsch sind. Die neuen Kombinationen in Anführungszeichen sind lediglich Anhaltspunkte für unsere eigenen Anregungen und sollen deshalb hier nicht als veröffentlicht gelten.

Wahrscheinlich werden viele Leser dieses Buch als Nachschlagewerk benutzen, um aus der Vielfalt an Gattungen und Arten jene herauszufinden, die in diversen Pflanzen- und Samenlisten immer wieder auftauchen. Viele Kataloge enthalten überflüssige oder auch ungültige Namen: Beispielsweise kann der Leser eine als *Echinocereus caespitosus* aufgeführte Art suchen. Wenn er nun im Synonym-Register nachschlägt, wird er auf *Echinocereus reichenbachii* verwiesen, die jetzt als Leitart anerkannt ist. Jener Pflanzenkatalog enthält vielleicht auch *Echinocereus baileyi,* die unser Register als Varietät von *Echinocereus reichenbachii* angibt.

Hinter einigen Namen im Index haben wir „Status zweifelhaft“ angegeben, weil diese Namen möglicherweise nicht mehr verwendet werden. Oft beziehen sich die Namen auf Arten, deren Originalbeschreibung unvollständig ist, deren Herkunft nicht mehr nachvollziehbar ist und von denen es kein Herbarmaterial gibt oder die in Sammlungen nicht mehr eindeutig identifiziert werden können. In manchen Sammlungen werden sogenannte ‘verlorengegangene Arten’ wiederentdeckt, aber wir glauben, daß dies Wunschvorstellungen sind und es manchmal besser wäre, eine Art oder eine Varietät neu zu beschreiben, anstatt einen zweifelhaften alten Namen zu erhalten. Wir haben möglichst viele dieser ‘Pseudonamen’ ausfindig gemacht, aber die wahre Identität einiger Bezeichnungen blieb auch uns verborgen.

Quellenangaben zu den Pflanzen

Wir haben in eckigen Klammern und mittels diverser Abkürzungen möglichst viele Informationen über Herkunft, Natur und Besitzer der Pflanze zusammengefaßt. Manchmal standen diese Informationen nicht zur Verfügung. Zuerst kommt – sofern bekannt – die Abkürzung des Sammlernamens und die Nummer:

B = Frau Muhr	L = Lau
SB = S. Brack	JL = J. Lambert
Card. = M. Cardenas	FO = F. Otero
JD = J. Donald	P = J. Piltz
OF = O. Ferrari	PM = Preston-Mafham
RMF = R. Ferryman	WR = W. Rausch
H = D. Hunt	Repp = W. Reppenhagen
DH = D. Herzog	FR = F. Ritter
HU = Horst Uebelmann	Schl = H. Schlosser
K = H. Klein	HS = H. Swoboda
FK = F. Katterman	NPT = N. Taylor
HK = H. Kuentzler	DV = D. van Vliet
KK = K. Knize	MLV = M. Vereb
KR = W. Krahn	

Anschließend folgt die Herkunft der abgebildeten Pflanze: H = am Heimatstandort fotografierte Pflanze, IP = vom Heimatstandort importierte oder vegetative Vermehrung einer solchen Pflanze; HS = aus am Heimatstandort gesammeltem Samen gezüchtet; CS = aus Samen gezüchtet, der im Handel erhältlich ist. Zuletzt wird die Sammlung genannt, in der die Pflanze fotografiert wurde:

EC = E. Charles	K = H. Klein
GC = G. Charles	M = M. Muse
ERC = Echinocereus Reference Collection	P = C. Pugh
E = L. Evans	PM = Preston-Mafham
DHS = Donald/Hole/Smart	RM = R. Mottram
F = R. Ferryman	R = A. Rollason
G = P. Gavin	W = S. Woolcock

Aufbau der Kurztexte

Es mag seltsam wirken, daß manche Bildunterschriften eine Pflanze umfassend beschreiben, während andere nur kleine Details ansprechen. Wir haben uns jedoch bemüht, den zur Verfügung stehenden Raum unter den Abbildungen – vor allem bei den neueren, weniger bekannten und bei den sehr stark variierenden Arten – mit möglichst umfassenden Informationen zu füllen. Bei den weniger variierenden oder häufiger in den Sammlungen anzutreffenden Arten lassen wir die Abbildungen der Pflanzen für sich selbst sprechen, denn eine gute Abbildung ist mehr wert als tausend Worte.

Denjenigen Sammlern, die sich mit den Namen der diversen Kakteenarten nicht so gut auskennen, soll das nachstehende Diagramm helfen, die im Text enthaltenen Informationen besser zu verstehen. Wenn wir Platzprobleme hatten, wurden die Artnamen abgekürzt, sofern sie innerhalb des Textes bereits mindestens einmal vollständig erwähnt wurden. Außerdem wurden auf Grund des beschränkten Raumes besonders lange Texte unter den Abbildungen in einem gesonderten Anhangsteil untergebracht.

Größenangaben sind nur als grobe Richtlinien zu verstehen. Unsere Erfahrung hat gezeigt, daß die Größe einer Pflanze oftmals von Sammlung zu Sammlung unterschiedlich sein kann, weil vielfach berücksichtigt werden muß, wie schnell die Pflanzen gewachsen sind, d. h. wie oft sie gegossen und gedüngt wurden; außerdem spielt auch das Alter der Pflanze eine wichtige Rolle. Darüber hinaus zeigen Kakteen in unseren Sammlungen oftmals eine schwächere Bedornung als die Exemplare am Heimatstandort.

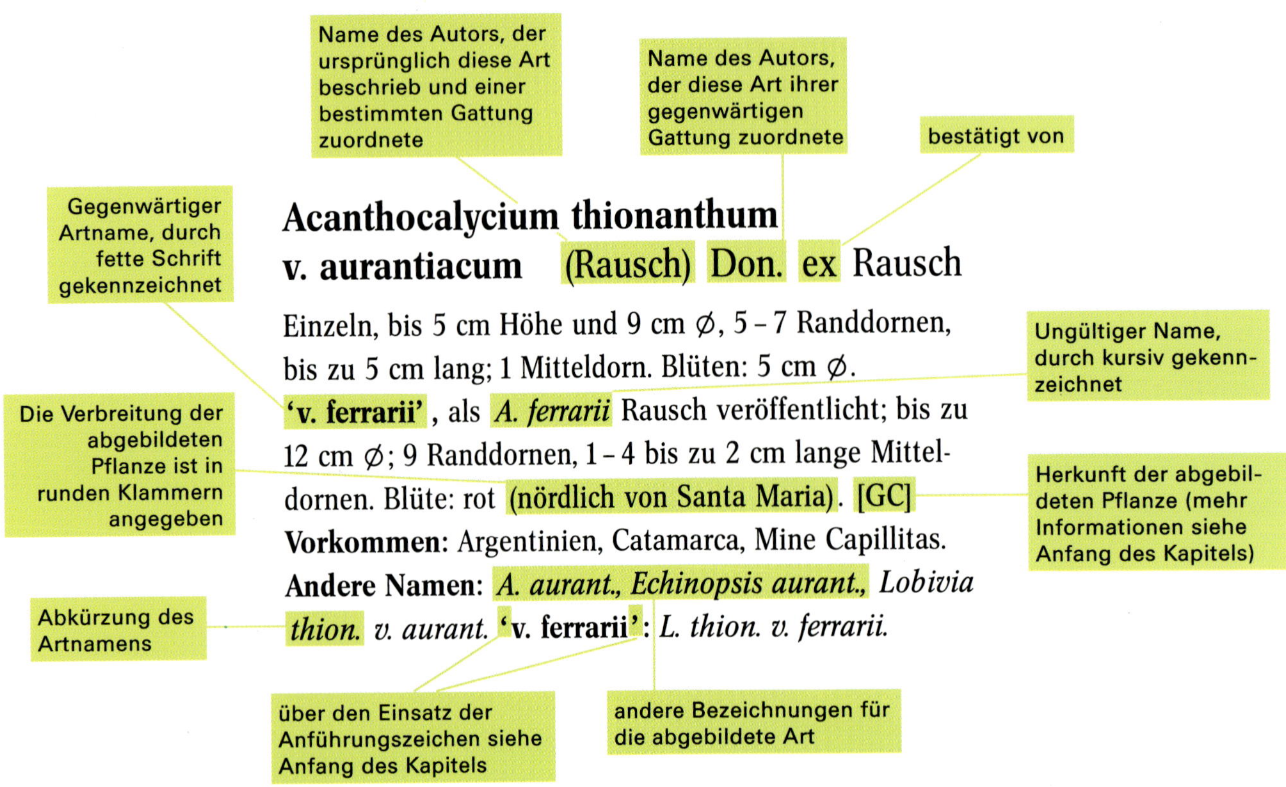

Kugelkakteen von A–Z

Acanthocalycium spiniflorum
(Sch.) Bkbg.
Einzeln, bis 60 cm Höhe und 15 cm ⌀; 14–20 Dornen. Blüte: rosa. **v. klimpelianum** (Werd. & Weidl.) Don. (Foto); bis 10 cm Höhe und 10 cm ⌀, geringere Bedornung. Blüte: weiß (Nähe Cordoba). [B3/M]
HEIMAT: Argentinien, NW Cordoba
ANDERE NAMEN: **v. klimpelianum,** *A. klimpelianum, A. peitscherianum, Lobivia spin.* & *v. klimp.*

Acanthocalycium spiniflorum
fa. violaceum (Werd.) Don.
Unterscheidet sich überwiegend durch die hübsche violette Blüte von der Leitart. [CS/PM]
HEIMAT: Argentinien, Cordoba.
ANDERE NAMEN: *A. violaceum, Lobivia spin. v. violacea.*

Acanthocalycium thionanthum
(Speg.) Bkbg.
Einzeln, bis 12 cm Höhe und 6–10 cm ⌀. **v. brevispinum** (Ritt.) Don.; bis 50 cm Höhe und 6 cm ⌀. Bedornung dunkler und kürzer. Blüte: gelb (Cafayate). **v. chionanthum** (Speg.) Hoss; ähnlich wie Leitart. Blüte: weiß (Cachi-Chaipampa). [Cs/PM]
HEIMAT: Argentinien, Salta, Cachi.
ANDERE NAMEN: *A. catamarcense, 'A. griseum', Lobivia thon, v. cat.* **vars.**: *A. brevis, A. chion., Lobivia thion. v. brevis., L. thion. v. chion.*

Acanthocalycium thionanthum
v. aurantiacum (Rausch) Don. ex Rausch
Einzeln, bis 5 cm Höhe und 9 cm ⌀, 5–7 Randdornen, bis zu 5 cm lang; 1 Mitteldorn. Blüten: 5 cm ⌀. **'v. ferrarii',** als *A. ferrarii* Rausch veröffentlicht; bis zu 12 cm ⌀; 9 Randdornen, 1–4 bis zu 2 cm lange Mitteldornen. Blüte: rot (nördlich von Santa Maria). [GC]
HEIMAT: Argentinien, Catamarca, Mine Capillitas.
ANDERE NAMEN: *A. aurant., Echinopsis aurant., Lobivia thion. v. aurant.* **'v. ferrarii':** *L. thion. v. ferrarii.*

Acanthocalycium thionanthum
v. glaucum (Ritt.) Don. ex Rausch
Einzeln, bis 15 cm Höhe und 7 cm ⌀, grau-blau. Blüten: 6 cm ⌀. [CS/PM]
HEIMAT: Argentinien, Catamarca, zwischen Belen und Hualfin.
ANDERE NAMEN: *A. glaucum, Echinopsis glaucina, Lobivia thion. v. glauca.*

'Acanthocalycium thionanthum
v. variiflorum' (Bkbg.) Don.
Kugelförmig, bis 10 cm ⌀. Blüten: gelb oder orange bis rot.
'v. munita', veröffentlicht als *Lobivia thion. v. munita* Rausch; längere und stärker gebogene Dornen. Kleinere Blüte (Cerro Zorrito). [CS/PM]
HEIMAT: Argentinien, Tucuman, westlich von Abra de Infernillo.
ANDERE NAMEN: *A. variiflorum, Lobivia thion. v. varif.*

Ancistrocactus crassihamatus (Web.) Benson
Einzeln, bis 20 cm hoch und 10–15 cm ⌀. Blüten öffnen sich nicht weit, 2 cm lang, purpurrot. [IP/K]
HEIMAT: Mexiko, Queretaro.
ANDERE NAMEN: *Glandulicactus crassihamatus, Hamatocactus crassihamatus.*

Ancistrocactus scheeri (S-D) B. & R.
Einzeln, bis 10 cm hoch und 6 cm ⌀. Blüte bis 2,5 cm lang, grünlich-gelb. [H]
HEIMAT: Texas und Nord-Mexiko.
ANDERE NAMEN: *A. brevihamatus, A. megarhizus.*

Ancistrocactus uncinatus (Gall.) Benson
Einzeln, bis 20 cm hoch und 7 cm ⌀. Bis zu 4 Mitteldornen, die bis zu 9 cm lang sind. Blüte bis 2,5 cm lang, bräunlich. **v. wrightii** (Engelm.) Benson; 1 bis zu 15 cm langer Mitteldorn. Blüte bis 3,5 cm, purpur (Texas bis Nord-Mexiko, Chihuahua). [PM55/HS/PM]
HEIMAT: Mexiko, Chihuahua bis San Luis Potosi.
ANDERE NAMEN: *Glandulicactus uncinatus, Hamatocactus uncinatus.* **v. wrightii**: *Glandulicactus unc. v. wrightii.*

Arequipa hempeliana (Guerke) Oehme
Kugelförmig bis länglich, sehr variable Bedornung, oftmals dichter als bei der abgebildeten Pflanze. [RMF30/IP/F]
HEIMAT: Nord-Chile und Süd-Peru.
ANDERE NAMEN: Alle anderen Art von *Arequipa; Borzicactus hempelianus, B. rettigii* und Varietäten.

Ariocarpus agavoides (Castan.) Anderson
Leicht aus Samen zu kultivieren. Erreicht die zur Blüte notwendige Größe in sieben Jahen. [CS/GC]
HEIMAT: Mexiko, Tamaulipas.
ANDERE NAMEN: *Neogomesia agavoides.*

Ariocarpus fissuratus (Engelm.) Sch.
Extrem variabel in der Pflanzengröße, knollige, wie gemeißelte Form. Bei **v. lloydii** (Rose) Anderson ist die knollige Furche nur halb so lang wie bei der Leitart. [IP/P]
HEIMAT: Südwest-Texas und New Mexiko.
ANDERE NAMEN: *Roseocactus fissuratus.* **v. lloydii**: *A. intermedius, A. lloydii, R. intermedius, R. lloydii.*

Ariocarpus kotschoubeyanus (Lem.) Sch.
Von dieser Art gibt es auch eine weißblühende Form. [IP/EC]
HEIMAT: Mexiko, Durango, Nuevo Leon, San Luis Potosi.
ANDERE NAMEN: *Roseocactus kotschoubeyanus.*

Ariocarpus retusus Scheidw.
Abgebildet ist eine aus Samen gezogene Pflanze. Die knolligen Warzen haben eine glatte Oberfläche. **v. furfuraceus** (Watson) Thomps. Knollige Warzen mit Schwielen. [CS/EC]
HEIMAT: Mexiko, verbreitet in San Luis Potosi, Coahuila und Nuevo Leon.

Ariocarpus scaphirostris Boed.
HEIMAT: Mexiko, Nuevo Leon. [IP/EC]

Ariocarpus trigonus (Web) Sch.
Ein **v. elongatus** (S-D) Bkbg. mit längeren Warzen wurde beschrieben. [IP/GC]
HEIMAT: Mexiko, Nuevo Leon.

Astrophytum asterias (Zucc.) Lem.
Eine in der Kultur recht schwierige Pflanze; eine Hybride mit **Astrophytum capricorne** bildet bemerkenswert geformte Rippen. [CS/EC]
HEIMAT: Nordost-Mexiko und Süd-Texas.

Astrophytum capricorne (Dietr.) B. & R.
Variiert in Beflockung sowie in Anzahl und Länge der gedrehten, braunen Dornen. Bei einigen Formen können der rote Blütenboden oder die Wollflocken teilweise oder völlig fehlen. [CS/PM]
HEIMAT: Nord-Mexiko.

Astrophytum capricorne v. niveum (Kays.) Ok.
Man kann durchaus sagen, daß dies die schönste aller Formen ist, die in der Gattung **Astrophytum** je gefunden wurde. [K161/IP/K]
HEIMAT: Nord-Mexiko.
ANDERE NAMEN: *Astrophytum niveum.*

Astrophytum coahuilense (Moell.) Kays.
Unterscheidet sich von der ähnlichen **A. myriostigma** durch die deutlich dichtere Beflockung und das rote Zentrum der großen Blüte. [CS/PM]
HEIMAT: Mexiko, Coahuila.

Astrophytum myriostigma Lem.
Viele Varietäten und Formen wurden innerhalb dieser Art beschrieben, darunter die säulige **v. columnare** (Sch.) Tsuda, die vierrippige **v. quadricostatum** (Moell.) Baum und die unbeflockte **v. nudum** (R. Mey.) Bkbg. [CS/PM]
HEIMAT: Zentrales bis nördliches Hochland von Mexiko.
ANDERE NAMEN: Sämtliche bekannte Varietäten zählen zu dieser Leitart.

Astrophytum ornatum (DC). Web.
Hier nicht abgebildet ist **v. mirbelii** (Lem.) Ok. mit goldfarbener Bedornung und stärkerer Beflockung und **f. glabrescens** (Web.) Bkbg., dunkelgrüne Pflanze mit kleinen oder gar keinen Flocken. [CS/GC]
HEIMAT: Mexiko, Hidalgo bis Queretaro.

Astrophytum senile Fric
Bei **v. aureum** (Moell.) sind die jungen Dornen blaßgelb. [CS/EC]
HEIMAT: Nord-Mexiko.

Aztekium ritteri (Boed.) Boed.
Eine im Habitus recht unveränderliche Art, sehr schwierig. Heute meist aus Samen gezüchtet. [1P/F]
HEIMAT: Mexiko, Nuevo Leon.

Blossfeldia liliputana Werd.
Wurzelechte Pflanzen sind schwierig in der Kultur, deshalb werden sie meistens gepfropft. [H]
HEIMAT: Nord-Argentinien und Süd-Bolivien.
ANDERE NAMEN: *B. atroviridis, B. campaniflora, B. fechseri, B. minima, B. liliputana f. fechseri, B. pedicellata.*

Copiapoa boliviana (Pfeiff.) Ritt.
[KK/IP/GC]
HEIMAT: Chile, auf den Hügeln im Gebiet um Antofagasta.
ANDERE NAMEN: *Copiapoa atacamensis.*

Copiapoa bridgesii (Pfeiff.) Bkbg.
Eng verwandt mit **C. marginata.** [PM261/H]
HEIMAT: Chile, Hügel nördlich von Chanaral Airfield.

Copiapoa calderana Ritt.
Pflanzen am Heimatstandort sind intensiv grau bereift, während aus Samen nachgezogene Exemplare wesentlich schwächer bereift sind. [H]
HEIMAT: Chile, Nordküste von Caldera.
ANDERE NAMEN: *Copiapoa lembckei.*

Copiapoa cinerascens (S-D) B. & R.
Sehr variabel am Heimatstandort. In zahlreichen Minipopulationen ist erkennbar, daß diese Art sehr stark in der Größe, in der Farbe der Epidermis und in Länge, Dicke, Anzahl und Farbe der Bedornung variiert. [PM210/H]
HEIMAT: Chile, in der Nähe von Chanaral.
ANDERE NAMEN: *Copiapoa applanata.*

Copiapoa cinerea (Phil.) B. & R.
Nur am Heimatstandort entwickelt sich diese grauweiße Bereifung dieser Art; aus Samen nachgezogene Pflanzen bleiben selbst bei optimalem Standort schwächer bereift. [PM198/H]
HEIMAT: Chile, in der Nähe von Taltal.
ANDERE NAMEN: *Copiapoa tenebrosa.*

Copiapoa cinerea v. columna-alba (Ritt.) Bkbg.

Vermutlich kommen am Heimatstandort zwei aneinandergrenzende Populationen vor, die sich in Länge und Farbe der Bedornung sowie in der Pflanzengröße unterscheiden. [KK622/IP/GC]

HEIMAT: Chile, Hauptvorkommen im Pan de Azucar-Nationalpark, nördlich von Taltal.

ANDERE NAMEN: *Copiapoa columna-alba, C. melanohystrix.*

Copiapoa cinerea v. haseltoniana (Bkbg.) N. P. Taylor

Am Heimatstandort in allen Merkmalen sehr variabel - außer bei den Blüten. [PM202/H]

HEIMAT: Chile, in der Nähe von Paposo.

ANDERE NAMEN: *C. haseltoniana, C. gigantea, C. cinerea v. gigantea, C. eremophila.*

Copiapoa dealbata Ritt.

Bildet am Heimatstandort gewaltige vielköpfige Gruppen. [H]

HEIMAT: Chile, Carrizal Bajo.

ANDERE NAMEN: *C. carrizalensis, C. cinerea v. dealbata.*

Copiapoa desertorum Ritt.

Gruppenbildend; Säulen bis 50 cm hoch und 6–10 cm ⌀. Blüte: gelb. [RMF153/IP/F]

HEIMAT: Chile, östlich von Cifuncho. **Copiapoa hornilloensis** Ritt. vom Cerro Hornillo, nördlich von Esmeralda, ist vermutlich eine Varietät dieser Art.

Copiapoa dura Ritt.

Sehr variabel am Heimatstandort! Jede Pupulation besitzt seine eigenen unterschiedlichen Merkmale. [PM230/H]

HEIMAT: Nord-Chile, in der Umgebung von Totoral und Carrizal Bajo.

ANDERE NAMEN: *C. alticostata, C. cuprea.*

Copiapoa echinata Ritt.

v. borealis Ritt. vom Monte Amargo ist eine sehr unterschiedliche Pflanze mit viel dickerer Bedornung. [PM220/H]

HEIMAT: Chile, im Norden und Süden von Carrizal Bajo.

ANDERE NAMEN: **v. borealis:** *Copiapoa totoralensis.*

Copiapoa esmeraldana Ritt.
Diese Pflanzen wachsen am Heimatstandort wirklich sehr verborgen und sind nur schwer zu finden. Bei uns gezüchtete Pflanzen nehmen schnell einen zylinderförmigen Habitus an. [CS/PM]
HEIMAT: Chile, Esmeralda, oberhalb der Küstenfelsen, wo sie häufig von Vicuñas angefressen werden.

Copiapoa fiedlerana (Sch.) Bkbg.
[RMF183/IP/F]
HEIMAT: Chile, Huasco.
ANDERE NAMEN: *C. pepiniana v. fiedleriana.*

Copiapoa grandiflora Ritt.
Gruppenbildend. [RMF 164/IP/F]
HEIMAT: Chile, Esmeralda.

Copiapoa humilis (Phil.) Hutch.
Einer der variabelsten Kakteen in Habitus und Bedornung. [IP/GC]
HEIMAT: Nordchilenische Küstenregionen, Paposo.
ANDERE NAMEN: *C. longispina, C. paposoensis.*

Copiapoa hypogaea Ritt.
Sehr variable Bedornung; **v. barquitensis** Ritt. unterscheidet sich durch längere und dünnere Bedornung. [CS/GC]
HEIMAT: Chile, Küstengebirge im Norden von Chanaral.
ANDERE NAMEN: *C. mollicula, C. montana, C. rarissima.*
v. barquitensis: *'C. barquitensis'.*

Corpiapoa krainziana Ritt.
Am Heimatstandort findet man eine Menge Hybriden mit **C. cinerea.** In vielen Sammlungen findet man diese als **C. krainziana,** aber jene Hybriden haben eher eine harte Bedornung, im Gegensatz zu den typischen haarähnlichen, weichen Dornen der Art. [PM206/H]
HEIMAT: Chile, Küstengebirge im Norden von Taltal.
ANDERE NAMEN: *C. scopulina.*

Copiapoa lauii Diers
Die kleinstee aller Copiapoas mit einem Kopfdurchmesser von weniger als 2 cm. Die leicht gestielten Blüten sitzen sehr frei. [RMF162/IP/F]
HEIMAT: Chile, Esmeralda.

Copiapoa longistaminea Ritt.
Am Heimatstandort bildet diese Art sehr umfangreiche, stattliche, vielköpfige Gruppen. [H]
HEIMAT: Chile, Esmeralda.

Copiapoa marginata (S-D) B. & R.
Charakteristisch für diese Art ist die lange, dichte und starke Bedornung; nahe verwandt mit **C. bridgesii.** [PM219/H]
HEIMAT: Chile, im Südwesten von Caldera, Morro Copiapo.
ANDERE NAMEN: *C. streptocaulon.*

Copiapoa megarhiza B. & R.
Selten in Kultur zu sehen. [RMF129/IP/F]
HEIMAT: Chile, Copiapo-Tal.
ANDERE NAMEN: *C. megarhiza v. macrorhiza* Ritt.

Copiapoa olivana Ritt.
Kugelförmig, bis 7 cm ∅. [RMF150/IP/F]
HEIMAT: Chile, im Norden von Taltal.

Copiapoa pendulina Ritt.
Eine sehr variable Art. [H]
HEIMAT: Chile, in der Nähe von Coquimbo und im Süden von Frai Jorge sowie im Osten von La Serena.
ANDERE NAMEN: *C. coquimbana* mit *v. wagenknechtii, C. pseudocoquimbana* und Varietäten, *C. serenana.*

Copiapoa rupestris Ritt.
Blüte: gelb. **C. rubriflora** Ritt. wächst in unmittelbarer Nähe und ist nur eine rotblühende Varietät. [RMF154/IP/F]
HEIMAT: Chile, Cifuncho.

Copiapoa serpentisulcata Ritt.
Eine sehr charakteristische und attraktive Pflanze; leider wird sie nur sehr selten in Sammlungen kultiviert. Blüte: gelb. [PM212/H]
HEIMAT: Chile, im Norden von Chanaral.

Copiapoa solaris (Ritt.) Ritt.
Eine sehr kräftig bedornte und schwierig zu züchtende Art. Wurde am Heimatstandort nur in einem sehr eng begrenzten Bereich gefunden. Blüte: gelb. [RMF43/IP/F]
HEIMAT: Chile, El Cobre.
ANDERE NAMEN: *C. ferox, Pilocopiapoa solaris.*

Copiapoa tenuissima Ritt.
Eine andere Form des **C. humilis**-Komplexes, aber mit einer sehr eigenen Bedornung. [RMF318/IP/F]
HEIMAT: Chile, Küstengebirge im Süden von Antofagasta.

Copiapoa tocopillana Ritt.
[RMF312/IP/F]
HEIMAT: Chile, im Norden von Tocopilla und im Süden von Antofagasta; die nördlichste Art der Gattung.

Copiapoa vallenarensis Ritt.
Nahe verwandt mit **C. pendulina** und **C. fiedleriana.** [H]
HEIMAT: Chile, Vallenar bis in der Nähe von Huasco.

Copiapoa variispinata Ritt.
[RMF53/IP/F]
HEIMAT: Chile, nördlich von Paposo.

Coryphantha andreae Purpus & Boed.
Blüte: gelb, 5-6 cm Durchmesser. [CS/W]
HEIMAT: Mexiko, Vera Cruz.

Coryphantha bergeriana Boed.
Blüte: gelb, 7 cm ∅. [K102/IP/K]
HEIMAT: Mexiko, Nuevo Leon.

Coryphantha bernalensis Bremer.
Bis zu 10 cm hoch und 9 cm ∅. Blüte 6 cm ∅.
HEIMAT: Mexiko, Queretaro, nördlich von Bernal an der Straße nach Toliman.

Coryphanta bumamma (Ehrenbg.) B. & R.
Blüte: gelb, 5-6 cm ∅. [CS/W]
HEIMAT: Mexiko, Morelos und Guerrero States.

Coryphantha calipensis H. Bravo
[PM12/HS/PM]
HEIMAT: Mexiko, Puebla, in der Nähe von Calipan.

Coryphantha clavata (Scheidw.) Bkbg.
Gelbe Blüte, 4 cm ∅. **v. radicantissima** ist etwas kugeliger mit einer 2,5 cm breiten Blüte. [K18/IP/K]
HEIMAT: Mexiko, Hidalgo, Queretaro, Guanajuato und im Südwesten von San Luis Potosi.
ANDERE NAMEN: *C. raphidacantha.* Sehr ähnlich aber mit mehr als einem Mitteldorn ist **C. clava** (Pfeiff.) Lehm. aus Hidalgo.

Coryphantha compacta (Engelm.) B. & R.
[K237/IP/K]
HEIMAT: Mexiko, Chihuahua, Cosihuiriachi.

Coryphantha connivens B. & R.
Gelbe, bis zu 7 cm breite Blüte. [CS/PM]
HEIMAT: Mexiko, in der Nähe der Hauptstadt.

Coryphantha cornifera (DC) Lem.
Zitronengelbe, bis zu 5 cm breite Blüte. [K18/IP/K]
HEIMAT: Mexiko, im Staate Hidalgo in der Nähe von Ixmiquilpan.

Coryphantha delaetiana (Quehl) Berg.
Blüte: gelb. Am Heimatstandort ist diese Art oftmals mit einem dichten Dornenfilz überzogen, vor allem im Scheitel. [K215/IP/K]
HEIMAT: Mexiko, im Staate Coahuila.

Coryphantha durangensis (Rge.) B. & R.
[CS/PM]
HEIMAT: Mexiko, im Staate Durango.

Coryphantha echinus (Engelm.) B. & R.
Blüte: gelb. [K231/IP/K]
HEIMAT: USA, im Westen von Texas; in Nord-Mexiko, im Staate Coahuila.
ANDERE NAMEN: *C. cornifera v. echinus*

Coryphantha elephantidens (Lem.) Lem.
[CS/PM]
HEIMAT: Mexiko, im Staate Michoacan.

Coryphantha erecta (Lem.) Lem.
Bis zu 7,5 cm breite, hellgelbe Blüte. [CS/PM]
HEIMAT: Mexiko, Hidalgo.

Coryphantha gladiispina (Boed.) Berg.
Blüte: gelb. [K127/IP/K]
HEIMAT: Mexiko, Coahuila, Parras.

Coryphantha gracilis Bremer & Lau
Einzeln, durch gelegentliche Sproßbildung entstehen kleine Gruppen. Bis 8 cm hoch und 3,5–4 cm ∅. 12–18 Randdornen; kein Mitteldorn. Blaßgelbe bis cremefarbene Blüte, 4–5 cm ∅. [L645/IP/K]
HEIMAT: Mexiko, Chihuahua, Delayo, auf den Hügeln östlich von Rancho El Toro.

Coryphantha greenwoodii H. Bravo
5 cm breite Blüten, gelb mit einem feinen braunen Strich. Diese Populationen grenzen an diejenigen anderer Varietäten an, die sich in Anzahl der Randbedornung unterscheiden und deshalb wie eine andere Art aussehen. [K15/IP/K]
ANDERE NAMEN: Mexiko, Vera Cruz, Acultzingo-Tal.

Coryphantha guerkeana (Boed.) B. & R.l
Blüte: weiß. [K30/IP/K]
HEIMAT: Mexiko, in der Nähe der Stadt Durango.

Coryphantha jalpanensis Buchenau
Blaß gelb-grüne, bis zu 1,2 cm breite Blüte. [CS/W]
HEIMAT: Mexiko, Queretaro, auf den Hügeln um Jalpan.

Coryphantha lauii Bremer
Einzeln. Kugelförmige bis längliche Form, bis zu 5 cm ∅. 18–20 Randdornen, 9–13 mm lang, 1 Mitteldorn, bis zu 16 mm lang. Hellgelbe, bis zu 4,5 cm breite Blüte. [CS/W]
HEIMAT: Mexiko, Coahuila, 30 Meilen nördlich von El Marte, 2000–2500 m.

Coryphantha longicornis Boed.
Blüte: gelb. [CS/W]
HEIMAT: Mexiko, nördlich von Durango.
ANDERE NAMEN: *C. grandis.*

Coryphantha macromeris Englm.
Die abgebildete Pflanze ist **v. runyonii** B. & R., die weniger Randdornen und kleinere Blüten als die Art hat. [CS/PM]
HEIMAT: Von West-Texas und New Mexiko im Norden bis zum Staate Zacatecas sowie im Süden von Mexiko; **v. runyonii** in Texas, Rio Grande.
ANDERE NAMEN: *Lepidocoryphantha macromeris.*
v. runyonii: *L. runyonii.*

Coryphantha maiz-tablasensis Bkbg.
Blüte: gelblich. [K261/IP/K]
HEIMAT: Mexiko, San Luis Potosi, Ciudad Maiz.

Coryphantha melleospina Bravo
Unterschiedlich, aber wahrscheinlich nicht identisch mit **C. retusa.** [K148-1/IP/K]
HEIMAT: Mexiko, Oaxaca, Huajuapan de Leon.

Coryphantha pallida Br. & R.
Hellgelbe Blüte, 5–7 cm breit. [CS/W]
HEIMAT: Mexiko, Puebla, Tehuacan.

Coryphantha palmeri B. & R.
Eine extrem variable Art. In jeder Population findet man erhebliche Unterschiede in Größe und Bedornung, so daß es möglicherweise keine typische Leitart gibt. [IP/K]
HEIMAT: Mexiko: Durango, Zacatecas, Coahuila und im Staate Luis Potosi.

Coryphantha poselgeriana (Dietr.) B. & R.
[CS/PM]
HEIMAT: Mexiko, Coahuila, in der Nähe von Saltillo.
ANDERE NAMEN: *C. kieferiana.*

Coryphantha poselgeriana v. valida (Purpus) Heinr.
[CS/PM]
HEIMAT: Mexiko, Coahuila, in der Nähe von Saltillo.

Coryphantha potosiana (Jac.) Glass & Foster
[IP/K]
HEIMAT: Mexiko, San Luis Potosi.

Coryphantha pseudoechinus Boed.
Pinkfarbene Blüte, 3 cm ∅. [CS/PM]
HEIMAT: Mexiko, Sierra de la Paila.
ANDERE NAMEN: *C. pusilliflora.*

Coryphantha pseudonickelsae Bkbg.
Blaßgelbe, 3,5 cm breite Blüte. [K160/IP/K]
HEIMAT: Mexiko, im Staate Durango.

Coryphantha pulleineana (Bkbg.) Glass
[CS/PM]
HEIMAT: Mexiko, San Luis Potosi, in der Nähe von Matehuala.
ANDERE NAMEN: *Neolloydia pulleineana.*

Coryphantha pycnacantha (Mart.) Lem.
Zitronengelbe, 4-5 cm breite Blüten. [K13/IP/K]
HEIMAT: Mexiko, im Staate Oaxaca.

Coryphantha radians (DC) B. & R.
Zitronengelbe Blütee, mehr als 7 cm breit. [K255/IP/K]
HEIMAT: Mittel-Mexiko, unter anderem in Staate Hidalgo.
ANDERE NAMEN: *C. pectinata, C. pseudoradians.*

Coryphantha ramillosa Cut.
Große, mehr oder weniger pinkfarbene Blüte. [K231/IP/K]
HEIMAT: Texas.

Coryphantha recurvata (Englm.) B. & R.
Zitronengelbe Blüte, blüht in Kultur nur sehr schwierig. [K202/IP/K]
HEIMAT: Mexiko, Arizona bis in den Norden von Sonora.

Coryphantha reduncispina Boed.
Gelbe Blüten mit rotem Schlund, 4–5 cm ∅. Der abgebildete Sämling hat gerade erst seine 3 nach unten gerichteten Mitteldornen entwickelt. [DHS]
HEIMAT: Mexiko, Tamaulipas.

Coryphantha retusa (Pfeiff.) B. & R.
[IP/K]
HEIMAT: Mexiko, im Staate Oaxaca.

Coryphantha salm-dyckiana (Scheer) B. & R.
[K42/IP/K]
HEIMAT: Mexiko, im Staate Chihuahua.

Coryphantha scheeri (Kuntze) Benson
Gelbe Blüte, pinkfarbene Staubfäden. [K213/IP/K]
HEIMAT: Süd-Arizona bis Nord-Mexiko.
ANDERE NAMEN: *Coryphantha muehlenpfordtii.*

Coryphantha scolymoides (Scheidw.) Berg.
Mehr als 5 cm breite Blüten, gelb mit rotem Schlund. [K46/IP/K]
HEIMAT: Nord-Mexiko

Coryphantha speciosa Boed.
Blüten 6 cm ∅, goldgelb mit dunkler Mitte. [K167/IP/K]
HEIMAT: Mexiko, im Staate Coahuila, westlich von Monclova.

Coryphantha sulcata (Englm.) B. & R.
Gruppenbildend, Köpfe bis zu 12 cm ∅; 12–14 Randdornen, zunächst kein Mitteldorn (wie bei der abgebildeten Jungpflanze), später mehrere, fast anliegend, davon 1 dicker und nach außen gebogen. Blüten mehr als 5 cm ∅ und gelb mit roter Mitte. [CS/PM]
HEIMAT: Süd-Texas.

Coryphantha sulcolanata (Lem.) Lem.
[K247/IP/K]
HEIMAT: Mexiko, Hidalgo, Mineral del Monte.

Coryphantha villarensis Bkbg.
Blüten 5 cm ∅, hellgelb. [CS/W]
HEIMAT: Mexiko, San Luis Potosi.

Coryphantha voghtherriana Werd. & Boed.
[CS/PM]
HEIMAT: Mexiko, San Luis Potosi.

Coryphantha werdermannii Boed.
Blüten mit rotem Schlund. [K230/IP/K]
HEIMAT: Mexiko, Sierra de la Paila.

Cumarina odorata (Boed.) Buxb.
[CS]
HEIMAT: Mexiko, in den Staaten Tamaulipas und San Luis Potosi.
ANDERE NAMEN: *Neolloydia odorata.*

Denmoza rhodacantha (Salm-Dyck) B. & R.
Einzeln, wird später säulig, bis 30 cm ∅. Blüten 7 cm lang. [CS/PM]
HEIMAT: Argentinien, weit verbreitet in den Gebirgen.
ANDERE NAMEN: *D. erythrocephala.*

Discocactus bahiensis B. & R.
Einzeln, bis 6 cm ∅. Blüte bis 5 cm lang, cremefarben. [CS/GC]
HEIMAT: Brasilien, Bahia.

Discocactus hartmannii (Sch.) B. & R.
Breitrund, glänzende Kugelform. Blüte: weiß. [IP/DE Herdt Coll.]
HEIMAT: Paraguay, Paraguari und Brasilien, im südlichen Mato Grosso.
ANDERE NAMEN: *D. magnimammus, D. mamillosus, D. patulifolius.*

Discocactus heptacanthus (Rodr.) B. & R.
Einzeln, flachkugelig, bis 16 cm ∅, sehr variabel in Bedornung und Rippenform. Blüte: weiß. [CS/GS]
HEIMAT: Brasilien bis Bolivien.
ANDERE NAMEN: *D. boliviensis, D. cangaensis, D. catingicola, D. goianus, D. lindaianus, D. melanochlorus, D. nigrisaetosus, D. paranaensis, D. rapirhizus, D. semicampaniflorus, D. squamibaccatus, D. subterraneo-proliferans.*

Discocactus horstii Buin. & Bred.
Einzeln, 4,5 cm ∅. Blüte: weiß, 6 cm ∅. [EC]
HEIMAT: Brasilien, Grao Mogol.
ANDERE NAMEN: *D. woutersianus.*

Discocactus insignis Pfeiff.
Blüte: gebrochen-weiß. [CS/GC]
HEIMAT: Brasilien, Minas Gerais, Grao Mogol.

Discocactus placentiformis (Lem.) Sch.
Breit und niedrig. Blüte: weiß. [H]
HEIMAT: Brasilien, Minas Gerais und im Norden von Bahia.
ANDERE NAMEN: *D. alteolens, D. latispinus, D. linkii, D. multicolorispinus, D. pugionacanthus, D. pulvinicapitatus, D. subviridigriseus.*

Discocactus zehntneri B. & R.
Einzeln oder gruppenbildend, völlig in Dornen eingehüllt. Blüte nur 3 cm lang, weiß. [CS/GC]
HEIMAT: Brasilien, im Norden von Bahia.
ANDERE NAMEN: *D. albispinus, D. araneispinus, D. boomianus.*

Echinocactus grusonii Hildm.
Eine weißbedornte Form dieser Art wird gegenwärtig häufig kultiviert. [CS/PM]
HEIMAT: Mexiko, in den Staaten San Luis Potosi bis Hidalgo.

Echinocactus horizonthalonius Lem.
Eine am Heimatstandort sehr variable Pflanze, in Bezug auf die Höhe der Pflanze, der Länge der Dornen und ihrer Anzahl sowie der Menge der Rippen. Blüten: pinkfarben. **v. nicholii** L. Benson; säulig, bis 50 cm hoch, geringere Bedornung (Wüste Arizonas). [H]
HEIMAT: Mexikanische Staaten bis zu den Südstaaten der USA, Chihuahua-Wüste.

Echinocactus platyacanthus Link & Otto
Einzeln, bis zu 3 m hoch bei 1 m Ø. Blüte: gelb. Ausgewachsene Pflanzen sehen in der Wildnis nicht so aus wie der hier abgebildete Sämling. [PM46/HS/PM]
HEIMAT: Weite Gebiete in Mittel- und Nord-Mexiko.
ANDERE NAMEN: *E. grandis, E. ingens, E. palmeri, E. visnaga.*

Echinocactus polycephalus Englm. & Big.
Kugelig bis zylindrisch, bis zu 70 cm hoch, große Gruppen bildend. Blüte: gelb. **v. xeranthemoides** Coulter (Abb.); einzeln oder mitunter Gruppen bildend, ansonsten ähnlich wie die Art (Navajoa-Wüste). [H]
HEIMAT: USA, Mojavian-Wüste.
ANDERE NAMEN: **v. xeranthemoides**: *E. xeranthemoides.*

Echinocactus texensis Hopff.
Die abgebildete Pflanze ist absolut typisch, schwächer oder auch stärker bedornte Formen kommen ebenfalls vor. Bis zu 15 cm hoch und 30 cm Ø. Blüte 6 cm Ø. [HS/PM]
HEIMAT: Texas und im Südosten von New Mexico bis Nordost-Mexiko.
ANDERE NAMEN: *Homalocephala texensis.*

Echinocereus adustus Englm.
Einige Pflanzen haben einen einzigen, langen, schwarzen Mitteldorn. [CS/PM]
HEIMAT: Mexiko, Chihuahua.
ANDERE NAMEN: *Echinocereus radians* Englm.

Echinocereus adustus v. schwarzii (Lau) N. P. Taylor
Variierend mit 1-5 Mitteldornen, Blüten sind im allgemeinen größer als bei der Typpflanze. [L1305/CS/PM]
HEIMAT: Mexiko, Durango.
ANDERE NAMEN: *E. schwarzii.*

Echinocereus barthelowanus B. & R.
Eine gruppenbildende Pflanze mit 8-10 Rippen und einer purpurfarbenen, 5-7 cm breiten Blüte, die in Kultur jedoch selten erscheint. [IP/ERC]
HEIMAT: Mexiko, Baja California, Santa Maria Bay.

Echinocereus berlandieri (Englm.) Palmer
Niederliegend mit aufstrebenden Trieben, 1,5-5 cm dick. Blüten mit dunkelroter Mitte. [IP/ERC]
HEIMAT: Süd-Texas, Nordost-Mexiko, Nuevo Leon und Tamaulipas.
ANDERE NAMEN: *E. blanckii v. berlandieri.*

Echinocereus brandegeei (Coulter) Sch.

Durch ihre dolchartigen Mitteldornen fällt diese Pflanze sofort auf. Die pink- bis blaßpurpurfarbene Blüte mit leuchtend karminrotem Schlund erscheint in Kultur recht selten. [CS/PM]

HEIMAT: Mexiko, Baja California und benachbarte Inseln.

Echinocereus bristolii W. T. Marsh

Einzeln oder sprossend, bei 20 cm Länge bis 5 cm dick; 20 Randdornen. Blüte 11 cm lang und 13 cm Ø, helles Magentarot mit dunklem Mittelstreifen. [IP/ERC]

HEIMAT: Mexiko, Sonora, Soyopa.

Echinocereus bristolii v. pseudopectinatus N. P. Taylor

Aktuellster Bericht 1990: Endlich eine gute Art von **E. pseudopectinatus** (N. P. Taylor) N. P. Taylor. Einzeln, 12–15 Randdornen. [L609/CS/PM]

HEIMAT: Mexiko, im Nordosten der Sonora; Südost-Arizona.

ANDERE NAMEN: *E. pectinatus v. minor.* Diese Varietät war vor einigen Jahren verbreitet als echte **E. bristolii**.

Echinocereus chisoensis W. T. Marsh

Einzeln. Blüte: 5 cm Ø, pink-magenta-farben mit weißem Schlund. **v. fobeanus** (Oehme) N. P. Taylor (Abb.); gruppenbildend, schwächere Bedornung. Blüten: 7–12 cm Ø. Im Alter nehmen die Pflanzen eine überwiegend unansehnliche Form an (Mexiko, an den Grenzen von Südwest-Coahuila und Ost-Durango). [HK303/CS/PM]

HEIMAT: Texas, Chisos-Gebirge, Big Bend-Region.

ANDERE NAMEN: *E. reichenbachii v. chisoensis.* **v. fob.**: *E. fobeanus.*

Echinocereus chloranthus (Englm.) Hort. F. A. Haage

Gruppenbildend, 20 cm hoch bei 5–7,5 cm Ø; 3–6 Mitteldornen. Die Blüte öffnet sich niemals völlig, geruchlos. **v. necapillus** ähnelt im ausgewachsenen Stadium sehr **v. chloranthus**. **v. cylindricus** (Englm.) N. P. Taylor (Abb.); unterscheidet sich von **v. chloranthus** durch die Mitteldornen 0 (–3). [HS/PM]

HEIMAT: Alle aus dem Süden von New Mexico und West-Texas.

ANDERE NAMEN: *E. viridiflorus v. chloranthus.* **v. cylindricus:** *E. viridiflorus v. cylindricus.*

Echinocereus chloranthus v. russanthus (Wenig.) Lamb ex G. Rowley

Eine gruppenbildende Varietät, stärker bedornt als **v. chloranthus** und mit einer rötlichen Blüte. [L1076/CS/PM]

HEIMAT: Mexiko, Chihuahua und West-Texas.

ANDERE NAMEN: *'E. finnii', E. russanthus.*

Echinocereus cinerascens (DC) Lem.
Eine sehr variable, gruppenbildende Pflanze, 4–5 cm ⌀, 6–12 Rippen, helle, fast glasige Dornen; die Mitteldornen entsprechen in etwa dem Durchmesser der Pflanze. Purpurfarbene Blüte mit hellem Schlund, in Kultur selten. **v. ehrenbergii** (Pfeiff.) H. Bravo-H. hat weniger Rippen und einen geringeren Durchmesser, der von den Mitteldornen überschritten wird. [H]
HEIMAT: Mittel-Mexiko.
ANDERE NAMEN: **v. ehrenbergii**: *E. ehrenbergii.*

Echinocereus engelmannii (oben abgebildet) (Parry ex Englm.) Lem.
Sehr variable Art, aufgeteilt in zahlreiche Varietäten; **v. acicularis, v. munzii, v. nicholii, v. armatus, v. chrysocentrus, v. howei, v. variegatus** (oben abgebildet) und **v. purpureus**. Sie unterscheiden sich vorwiegend durch die Bedornung. [H]
HEIMAT: Norwest-Mexiko und der Südwesten der USA.

Echinocereus engelmannii v. nicholii Benson
Aktuellster Bericht 1990: Endlich eine gute Art von **E. nicholii** (Benson) Parfitt. Verschiedenste Trennungen innerhalb des **engelmannii**-Komplexes, mit seiner charakteristischen, langen, dichten, strohfarbenen Bedornung und kleinen, sehr schwach pinkfarbenen Blüten. [HS/PM]
HEIMAT: Mexiko, im Nordwesten des Staates Sonora bis USA, Mittel- und Süd-Arizona.

Echinocereus enneacanthus Englm.
Triebe bis 15 cm ⌀, Mitteldorn bis 8 cm lang. **v. brevispinus** hat schlankere Triebe bis 5 cm ⌀ und kürzere Mitteldornen bis 5 cm Länge. [CS/PM].
HEIMAT: Nord-Mexiko und angrenzende Gebiete der USA.
ANDERE NAMEN: *E. dubius, E. enneacanthus, v. dubius, E. merkeri, E. sarrisophorus.* **v. brevispinus**: *E. enneacanthus.*

Echinocereus fendleri (Englm.) Ruempler
[HS/PM]
HEIMAT: Mittel- und Ost-Arizona, Süd-Colorado, New Mexico, West-Texas und Mexiko angrenzend an den Staat Chihuahua.

Echinocereus fendleri v. bonkerae (Thornber & Bonker) Benson [H]
HEIMAT: Mittel- und Südost-Arizona
ANDERE NAMEN: *E. bonkerae, E. fasciculatus v. bonkerae.*

Echinocereus fendleri v. boyce-thompsonii (Orcutt) Benson [H]
HEIMAT: Mittel-Arizona
ANDERE NAMEN: *E. boyce-thompsonii, E. fasciculatus v. boyce-thompsonii.*

Echinocereus fendleri v. fasciculatus (Englm. ex B. D. Jackson) N. P. Taylor [H]
HEIMAT: West- und Mittel-Arizona und Südwest-New Mexico; Mexiko, im nördlichen und mittleren Teil des Staates Sonora.
ANDERE NAMEN: *E. fasciculatus, E. fendleri v. robustus.*

Echinocereus fendleri v. kuenzleri (Castetter et al) Benson
Blüten wie die Art. [HK1267/HS/PM]
HEIMAT: im Süden von New Mexico.
ANDERE NAMEN: *E. fasciculatus, E. fendleri v. robustus.*

Echinocereus fendleri v. ledingii (Peebles) N. P. Taylor
Leicht zu erkennen an den nach unten gebogenen Mitteldornen. Die kleinen Blüten erscheinen in Kultur nicht häufig. Wird immer noch häufig falsch eingeordnet. [HS/PM]
HEIMAT: Die Gebirge im Südosten von Arizona.
ANDERE NAMEN: *E. ledingii.*

Echinocereus fendleri v. rectispinus (Peebles) Benson [H]
HEIMAT: Südost-Arizona, Südwest-New Mexico, West-Texas und die benachbarten Teile von Sonora, Mexiko.
ANDERE NAMEN: *E. rectispinus.*

Echinocereus ferreirianus H. Gates
Gruppenbildend, bei 40 cm Höhe bis 8 cm ⌀; meistens 4 Mitteldornen. Blüte: Petalen kräftig rosa, mit dunkelrotem Schlund. [CS/PM]
HEIMAT: Mexiko, nördlich Baja California.

Echinocereus ferreirianus v. lindsayi (Meyran) N. P. Taylor
Einzeln, bei 13 cm Höhe bis 10 cm ∅; viel stärker bedornt, 4–7 Mitteldornen. Tiefgrüne Narbe. [ERC]
HEIMAT: Mexiko, Baja California, zwischen Catavina und Laguna Chapala.
ANDERE NAMEN: *E. lindsayi.*

Echinocereus freudenbergeri Frank
Eine Art, die in Kultur nur selten blüht. Blüte ähnlich wie **E. nivosus**. [CS/PM]
HEIMAT: Mexiko, im Süden von Coahuila.
ANDERE NAMEN: *E. delaetii v. freudenbergeri.*

Echinocereus grandis B. & R.
Blüte kann weiß, blaßgelb oder zart pinkfarben sein. [CS/PM]
HEIMAT: Inseln im Golf von Californien.

Echinocereus knippelianus Liebner
Während diese Art am Heimatstandort normalerweise einzeln wächst (aber nicht immer in Kultur), findet man **v. kruegeri** Glass & Foster oftmals in kleineren Gruppen mit weißlichen Blüten in Scheitelnähe. [CS/PM]
HEIMAT: Mexiko, im Südosten von Coahuila und im Süden von Nuevo Leon.
ANDERE NAMEN: **v. kruegeri**: *knippelianus v. reyesii.*

Echinocereus lauii Frank
[L780/CS/PM]
HEIMAT: Mexiko, im Osten von Sonora bei Yecora.

Echinocereus leucanthus N. P. Taylor
Triebe: 3–6 mm ∅. Blüte: weiß, 4 cm ∅. [SB435/CS/C]
HEIMAT: Mexiko, südlich von Sonora und nördlich von Sinaloa, nur an wenigen Orten zu finden.
ANDERE NAMEN: *Wilcoxia albiflora.*
E. poselgeri Lem., im Süden von Texas, im Osten von Coahuila, im Norden von Nuevo Leon und Tamaulipas ist sehr ähnlich, aber mit dickerer Bedornung und einer pinkfarbenen Blüte mit 7 cm ∅; *Wilcoxia poselg.*

Echinocereus longisetus (Englm.) Lem.
Purpur-pinkfarbene Blüte mit weißem Schlund, 6 cm ∅. [IP/K]
HEIMAT: Mexiko, im Staate Coahuila.

Echinocereus longisetus v. delaetii (Guerke) N. P. Taylor
Leicht zu erkennen durch die lange, feine, haarartige Bedornung. Die Blüten erscheinen in der Kultur meist nur bei sehr alten Exemplaren. [CS/PM]
HEIMAT: Mexiko, Coahuila.
ANDERE NAMEN: *E. delaetii.*

Echinocereus maritimus (M. E. Jones) Sch.
In Kultur blüht diese Art nur sehr selten, 3–6 cm lange, grüngelbe Blüte. **v. hancockii** (Dawson) N. P. Taylor ist eine kräftigere Pflanze mit mehr und längeren Dornen. [CS/PM]
HEIMAT: Mexiko, Baja California, Westküste und angrenzende Sanddünen.
ANDERE NAMEN: **v. hancockii**; *E. hancockii.*

Echinocereus nivosus Glass & Foster
Diese Art varriert etwas in der Dichte der Bedornung, was sicher davon abhängt, in welcher Sammlung sie steht. In Kultur blüht sie nur selten. [CS/P]
HEIMAT: Mexiko, im Südosten von Coahuila.
ANDERE NAMEN: *E. albatus, E. longisetus v. albatus.*

Echinocereus palmeri B. & R.
Entwickelt eine charakteristische, lange Pfahlwurzel. [IP/P]
HEIMAT: Mexiko, im Staate Chihuahua.

Echinocereus pamanesiorum Lau
Wird sehr groß, bei 35 cm Höhe bis zu 8 cm ∅. Kleinere Pflanzen blühen bereitwillig in Kultur. [L1247/CS/PM]
HEIMAT: Mexiko, im Westen von Zacatecas und westlich des Tales von Rio Huaynamota.

Echinocereus papillosus A. Linke ex Ruempler

v. angusticeps (Clover) W. T. Marsh (Abb.) mit bis zu 3 cm ∅, ist häufiger in den Sammlungen zu finden. Die Leitart hat dickere (3–5 cm) und längere Triebe und bildet nicht so schnell Gruppen. [CS/P]

HEIMAT: Flachland im Süden von Texas und im angrenzenden Mexiko.

ANDERE NAMEN: **v. angusticeps**: *E. angusticeps*.

Echinocereus parkeri N. P. Taylor

Gruppenbildend, Triebe bis zu 6 cm ∅. Blüte bis zu 6 cm ∅, magenta- bis tief pinkfarben, weißer Schlund. **v. gonzalezii** N. P. Taylor (Abb.); schlankere Triebe und dichtere Bedornung (südöstlich von Nuevo Leon, südwestlich von Tamaulipas und nördlich von San Luis Potosi). [L1375/HS/PM]

HEIMAT: Mexiko, im Südosten von Nuevo Leon.

Echinocereus pectinatus (Scheidw.) Englm.

22–30 Randdornen, nicht verflochten. Pink- bis lavendelfarbene Blüten mit einem kastanienbraunen bis weißem Schlund. **v. wenigeri** Benson, in Texas heimisch, hat geringere Randbedornung (14–20). [HK1129/HS/GC]

HEIMAT: Nord-Mexiko, über weite Gebiete nördlich bis nach Texas.

Echinocereus pectinatus v. dasyacanthus (Englm.) N. P. Taylor

15–25 Randdornen, dichtes Geflecht. Blüte normalerweise gelb, manchmal aber auch weißlich, orange, pink oder purpur. [HK1114/HS/GC]

HEIMAT: Nord-Mexiko; Arizona, New Mexico und Texas.

ANDERE NAMEN: *E. dasyacanthus*, *E. pectinatus v. neomexicanus* und *E. pectinatus v. ctenoides*.

Echinocereus pensilis (K. Brandegee) Purpus

Schlanker, hängender, 1–4 m langer, 2–5 cm ∅ Trieb, wächst von felsigem Gestein herab. [IP/PM]

HEIMAT: Mexiko, Baja California, Kapregion.

ANDERE NAMEN: Morangaya pensilis.

Echinocereus pentalophus (DC) Lem.

4–5 Rippen, 3–7 Dornen; **v. leonensis** (Mathsson) N. P. Taylor aus Nordost-Mexiko hat 6–8 Rippen und bis zu 9 Dornen pro Areole. Blüte entspricht der Leitart. [PM32/HS/PM]

HEIMAT: Mittel- bis Nordost-Mexiko, Süd-Texas.

ANDERE NAMEN: *E. procumbens*, *E. pentalophus v. procumbens*, *E. tulensis*, *E. berlandieri* sensu Weniger. **v. leonensis**: E. leonensis.

Echinocereus polyacanthus Englm.
5–100 Triebe. 4–7 cm lange, 3–4 cm breite Blüte, blüht gut und reichlich in Kultur. **v. pacificus** (Englm.) N. P. Taylor; bis zu 400 Triebe pro Gruppe. 3–5 cm lange, 2–3 cm breite Blüte (im Norden der Baja California). [CS/PM]
HEIMAT: Nordwest-Mexiko; im Südwesten der USA.
ANDERE NAMEN: *E. durangensis.* **v. pacificus**: *E. pacificus.*

Echinocereus polyacanthus v. densus (Regel) N. P. Taylor
Charakteristisch durch die besonders lange Blüte, die bis zu 8 cm ∅ und 14 cm lang ist, mitunter leicht zygomorph. [HS/PM]
HEIMAT: Nord-, Mittel- und West-Mexiko.
ANDERE NAMEN: *E. acifer, E. leeanus.*

Echinocereus primolanatus F. Schwarz ex N. P. Taylor
Blüte: 10,5 cm ∅, dunkelrosa mit etwas dunklerem Mittelstreifen [Holotype/IP/ERC]
HEIMAT: Mexiko, südlich Coahuila, Südecke der Sierra de la Paila.

Echinocereus pulchellus (Mart.) Sch.
Triebe 2,5–5 cm ∅, meist kurze Dornen, 4 mm lang. [CS/PM]
HEIMAT: Mexiko: nördlich Oaxaca, Puebla, Hidalgo und im Südosten des Staates Queretaro.

Echinocereus pulchellus v. amoenus (Dietr.) Sch.
Triebe 3–7,5 cm ∅, Dornen meist etwa 6 mm lang. [CS/PM]
HEIMAT: Mexiko: südwestlich San Luis Potosi und im Süden des Staates Nuevo Leon.
ANDERE NAMEN: *E. amoenus.*

Echinocereus pulchellus v. weinbergii (Wgt.) N. P. Taylor
6–13 cm dicker Trieb, deutlichere Bedornung, bis zu 10 cm lang. [CS/PM]
HEIMAT: Mexiko, westlich Zacatecas.
ANDERE NAMEN: *E. weinbergii.*

Echinocereus rayonesensis N. P. Taylor
[CS/PM]
HEIMAT: Mexiko, Nuevo Leon, Rayones-Tal.
ANDERE NAMEN: *E. longisetus* sensu Werd.

Echinocereus reichenbachii (Terscheck ex Walp.) Hort. F. A. Haage
Mitteldornen fehlen immer; 18–30 oder mehr bis zu 6 mm lange Randdornen, die braun bis weiß sind. **v. armatus** (Poselger) N. P. Taylor (rechts): bis zu 23 Randdornen, bis 8 mm lang, Mitteldorn fast immer vorhanden, bis 20 mm lang, meistens schwarz. Große, pinkfarbene Blüte mit grünem Schlund (Nuevo Leon, Huasteca Canyon). [HS/PM]
HEIMAT: Texas, Oklahoma und im Nordosten Mexikos.
ANDERE NAMEN: *E. caespitosus, E. purpureus, E. armatus.*

Echinocereus reichenbachii v. baileyi (Rose) N. P. Taylor
Bis zu 14, meist bis 12 mm lange (ausnahmsweise bis 25 mm) Randdornen, 1–3 Mitteldornen, bis zu 3 mm lang, ähnlich den Randdornen. Die Bedornung ist braun bis weiß. [HK1148/HS/PM]
HEIMAT: südlich Oklahoma und benachbarte Gebiete von Texas.
ANDERE NAMEN: *E. baileyi, E. baileyi v. albispinus, E. reichenbachii v. albispinus.*

Echinocereus reichenbachii v. fitchii (B. & R.) Benson
Bis zu 22 und 7,5 mm lange Randdornen, 1–7 bis zu 9 mm lange Mitteldornen. Beeindruckend und attraktiv ist die pinkfarbene Blüte mit tiefkarmesinrotem Schlund, die auch in Kultur willig erscheint. [HK1277/HS/GC]
HEIMAT: im Süden von Texas und im angrenzenden nordöstlichen Mexiko.
ANDERE NAMEN: *E. fitchii, E. reichenbachii v. alberti, E. melanocentrus.*

Echinocereus reichenbachii v. perbellus (B. & R.) Benson
Bis zu 16 Randdornen (mitunter auch 20), bis zu 6 mm lang. Mitteldornen nicht immer vorhanden, dann aber nur 1 mm lang. Pinkmagentafarbene Blüte mit kastanienbraunem Schlund. [HS/PM]
HEIMAT: südlich Colorado, östlich New Mexiko, Nord- und Mittel-Texas.
ANDERE NAMEN: *E. perbellus.*

Echinocereus rigidissimus (Englm.) Hort. F. A. Haage
Bis zu 11 cm dicker Trieb, 15–23 Randdornen, 6–10 mm lang. 6–9 cm breite und leuchtend pinkfarbene Blüte mit weißem Schlund. [HK1283/HS/PM]
HEIMAT: Mexiko, nördliche Sonora; im Südwesten von New Mexiko und im Südosten von Arizona.
ANDERE NAMEN: *E. pectinatus v. rigidissimus.*

Echinocereus rigidissimus v. rubispinus (Frank) N. P. Taylor
4–6 cm dicker Trieb, 30–35 bis zu 5 mm lange Randdornen. Benannt nach der kräftig pinkfarbenen jungen Bedornung in Scheitelnähe. [L088/CS/PM]
HEIMAT: Mexiko, im Westen von Chihuahua, Sierra Obscura.
ANDERE NAMEN: *E. pectinatus v. rubispinus, 'E. rubispinus'.*

Echinocereus scheeri (S-D) Scheer
Es geht nichts über einen typischen **E. scheeri**. Die Blüten variieren von pinkfarben bis scharlachrot und orange, die Anzahl der Rippen variiert von 7–10, die Randdornen von 9–13; meistens 1, manchmal aber auch 4 Mitteldornen. [L1082/CS/PM]
HEIMAT: Mexiko: in den Staaten Sonora, Chihuahua und Durango.
ANDERE NAMEN: *E. salm-dyckianus, E. salmianus, E. ortegae.*

Echinocereus scheeri v. gentryi (Clover) N. P. Taylor
Normalerweise 4 oder 5 Rippen, in Kultur können es auch 7 sein. Keine oder bis zu 2 mm lange Dornen. [CS/PM]
HEIMAT: Mexiko: im Osten des Staates Sonora und in West-Chihuahua.
ANDERE NAMEN: *E. cucumis, E. gentryi.*

Echinocereus schmollii (Weingart.) N. P. Taylor
Variiert in Kultur wenig. Die Wurzelknolle ist sehr empfindlich gegen zuviel Nässe. [CS/PM]
HEIMAT: Mexiko, im Südosten von Queretaro.
ANDERE NAMEN: *Wilcoxia schmollii.*

Echinocereus sciurus (K. Brandegee) Dams
Eine in Kultur weitgehend konstante Art, gruppenbildend. Hat die merkwürdige Angewohnheit, an der Triebspitze zu blühen und sich damit selbst das Licht wegzunehmen. [CS/PM]
HEIMAT: Mexiko: südliches Ende der Baja California.

Echinocereus sciurus v. floresii (Bkbg.) N. P. Taylor
Unterscheidet sich von der Leitart durch die deutlichen Mitteldornen und die Tendenz, unterhalb der Triebspitze zu blühen. [HK1036/HS/PM]
HEIMAT: Mexiko, Sinaloa.
ANDERE NAMEN: *E. floresii.*

Echinocereus scopulorum B. &. R.
Normalerweise einzeln wachsend, 10–40 cm hoch bei 10 cm ∅. Trichterförmige und süßlich duftende Blüte, 10 cm ∅, pinkfarben mit weißem Schlund. Blüht oftmals in Scheitelnähe und nimmt sich damit selbst das Licht weg. [CS/PM]
HEIMAT: Mexiko, im Staate Sonora.
ANDERE NAMEN: *E. pectinatus v. minor.*

Echinocereus spinigemmatus Lau
Diese Art blüht in Kultur nur auf völlig ausgewachsenen Trieben. Erkennbar an den spitzen Blütenknospen und den sich entwickelnden ebenso spitzen Früchten. Gruppenbildend mit Trieben bis zu 30 cm lang. [L1246/CS/P]
HEIMAT: Mexiko: im Westen des Staates Zacatecas und nordwestlich von Jalisco.

Echinocereus stoloniferus W. T. Marsh
Durch Wurzelausläufer gruppenbildend; zylindrische Triebe bei 30 cm Höhe bis 5 cm ∅. [CS/PM]
HEIMAT: Mexiko, Südost-Sonora.

Echinocereus stoloniferus v. tayopensis (W. T. Marsh) N. P. Taylor
Gruppenbildend durch basale und seitliche Sprossung; dickere Triebe als bei der Leitart, bei 15 cm Höhe etwa 8 cm ∅. [L779/CS/PM]
HEIMAT: Mexiko: Ost-Sonora und West-Chihuahua.
ANDERE NAMEN: *E. tayopensis.*

Echinocereus stramineus (Englm.) Ruempler
Bildet große, stattliche Gruppen mit dicht bedornten Trieben, bis zu 45 cm hoch und 8 cm ∅ an der Basis. Große Blüten bis 12,5 cm ∅. [PM56/HS/PM]
HEIMAT: im Südwesten der USA und im Norden von Mexiko.
ANDERE NAMEN: *E. enneacanthus v. stramineus.*

Echinocereus subinermis S-D ex Scheer
Bildet niedrige, kompakte Gruppen mit dicken Köpfen. 0-1 Mitteldorn; bis zu 13 cm breite Blüten. [CS/PM]
HEIMAT: Mexiko: Nord-Sinaloa, Süd-Sonora und Südwest-Chihuahua.
ANDERE NAMEN: *E. luteus, E. subinermis v. luteus, E. subinermis v. aculeatus.*

Echinocereus subinermis v. ochoterenae (Ortega) Unger
Stärker bedornt als die Leitart mit zylinderförmigeren Trieben; 1–4 deutliche Mitteldornen. Blüte bis zu 6,5 cm ∅. [L771/CS/PM]
HEIMAT: Mexiko, Süd-Sinaloa.
ANDERE NAMEN: *E. ochoteranae.*

Echinocereus triglochidiatus Englm.
Gruppenbildende Triebe, bei 30 cm Länge bis 7,5 cm ∅; 3–4 bis zu 2,5 cm lange Dornen, dreiwinklig angeordnet. 0–1 Mitteldorn. **v. paucispinus** (Englm.) W. T. Marsh ist ähnlich, hat aber 4–6 und 3–4 cm lange Dornen, nicht dreiwinklig und enger anliegend. [HK1442/HS/PM]
HEIMAT: New Mexiko, Nordost-Arizona und Süd-Colorado, **v. paucispinus**: Süd-Texas.

Echinocereus triglochidiatus v. melanacanthus (Englm.) Benson
Bildet regelrechte Pflanzenwälle, Triebe bei 7,5 cm Höhe (–15 cm) bis 2,5–6 cm ∅; 6–14 Dornen, von denen 1–3 gerade und relativ weiche Mitteldornen sind. **'fa. inermis'** ist eine dornenlose, meistens zwergwüchsige Form in den Gebirgen von Utah und Colorado. [HK1258/HS/PM]
HEIMAT: wie die Leitart.
ANDERE NAMEN: *E. roemeri, E. coccineus.* **'fa. inermis'**: *E. 'inermis', E. hexaedrus, E. heaxaedrus v. inermis.*

Echinocereus triglochidiatus v. mojavensis (Englm. & Big.) Benson
Gruppenbildend; 6–10 Dornen, bis zu 7 cm lang, mit 1–2 Mitteldornen, die alle gebogen oder auch gedreht sind. **v. gonocanthus** (Englm. & Big.) Boissev. & Davidson, 6–9 Dornen, Mitteldorn (0–) 1 (–2) bis 4,4 cm lang; Blüten wie bei der Leitart (New Mexico, Nordost-Arizona, Süd-Colorado). [H]
HEIMAT: Mojave-Wüstenregion der USA und Nord-Mexiko.
ANDERE NAMEN: *E. mojavensis.* **v. gonacanthus**: *E. gonacanthus.*

Echinocereus triglochidiatus v. neomexicanus (Standley) Benson
Gruppenbildend, 11–22 Dornen, von denen 4 bis 4 cm lange Mitteldornen sind. Blüte: scharlachrot, lachsrosa oder weiß. **v. arizonicus** (Rose ex Orcutt) Benson ist ähnlich, jedoch mit geringerer und dickerer Bedornung (Arizona). **v. gurneyi** Benson hat weniger Triebe und nur 8–10 Dornen, einschließlich 1–2 bis zu 2 cm langen Mitteldornen (Südwest-USA), Nordwest-Mexiko). [HS/PM]
HEIMAT: Südost-Arizona, Süd- und West-New Mexico, West-Texas; Mexiko, Nord-Chihuahua.
ANDERE NAMEN: *E. rosei, E. neomexicanus.* **v. arizonicus**: *E. arizonicus.*

Echinocereus viereckii Werd.
Grüngelbliche Triebe, 6–9 warzighöckrige Rippen; dünne, kurze Dornen. Violettrosafarbene, bis zu 11 cm breite Blüte. Abgebildet ist **v. morricalii** (Riha) N. P. Taylor. Wird üblicherweise als schlanktriebige, weitgehend dornenlose Pflanze gesehen, aber sie ist in Wirklichkeit viel dicker und auch bedornt. [HK376/HS/PM]
HEIMAT: Mexiko, Südwest-Tamaulipas und angrenzendes Nuevo Leon.
ANDERE NAMEN: **v. mor.**: *E. morricalii.*

Echinocereus viridiflorus Englm.
Rote, bräunliche, blaßgraue oder weiße Dornen, bis 4,5 mm lang. **v. corellii** Benson, aus einem kleinen Gebiet in Texas hat gelblich-grüne und weißliche Dornen in horizontalen Streifen verlaufend, bis zu 9 mm lang. Die Blüten öffnen sich weit und duften nach Zitrone. [SB931/CS/PM]
HEIMAT: Von South Dakota und Südost-Wyoming bis nach Texas.
ANDERE NAMEN: **v. correllii**: *'E. correllii'*.

Echinocereus viridiflorus v. davisii (Houghton) W. T. Marsh
Eine kleine Pflanze, die am Heimatstandort nur 1,2–2 cm hoch und 0,9–1,2 cm breit wird, in Kultur wird sie größer und sproßt mitunter auch. [CS/PM]
HEIMAT: südlich von Marathon, Texas.
ANDERE NAMEN: *E. davisii.*

Echinocereus websterianus Lindsay
Ohne Erfahrung nicht leicht von **E. grandis** zu unterscheiden, außer in der Blüte, die bei der abgebildeten Art nur 3–4 cm ∅ und einen tieferen Schatten aufweist. [CS/PM]
HEIMAT: Mexiko, Golf von Kalifornien, Insel San Pedro Nolasco.

Echinofossulocactus
siehe unter *Stenocactus*

Echinomastus durangensis (Rge.) B. & R.
Kugelförmig bis länglich, bei 25 cm Höhe bis 10 cm ∅. Kleine bräunlich-rote Blüte. [CS/W]
HEIMAT: Mexiko, Durango, Rio Nazas.

Echinomastus erectocentrus (Coult.) B. & R.
Oval bis kurz-zylindrisch, bei 20 cm Höhe bis 10 cm ∅. 3–4 cm breite, krapprosafarbene Blüte. [CS/W]
HEIMAT: Südost-Arizona.
ANDERE NAMEN: *Neolloydia erectocentrus.*

Echinomastus intertextus (Englm.) B. & R.
Triebe bei 12,5 cm Höhe 5–7 cm ∅. Blüten: 2,5 cm lang. [H]
HEIMAT: Arizona, New Mexiko, Texas.
ANDERE NAMEN: *Neolloydia intertexta* und *v. dasyacantha.*

Echinomastus mariposensis Hester
Einzeln, 6-10 cm hoch bei 4-6 cm ∅. Blüte rosa, bis 4 cm ∅. [CS/W]
HEIMAT: Mexiko, Coahuila und Texas, südwestlicher Brewster-Bezirk.
ANDERE NAMEN: *Neolloydia mariposensis.*

Echinomastus unguispinus (Englm.) B. & R.
Einzeln, bei 10 cm Höhe bis 7 cm ∅. Blüte: 2,5 cm ∅. [CS/GC]
HEIMAT: Mexiko: Chihuahua, Zacatecas.
ANDERE NAMEN: *E. mapimiensis, E. lauii.*

Echinomastus warnockii Glass & Foster
Einzeln, bei 11 cm Höhe bis 7,5 cm ∅. Blüte: 2,5 cm ∅. [SB417/CS/W]
HEIMAT: Mexiko, Chihuahua; Texas und New Mexico.
ANDERE NAMEN: *Neolloydia warnockii.*

Echinopsis ancistrophora Speg.
Eine kleine, flachrunde Art, bis zu 8 cm ∅. Duftlose Blüten, 12-16 cm lang. [P231/CS/PM]
HEIMAT: Argentinien, Tucuman-Salta.
ANDERE NAMEN: *E. hamatacantha, E. kratochviliana, E. leucorhodantha, E. pelecyrhachis, E. polyancistra.*
E. ancistrophora und alle anderen Arten unter *Pseudolobivia* wurden hier eingegliedert.

Echinopsis arebaloi Card.
Wächst einzeln bis 10 cm breit und hoch, 16 cm lange, weiße Blüte. [KK469/IP/M]
HEIMAT: Bolivien, Comarapa.

Echinopsis ayopayana Ritt. & Rausch
Form anfangs kugelig, später säulig. 10-12 cm lange, weiße Blüte. Sehr große Früchte. **E. kladiwaiana** Rausch scheint nur eine schlanker wachsende Form zu sein mit sehr langen Mitteldornen (bis zu 10 cm). [L973/IP/M]
HEIMAT: Zwischen Independencia und Tiquirpaya, Bolivien in 3000-3500 m Höhe.
ANDERE NAMEN: *Lobivia megacarpa* n.n.

Echinopsis baldiana Speg.

Meistens einzeln, bei 30 cm Höhe bis 15 cm ∅. Sehr große, weiße, duftende Blüte. Die abgebildete Pflanze scheint mit der Erstbeschreibung der Art gut übereinzustimmen. [P166/M]

HEIMAT: Argentinien, Catamarca.

Echinopsis boyuibensis Ritt.

10–12 Rippen, 2–6 Randdornen, 7–20 mm lang, der längste normalerweise mit hakiger Spitze; Mitteldornen fehlen meist, wenn sie vorhanden sind, dann überlicherweise hakig, 2–4 cm lang. 20 cm lange, weiße Blüte. [IP/M]

HEIMAT: Bolivien, Hügel in der Nähe von Boyuibe.

ANDERE NAMEN: *Pseudolobivia boyuibensis.*

Echinopsis bridgesii S-D

Kurze Ausläufer bildend, Triebe bis zu 10 cm ∅, langer Mitteldorn, 15–18 cm lange Blüte. Ähnlich, aber bis zu 50 cm hoch, und mit viel kürzerer Bedornung ist **E. cochabambensis** Bkbg., aus Cochabamba. [PM146/H]

HEIMAT: Bolivien, Hochland um La Paz.

ANDERE NAMEN: **E. cotacajesi** Card., **E. ibicuatensis** Card., **E. pojoensis** Card. und **E. vallegrandensis** Card. sowie alle Formen dieser variablen Art.

Echinopsis calochlora Sch.

Kugelig, nicht sehr groß, hellgrün, 6–9 cm ∅, 13 Rippen. 16 cm lange Blüte. [M]

HEIMAT: Brasilien, Corumba.

'Echinopsis cardenasiana', veröffentlicht als *Lobivia cardenasiana* Rausch

Einzeln, eher flach, bis zu 10 cm ∅. Blüten erscheinen seitlich, 8–10 cm lang, 6–7 cm ∅, magenta- oder scharlachrot. [CS/PM]

HEIMAT: Bolivien, östlich von Tarija.

ANDERE NAMEN: *E. ancistrophora subsp. cardenasiana.*

Echinopsis chacoana Schuetz

Wird später kurzsäulig, helles, gelbliches Grün. Weiße Blüte. [P251/CS/PM]

HEIMAT: Paraguay, Chaco Boreal.

Echinopsis dehrenbergii Fric
Einzeln, Rippen scharfkantig. Weiße Blüte. [CS/M]
HEIMAT: Paraguay.
ANDERE NAMEN: *E. paraguayensis.*

Echinopsis eyriesii (Turp.) Zucc.
Anfangs einzeln, später reichlich sprossend, sehr kurze Dornen. 17–25 cm lange, weiße Blüte. [M]
HEIMAT: Süd-Brasilien bis Argentinien, Entre Rios.
ANDERE NAMEN: *E. turbinata* und *E. gemmata* sind mit dieser Art identisch.

Echinopsis klingleriana Card.
Einzeln, bei 12–14 cm Höhe bis 13 cm ∅. Trichterförmige, 12 cm lange, weiße Blüte. [L362/IP/M]
HEIMAT: Bolivien, Chiquitos.

Echinopsis leucantha (Gill.) Walp.
Kugelförmig, nie säulig, bis 15 cm ∅. Bis zu 17 cm lange, weiße Blüte. [B29/IP/M]
HEIMAT: Argentinien, nordwestliche Provinzen.
ANDERE NAMEN: *E. intricatissima, E. campylacantha, E. cordobensis, E. spegazziniana.*

Echinopsis mamillosa Guerke
Einzeln, bei 12 cm Höhe bis 10 cm ∅; Randdornen, 5–10 mm lang, Mitteldorn bis 10 mm. 13–18 cm lange, weiße Blüte, bis 8 cm ∅. Bei **v. flexilis** Rausch sind die Mitteldornen sehr lang (Nord-Argentinien). **v. hystrichoides** (Ritt.) Rausch hat ebensolche pinkfarbene Blüten (in der Nähe von Culpina). **v. kermesina** (Krainz) Fried. hat große, karminrote Blüten. [KK769/CS/M]
HEIMAT: Bolivien, in der Nähe von Tarija.
ANDERE NAMEN: *E. herbasii, E. orozasana, Pseudolobivia orozasana.* **v. hystrichoides**: *E. hystrichoides.* **v. kermesina**: *Pseudolobivia kermesina, 'E. kermesina'.*

Echinopsis melanopotamica Speg.
Wird im Alter zylindrisch, bei 50 cm Höhe bis 15 cm ∅. 22 cm lange, weißliche Blüte. [P98a/CS/M]
HEIMAT: Argentinien, Rio Negro und Rio Colorado.

Echinopsis minuana Speg.
Einzeln, bei 80 cm Höhe bis 15 cm Ø. Geruchlose, 20 cm lange, weiße Blüte. [P255/M]
HEIMAT: Argentinien, Entre Rios.
ANDERE NAMEN: *E. robinsoniana.*

Echinopsis molesta Speg.
Einzeln, kugelförmig, bis zu 20 cm Ø. Blüte schwach duftend, 20–24 cm lang, weiß. [R134/CS/M]
HEIMAT: Argentinien, Cordoba.

Echinopsis obrepanda (S-D) Sch.
Einen Bericht über diese umfassende Gruppe finden Sie im Anhang 1. [CS/PM]

Echinopsis obrepanda v. calorubra (Card.) Rausch
Große, flache Pflanzen mit Köpfen bis zu 14 cm Ø und dunklerem Grün als in anderen Populationen. Blüten bis zu 15 cm lang, pink-rot. [CS/PM]
HEIMAT: Mittel-Bolivien, Aiquile.
ANDERE NAMEN: *Pseudolobivia calorubra, Echinopsis calorubra.*

Echinopsis obrepanda v. mizquensis (Rausch) Rausch
Körper nur bis 14 cm Ø. Kleinere, rote, bis 7,5 cm lange Blüte. **v. aguilari** (Vasqu.) Rausch ist ähnlich, nur etwas kleiner und dichter mit langen, dunklen Dornen bedeckt (Bolivien, Molinero). [CS/PM]
HEIMAT: Bolivien, zwischen Vila Vila und Rio Caine.
ANDERE NAMEN: *Lobivia mizquensis.* **v. aguilari**: *Lobivia aguilari.*

Echinopsis oxygona (Link) Zucc.
Einzeln oder sprossend, bis zu 25 cm Ø, bis zu 1,5 cm lange Randdornen, Mitteldornen länger. 22 cm lange, pink-rote Blüte. **f. brevispina** Ritt. hat kürzere Dornen. [Schl.IP/M]
HEIMAT: Süd-Brasilien, Uruguay und Nordost-Argentinien.
ANDERE NAMEN: *E. brasiliensis* und *E. multiplex.* **f. brevispina**: *E. eyriesii v. grandiflora* und *E. werdermannii.*

Echinopsis rauschii Fried.
Bis zu 9 cm ⌀, frischgrüne Farbe. Orange-rote, 6 cm lange Blüte. **v. grandiflora** Rausch (aus Mizque); bis 10 cm ⌀, mit herrlicher, roter, 10 cm langer Blüte. **v. megalocephala** Rausch; bis zu 13 cm ⌀, mit orange-roter, 12 cm langer Blüte. [CS/PM]

HEIMAT: Bolivien, Pojo.

ANDERE NAMEN: *Lobivia pojoensis* und *L. pojoensis v. grandiflora, Echinopsis ancistrophora subsp. pojoensis* und Varietäten *grandiflora* und *megalocephala.*

Echinopsis rhodotricha Sch.
Sprossend, wird später zylindrisch, bei 80 cm Höhe bis 9 cm ⌀. 15 cm lange, weiße Blüte. [HS/M]

HEIMAT: Paraguay und Nordwest-Argentinien.

Echinopsis semidenudata Card.
Wird später zylindrisch, die Dornen sind so kurz, daß man sie kaum wahrnimmt. Langröhrige, weiße Blüte. [KK1273/IP/M]

HEIMAT: Bolivien, Tarija, Villa Montes.

ANDERE NAMEN: *E. pamparuizii, 'E. seminuda'.*

Echinopsis shaferi B. & R.
Einzeln oder gelegentlich auch sprossend, bei 1,5 m Höhe bis zu 18 cm ⌀. 20 cm lange, weiße Blüte. [M]

HEIMAT: Argentinien, Tucuman, Trancas.

Echinopsis silvestrii Speg.
Zuerst kugelig, später länglich, bei 10 cm Höhe bis 8 cm ⌀. Bedornung ziemlich kurz und steif, bis 1,2 cm lang, blaßgelb, später schmutzig-grau. 20 cm lange, weiße, geruchlose Blüte. [B36/IP/M]

HEIMAT: Argentinien, an den Grenzen von Tucuman und Salta.

Echinopsis subdenudata Card.
Einzeln, bei 8 cm Höhe bis 12 cm ⌀. 20 cm lange, weiße Blüte. [Lau IP/M]

HEIMAT: Bolivien, Angosto de Villamontes.

Echinopsis sucrensis Card.
Kugelförmig, später kurzzylindrisch und große Gruppen bildend. 20 cm lange, 10 cm breite, weiße Blüte. Teil der **E. bridgesii**-Gruppe. [PM164/H]
HEIMAT: Bolivien, Sucre und weitverbreitet in den umliegenden Gebieten.

Echinopsis tapecuana Ritt.
Körper 5–10 cm ⌀. 8 cm lange, weiße Blüten. [FR777/CS/M]
HEIMAT: Bolivien, Tapecua.

'Echinopsis tortispina'
Gruppenbildend, ziemlich lange und gedrehte Dornen. Weiße Blüte. [L400/IP/M]
HEIMAT: Argentinien, Entre Rios.

Echinopsis tubiflora (Pfeiff.) Zucc.
Einzeln oder sprossend, bis zu 12 cm ⌀, mehr oder weniger kugelförmig. 20 cm lange, weiße Blüten. [Schl.IP/M]
HEIMAT: Argentinien: Tucuman; Salta und Catamarca.

Epithelantha bokei Benson
Einzeln oder mit einigen wenigen Seitentrieben [CS/PM]
HEIMAT: West-Texas
ANDERE NAMEN: *E. micromeris v. bokei.*

Epithelantha micromeris (Englm.) Web.
Einzeln oder sprossend, Dornen bis 2 mm lang. **v. densispina** (Bravo) Bkbg Dornen an der Pflanzenspitze bis zu 1 cm lang. **v. greggii** (Englm.) Borg längere und dickere Mitteldornen (Coahuila). **v. unquispina** (Boed.) Bkbg. (flacher) hat gebogene, dunklere, abstehende Dornen (Nuevo Leon). [CS/W]
HEIMAT: West-Texas und Nord-Mexiko.
ANDERE NAMEN: *E. polycephala, E. rufispina.* **v. densispina**: *E. densispina.* **v. unguispina**: *E. spinosior.*

Epithelantha pachyrhiza (Marsh.) Bkbg.
Zylindrisch, manchmal Polster bildend, mit einer Pfahlwurzel, im Scheitel aufrechtstehende Dornenbüschel. [CS/W]
HEIMAT: Mexiko, Coahuila.

Eriosyce megacarpa Ritt.
Einzeln, kugelförmig, 10-14 cm oder mehr ∅. 1,5-2 cm breite, purpurrote Blüte. [H]
HEIMAT: Chile, Chanaral und vom Norden bis zum Süden entlang der Küste.
ANDERE NAMEN: *Rodentiophila megacarpa, E. rodentiophila = R. atacamensis.*

Eriosyce sandillon (Remy) Phil.
Einzeln, sehr variabel in Größe und Bedornung, meistens etwa 40 cm hoch und breit. 2,5-3 cm breite, purpurrote Blüte. [H]
HEIMAT: Verbreitet in Nord- und Mittel-Chile.
ANDERE NAMEN: *E. aurata, E. algarrobensis, 'E. ausseliana', E. ceratistes* und Varietäten, *E. ihotzkyanae, E. spinibarbis.*

Escobaria aguirreana (Glass & Foster) N. P. Taylor
[CS/PM]
HEIMAT: Mexiko, Coahuila.
ANDERE NAMEN: *Gymnocactus aguirreanus.*

Escobaria chihuahuensis B. & R.
Triebe bis 20 cm hoch und 7 cm ∅. 2 cm breite, schwach pink- bis purpurfarbene Blüte. [CS/PM]
HEIMAT: Mexiko, Mittel-Chihuahua.

Escobaria dasyacantha (Englm.) B. & R.
Bis zu 7 cm ∅; Blüte bis 2,5 cm lang. [CS/PM]
HEIMAT: südlich New Mexico, West-Texas und Mexiko, Coahuila und Chihuahua.

Escobaria dasyacantha v. chaffeyi (B. & R.) N. P. Taylor
Feinere und auch längere Dornen als bei der Leitart. Blüten nur bis 1,5 cm lang. **v. duncanii** (Hester) N. P. Taylor; Triebe bis 3,5 cm ∅. Blüte bis 3 cm lang (südlich New Mexico und West-Texas). [CS/PM]
HEIMAT: Mexiko, Nord-Zacatecas.
ANDERE NAMEN: *E. chaffeyi*. **v. duncanii**: *Coryphantha duncanii, E. duncanii*.

Escobaria emskoetteriana (Quehl) Borg
Triebe bis 5 cm Höhe bis 4 cm ∅, rasenbildend. Bis zu 3 cm lange Blüte. [HK1321/HS/P]
HEIMAT: Nordost-Mexiko und Südwest-Texas.
ANDERE NAMEN: *E. muehlbaueriana, E. runyonii, Coryphantha pirtlei, C. robertii*.

Escobaria henricksonii Glass & Foster
Zylindrische Triebe, bis 3 cm ∅, gruppenbildend. Blüte bis 2,5 cm breit, pinkpurpurfarben. [CS/W]
HEIMAT: Mexiko, Süd-Chihuahua und Nordost-Durango.

Escobaria hesteri (Y. Wright) Buxb.
Bis zu 4 cm hohe Triebe, gruppenbildend. [CS/W]
HEIMAT: Texas, Brewster-Bezirk.
ANDERE NAMEN: *Coryphantha hesteri*.

Escobaria laredoi (Glass & Foster) N. P. Taylor
Kugelige oder leicht längliche Triebe, bis 4,5 cm ∅. Blüte karmesinrot. [CS/P]
HEIMAT: Mexiko, Südost-Coahuila.
ANDERE NAMEN: *Coryphantha laredoi, 'E. rigida'*.

Escobaria leei Boed.
Schlankere Triebe als die verwandte **E. sneedii**, mit der sie gelegentlich zusammen wächst, aber sich anscheinend nicht kreuzt. Die Bedornung ist ein wenig nach innen zum Trieb gerichtet. Die Blüte ist dumpf bräunlich-pink. [IP/DHS]
HEIMAT: New Mexico, Guadalupe-Berge.
ANDERE NAMEN: *Coryphantha sneedii v. leei, E. sneedii v. leei*.

Escobaria minima (Baird) D. R. Hunt
Triebe bei 4 cm Höhe bis 2 cm ∅, gruppenbildend. [CS/GC]
HEIMAT: Texas, nahe Marathon.
ANDERE NAMEN: *Coryphantha minima, C. nellieae, E. nellieae.*

Escobaria missouriensis (Sweet) D. R. Hunt
Triebe 5–10 cm ∅, gruppenbildend; 8–20 Randdornen. Bis zu 2,5 cm breite Blüte, grünlich-gelb bis pinkfarben. **v. asperispina** (Boed.) N. P. Taylor; 9–10 Randdornen (Nordost-Mexiko). **v. marstonii** (Clover) D. R. Hunt; gelbe Blüte bis zu 5 cm ∅ (Utah, Arizona). [IP/G]
HEIMAT: Montana, North-Dakota und West-Minnesota südlich bis Nord-Colorado und Kansas.
ANDERE NAMEN: *Neobesseya misss., N. wissmannii, N. notesteini, N. asperispina, Coryphantha marstonii.*

Escobaria missouriensis v. similis (Englm.) N. P. Taylor
Bis zu 10 cm breiter Trieb, gruppenbildend. Bis zu 6 cm breite, hellgelbe bis pinkfarbene Blüte. [HK1480/HS/GC]
HEIMAT: Südost-Kansas, Südwest-Arkansas, West-Louisiana, Ost-Oklahoma, Ost-Texas.
ANDERE NAMEN: *Neobesseya similis, N. rosiflora, N. miss. v. caespitosa.*

Escobaria organensis (Zimmerman) Castetter et al.
Triebe bei 12 cm Höhe bis 3 cm ∅. Bis zu 1,5 cm lange, pinkfarbene Blüte [CS/W]
HEIMAT: New Mexico, Organ-Berge.
ANDERE NAMEN: *Coryphantha organensis.*

Escobaria robbinsorum (Earle) D. R. Hunt
Einzeln, bis zu 5 cm hoch und breit. Pink- bis olivfarbene Blüte. [CS/DHS]
HEIMAT: Südost-Arizona.
ANDERE NAMEN: *Cochiseia robb.*

Escobaria roseana (Boed.) Schmoll ex Bux.
Triebe bis zu 5 cm ∅, gruppenbildend. 2 cm breite Blüte. Eine kürzlich entdeckte Form aus Nuevo Leon ähnelt **Mammillaria elongata**. [CS/PM]
HEIMAT: Mexiko, Südost-Coahuila und angrenzendes Nuevo Leon.
ANDERE NAMEN: *Gymnocactus roseanus.*

Escobaria sneedii B. & R.
Triebe bei 7,5 cm Höhe bis 2,5 cm ⌀, stark sprossend. 12 cm breite Blüte, blaßpink bis magenta. **E. guadalupensis** Brack & Heil ist ähnlich, aber meistens einzeln, bei 10 cm Höhe bis 5 cm ⌀. Blaßgelbe, creme- oder pinkfarbene Blüte mit Mittelstreifen in Pink (Texas, Guadalupe-Berge). [CS/E]
HEIMAT: Nex Mexico, Dona Ana-Bezirk und Texas, El Paso-Bezirk.
ANDERE NAMEN: *Coryphantha sneedii.*

Escobaria strobiliformis Scheer ex Boed.
Sehr variabel, 5–12 cm Höhe bei 2,5–7 cm ⌀. 2,5–3,5 cm breite Blüte, blaßpink bis weißlich. [CS/PM]
HEIMAT: New Mexico und West-Texas; Mexiko, Coahuila, Durango und im Staate Chihuahua.
ANDERE NAMEN: *E. tuberculosa, E. varicolor, E. dasyacantha v. varicolor.*

Escobaria villardii Castetter et al
Gruppenbildend. Bis zu 2,5 cm breite Blüte, weiß mit einem leichten braunen bis pinkfarbenen Mittelstreifen. Gehört zur **E. orcuttii**-Gruppe und schließt auch **E. sandbergii** und **E. albicolumnaria** ein, die sich alle ähnlich sehen (siehe Anhang 2). [CS/W]
HEIMAT: New Mexico, Westseite der Sacramento-Berge.

Escobaria vivipara (Nutt.) F. Buxb.
Gruppenbildend. Bis zu 6 cm breite Blüte. **V. kaibabensis** (P. Fisher) N. P. Taylor; meistens einzeln, stärker bedornt. Blüte mit hellem Schlund (Nord-Arizona). **v. radiosa** (Englm.) D. R. Hunt; längere Warzen; mehr, längere und hellere Dornen, lange und schmale Petalen (Südwest-Oklahoma, Nord- und Mittel-Texas, Südost-New Mexico). [HS/PM]
HEIMAT: Süd-Kanada und Kansas bis Texas.
ANDERE NAMEN: *Coryphantha vivip.* **v. kaibab.**: *Cory. vivip. v. kaibab.* **v. radiosa**: *C. columnaris.*

Escobaria vivipara v. arizonica (Englm.) D. R. Hunt
Gruppenbildend, Triebe bei 9,5 cm Höhe bis 7 cm ⌀; 2–6 Mitteldornen. **v. neomexicana** (Englm.) Bux.; ähnlich, 4–11 Mitteldornen, normalerweise blassere Blüte (New Mexico, West-Texas, Nord-Chihuahua). **v. rosea** (Clokey) D. R. Hunt; dickere Triebe, kräftigere Randdornen (Süd-Nevada, Kalifornien). [H]
HEIMAT: Süd-Utah, Südwest-Colorado, Arizona, Nordwest-New Mexico.
ANDERE NAMEN: *Coryphantha viv. v. arizonica* und *neomexicana.*

Escobaria vivipara v. bisbeeana (Orcutt) D. R. Hunt
Gruppenbildend, 5–7 cm breite Blüte, pink. **v. buoflama** (P. Fisher) N. P. Taylor; gruppenbildend, kleine Blüte, pfirsich- bis hellpinkfarben (Arizona, in der Nähe von Bagdad). **v. deserti** (Englm.) D. R. Hunt; ähnlich wie **v. buof.**, einzeln, kleine, bräunliche Blüte (USA, Mojave-Wüste). [K238/IP]
HEIMAT: Südwest-USA und New Mexico.
ANDERE NAMEN: *Coryphantha aggregata, Escobaria agg.* (falschangewendeter Name). *C. viv. v. bisb., C. viv. v. buof.* **v. deserti**: *C. chlorantha* und *v. deserti, Esc. chlorantha, Esc. deserti.*

Escobaria zilziana (Boed.) Bkbg.
Bis zu 10 cm hoher und 3 cm dicker Trieb, gruppenbildend. 3 cm breite Blüte, blaßgelb, olivgrün oder weißlich, Petalen mit pinkfarbenem Mittelstreifen. [HK1326/HS/GC]
HEIMAT: Mexiko, Coahuila.

Ferocactus chrysacanthus (Orcutt) B. & R.
Einzeln, meistens gelbe, manchmal rote Dornen, bis zu 1 m Höhe und 30 cm ⌀. Gelbe oder orangefarbene Blüte. [CS/PM]
HEIMAT: Mexiko, Baja California, Cedros und San Benito Islands.

Ferocactus cylindraceus (Englm.) Orcutt
Meistens einzeln, bis 3 m hoch und 50 cm ⌀. Grüne oder gelbe Blüte. **v. lecontei** (Englm.) H. Bravo-H., **v. eastwoddiae** (Benson) N. P. Taylor und **v. tortulispinus** (Gates) H. Bravo-H. unterscheiden sich primär in der Bedornung. **F. johnstonianus** B. & R. ist wahrscheinlich eine kleinbleibende Varietät. [HS/PM]
HEIMAT: Südwest-USA und Nordwest-Mexiko.
ANDERE NAMEN: *F. acanthodes* und Varietäten, *F. rostii*. **v. tortulispinus**: *F. tortulispinus*.

Ferocactus echidne (DC) B. & R.
Sehr variabel, bei 35–80 cm Höhe bis 20-30 cm ⌀. Blüte normalerweise rot. Aus Samen gezogene Pflanzen blühen in Kultur gut. [CS/PM]
HEIMAT: Weitverbreitet in Ost- und Mittel-Mexiko.
ANDERE NAMEN: *F. rafaelensis, F. 'rhodanthus', F. victoriensis*.

Ferocactus emoryi (Englm.) Orcutt
Einzeln, bei 2,5 m Höhe bis 1 m ⌀; 1 Mitteldorn, 4–10 cm lang. Rote oder gelbe Blüte. **v. rectispinus** (Englm.) N. P. Taylor; bei 1,5 m Höhe bis 45 cm ⌀; bis zu 25 cm lange Mitteldornen; gelbe Blüte (Baja California, San Ignacio bis südlich von Loreto). [PF6854/HS/PM]
HEIMAT: Südwest-Arizona; Mexiko, Sonora bis Nord-Sinaloa.
ANDERE NAMEN: *F. covillei*. **v. rect.**: *F. rectispinus*.

Ferocactus flavovirens (Scheidw.) B. & R.
Bei 40 cm Höhe bis 20 cm ⌀, bildet bis zu 2 m breite Kolonien. Rote Blüte. [CS/PM]
HEIMAT: Mexiko, Südost-Puebla bis Nord-Oaxaca.

Ferocactus fordii (Orcutt) B. & R.
Einzeln, kugelig bis kurzzylindrisch, bis zu 12 cm Ø. 4 cm lange, purpurfarbene Blüte. [H]
HEIMAT: Mexiko, Westküste der Baja California.

Ferocactus glaucescens (DC) B. & R.
Einzeln oder gruppenbildend, bei 45–70 cm Höhe bis 50 cm Ø. Gelbe Blüte, die aber nur an sehr alten Pflanzen in Kultur erscheint (siehe Abb.). [CS/P]
HEIMAT: Mexiko: Hidalgo; Queretaro und San Luis Potosi.

Ferocactus gracilis H. Gates
Einzeln, bei 3 m Höhe bis 30 cm Ø. Rote Blüte. **v. coloratus** (Gates) G. Lindsay (Abb.) ist kürzer und dicker (im Süden der Baja California). *F. gatesii* G. Lindsay ist nur eine Form von **F. gracilis**. [H]
HEIMAT: Mexiko, im Norden der Baja California.
ANDERE NAMEN: **v. coloratus**: *F. color., F. viscainensis, F. peninsulae v. visc.*

Ferocactus haematacanthus (S-D) H. Bravo-H.
30–120 cm hoch und bis 26–36 cm Ø. Purpur-pinkfarbene Blüte. [H]
HEIMAT: Mexiko, Puebla/Veracruz, Esperanza, Barrancas von Acultzingo und Maltrata.

Ferocactus hamatacanthus (Muehlpf.) B. & R.
Meist einzeln, bei 60 cm Höhe bis 30 cm Ø, runde Rippen. Gelbe Blüte mit meistens rotem Schlund, bis 7,5 cm Ø. **v. sinuatus** (A. Dietr.) Benson; kleiner, schärfere Rippen, weniger gebogene und flache Mitteldornen (Südost-Texas; Nordost-Mexiko). [PM45/HS/PM]
HEIMAT: südöstliches New Mexico, West- und Süd-Texas; Mittel- und Nord-Mexiko, südlich von San Luis Potosi.
ANDERE NAMEN: *Hamatocactus ham., 'H. longihamatus', F. ham. v. crassispinus.* **v. sinuatus**: *H. sinuatus, 'F. sinuatus'.*

Ferocactus histrix (DC) G. Lindsay
Einzeln, bei 110 cm Höhe bis 80 cm Ø. Gelbe Blüte. [PM35/HS/PM]
HEIMAT: Weitverbreitet in Mittel-Mexiko.
ANDERE NAMEN: *'F. electracanthus'.*

Ferocactus latispinus (Haw.) B. & R.
Einzeln, bei 30 cm Höhe bis 40 cm Ø. 4 cm breite Blüte, purpurfarben oder gelb. **v. spiralis** (Karw. ex Pfeiff.) N. P. Taylor; etwas zylindrischer, kleinere Blüte, weißlich mit pinkfarbenem Mittelstreifen (Puebla bis Süd-Oaxaca). [H]
HEIMAT: Sehr verbreitet in Mittel-Mexiko.
ANDERE NAMEN: **v. spiralis**: *F. recurvus.*

Ferocactus lindsayi H. Bravo-H.
Einzeln, bei 60 cm Höhe bis 40 cm Ø. Gelbe Blüte. [H]
HEIMAT: Mexiko, Michoacan, am Rio Balsas-Becken, südöstlich von Apatzingan.

Ferocactus macrodiscus (Mart.) B. & R.
Einzeln, flach, bis 40 cm Ø, 13–35 Rippen. 3–4 cm breite Blüte, purpurpink mit weißen Blütenrändern. Eine Form mit weniger, aber ausgeprägteren Rippen ist im Handel und verdient einen Namen. Blüht in Kultur gut. [H, aus Oaxaca]
HEIMAT: Mexiko, Oaxaca.

Ferocactus peninsulae (Weber) B. & R.
Einzeln, bei 2,50 m Höhe bis 50 cm Ø. **v. townsendianus** (B. & R.) N. P. Taylor; kleiner, kaum 1 m hoch (im Süden der Baja California). **v. santa-maria** (B. & R.) N. P. Taylor (siehe Abb.) kugelförmig, bis 60 cm hoch, dicke Dornen, Blüten stehen frei (Insel Magdalena und angrenzendes Festland). [CS/PM]
HEIMAT: Mexiko, Mittel- und Ost-Baja California.
ANDERE NAMEN: **v. towns.**: *F. townsendianus.* **v. santa-maria**: *F. towns. v. santa-m.*

Ferocactus pilosus (Gal. ex S-D) Werd.
Gruppenbildend, bei 3 m Höhe bis 50 cm Ø. Kleine, orangefarbene Blüte.
HEIMAT: Weitverbreitet in Nord- und Mittel-Mexiko.
ANDERE NAMEN: *F. stainesii* und *v. pilosus.*

Ferocactus pottsii (S-D) Bkbg.
Einzeln, bei 1 m Höhe bis 50 cm Ø, gerade Mitteldornen. Gelbe Blüte. **v. alamosanus** (B. & R.) G. Unger; bei 25 cm Höhe bis 30 cm Ø, dichtere Bedornung (Sonora, Alamos-Gebirge). [CS/PM]
HEIMAT: Mexiko, Südwest-Chihuahua, Südost-Sonora und Nord-Sinaloa.
ANDERE NAMEN: *'F. guirocobensis'.* **v. alamosanus**: *F. alamosanus.*

Ferocactus reppenhagenii Unger
Einzeln, kugelförmig, später bei 80 cm Höhe bis 24 cm ∅. Aus Samen gezogene Pflanzen blühen in Kultur gut. [CS/PM]
HEIMAT: Mexiko: Colima; Michoacan und Oaxaca.

Ferocactus robustus (Pfeiff.) B. & R.
Triebe 15–20 cm ∅, bildet vielköpfige Gruppen bis 5 m ∅. 3–4 cm breite, gelbe Blüte. [PM16/HS/PM]
HEIMAT: Mexiko, Puebla.

Ferocactus schwarzii Lindsay
Einzeln, bei 80 cm Höhe bis 50 cm ∅, blüht ab einem Durchmesser von 10 cm. [CS/P]
HEIMAT: Mexiko, Sinaloa.

Ferocactus viridescens (Torrey & Gray) B. & R.
Einzeln, bis zu 30 cm breit und hoch, 13–25 Rippen; größte, flache Mitteldornen. Blüte: 6 cm ∅. **v. littoralis** G. Lindsay; bei 30 cm Höhe bis 18 cm ∅, 21–34 Rippen, keine abgeflachten Dornen. Blüte: 2,5 cm ∅ (Baja, Küste zwischen Punta Salsipuedes und Mision Santo Domingo). [CS/PM]
HEIMAT: Kalifornien, Südwest-Ecke; Mexiko, im Nordwesten der Baja California.
ANDERE NAMEN: *F. orcuttii.*

Ferocactus wislizeni (Englm.) B. & R.
Einzeln, bei 1,60 m Höhe bis 80 cm ∅. Orange bis rote Blüte. **v. herrerae** (J. G. Ortega) N. P. Taylor; bei 2 m Höhe bis 45 cm ∅, geringere Bedornung (Süd-Sonora, Nord-Sinaloa, West-Durango). **v. tiburonensis** Lindsay; gelbe Blüte, von der Tiburon-Insel. [H]
HEIMAT: Südwest-USA und Nordwest-Mexiko.
ANDERE NAMEN: **Varietäten**: *F. herrerae, F. tiburonensis.*

Frailea castanea Bkbg.
Einzeln, Blüte: 4 cm ∅. [IP/RM]
HEIMAT: Süd-Brasilien bis Nord-Uruguay.
ANDERE NAMEN: *F. asterioides.*

Frailea columbiana (Werd.) Bkbg.
Gruppenbildend, 2,5 cm lange Blüte. [CS/PM]
HEIMAT: Angeblich soll sie aus Kolumbien (Dagua) kommen, aber sie wurde trotz sorgfältiger Suche dort nie gefunden.
ANDERE NAMEN: *F. chrysacantha?*

Frailea grahliana (Haage jr.) B. & R.
Gruppenbildend, bis 4 cm ∅. 4 cm breite Blüte. [CS/PM]
HEIMAT: Paraguay, Rio Paraguari und Argentinien, Misiones, Santa Ana.
ANDERE NAMEN: *F. pseudograhliana?, F. schilinzkyana?*

Frailea horstii Ritt.
Schlank zylindrisch, bis 10 cm und höher, 2,5 cm ∅. 5 cm breite Blüte. [CS/PM]
HEIMAT: Brasilien, Rio Grande do Sul, Cacapava.

Frailea phaeodisca Speg.
Einzeln flach-kugelig, 1,3–3 cm ∅. 4 cm breite, gelbe Blüte. [CS/P]
HEIMAT: Uruguay, Tacuarembo.
ANDERE NAMEN: *F. perbella, F. pygmaea v. phaeodisca.*

Frailea pumila (Lem.) B. & R.
Gruppenbildend, kugelförmig. Blüte: 2 cm ∅. [Schl532/IP/RM]
HEIMAT: Paraguay und angrenzendes Argentinien.
ANDERE NAMEN: *F. albiareolata, F. carmenifilamentosa, F. friedrichii.*

Frailea pygmaea (Speg.) B. & R.
Einzeln oder sprossend, bis 3 cm hoch und breit. 3 cm breite, gelbe Blüte. [CS/R]
HEIMAT: Uruguay und Argentinien.
ANDERE NAMEN: *F. asperispina, F. aurea, F. aureinitens, F. aureispina, F. dadakii, F. fulviseta, F. pulcherrima.*

'Gymnocactus beguinii' nom. illeg. = *Neolloydia smithii* (Muehlpf.) Kladiwa & Fittkau
Einzeln, bei 10 cm Höhe bis 4,5 cm ∅. Magentafarbene Blüte mit hellgeränderten Petalen. [CS/PM]
HEIMAT: Mexiko, Coahuila, Nähe Saltillo und Nuevo Leon, auch Nähe Ascension.
ANDERE NAMEN: *Gymnocactus beguinii* und *v. senilis* und *v. smithii.*

Gymnocactus gielsdorfianus (Werd.) Bkbg.
Einzeln oder gruppenbildend, 5–7 cm Höhe bei 4,5–5 cm ∅. 2 cm breite Blüte. [CS/W]
HEIMAT: Mexiko, Tamaulipas, Nähe Jaumave.
ANDERE NAMEN: *Neolloydia gielsd., Thelocactus gielsd., Turbinicarpus gielsd.*

Gymnocactus horripilus (Lem.) Bkbg.
Gruppenbildend, einzelne Köpfe 10 cm hoch und bis 6,5 cm ∅. 2,5–3,5 cm breite Blüte. [CS/PM]
HEIMAT: Mexiko, Hidalgo, Metztitlan.
ANDERE NAMEN: *Neolloydia horrip., Turbinicarpus horrip.*

Gymnocactus knuthianus (Boed.) Bkbg.
Meistens einzeln, bei 6 cm Höhe bis 7 cm ∅. 2,5 cm breite Blüte. [CS/PM]
HEIMAT: Mexiko, San Luis Potosi, Nähe Guadalcazar.
ANDERE NAMEN: *Neolloydia knuth., Thelocactus knuth., Turbinicarpus knuth.*

Gymnocactus saueri (Boed.) Bkbg.
Einzeln, bei 5 cm Höhe bis 6 cm ∅. 2,5 cm breite Blüte. [CS/W]
HEIMAT: Mexiko, Tamaulipas, Nähe San Vicente.
ANDERE NAMEN: *Neolloydia saueri, Thelocactus saueri, Turbinicarpus saueri.*

Gymnocactus subterraneus (Bkbg.) Bkbg.
Einzeln, bei 7 cm Höhe bis 4 cm ∅. Magentafarbene Blüte. **v. zaragosae** (Glass & Foster) von Dr. Arroyo hat eine bräunlich-gelbe Blüte. [CS/J.Arnold]
HEIMAT: Mexiko, Nuevo Leon, Aramberri.
ANDERE NAMEN: *Neolloydia sub.* **v. zarag.**: *Neoll. sub. v. zar.*

Gymnocactus viereckii (Werd.) Bkbg.
Gruppenbildend, Köpfe 4 cm hoch und 5 cm ⌀. Magentafarbene Blüte. **v. major** (Glass & Foster) Anderson; einzeln, bei 7 cm Höhe bis 6,5 cm ⌀. Weiße Blüte (Nuevo Leon und San Luis Potosi). [CS/PM]

HEIMAT: Mexiko, Tamaulipas, Jaumave Valley, Los Ebanos.

ANDERE NAMEN: *Neolloydia viereckii, Turbinicarpus viereckii.*

Gymnocalycium achirasense Till & Schatzl
Pflanze bei 6 cm Höhe bis 7 cm ⌀, mehr oder weniger stark bedornt; trichterförmige Blüte, 7 cm ⌀, gebrochenes Weiß mit einem Hauch Pink. Scheint zwischen **G. horridispinum** und **G. monvillei** zu liegen. [P104/HS/DHS]

HEIMAT: Argentinien, Provinz San Luis bei Achiras.

Gymnocalycium alboareolatum Rausch
Flach-kugelig. Pink-weiße Blüte. Gehört in die **G. mazanense**-Gruppe. [P221/IP/DHS]

HEIMAT: Argentinien, La Rioja, Nähe Sanagasta.

Gymnocalycium ambatoense Piltz
Einzeln, mehr oder weniger kugelig, bis zu 15 cm ⌀, 5-10 cm hoch; Blüte bis zu 4,5 cm lang, 3-4 cm ⌀, weiß mit pinkfarbenem Mittelstreifen. Eng verwandt mit **G. mazanense**. [P29/HS/DHS]

HEIMAT: Argentinien, Catamarca, Sierra Ambato inmitten von Gräsern und Moosen.

Gymnocalycium andreae (Boed.) Bkbg.
Eine der wenigen gelbblühenden Arten dieser Gattung; im Alter sprossend. [Fechser IP/DHS]

HEIMAT: Argentinien, Cordoba.

ANDERE NAMEN: *G. andreae v. grandiflorum, G. andreae v. doppianum, G. doppianum.*

Gymnocalycium anisitsii (Sch.) B. & R.
Einzeln, bis 10 cm hoch, laubgrün. 4 cm lange, weiße Blüte. [GC]

HEIMAT: Paraguay, Rio Tigatiyami.

Gymnocalycium baldianum (Speg.) Speg.
Meistens einzeln, bis 7 cm ∅. Die Blüte ist meistens leuchtend rot, kann aber auch pinkfarben oder sogar weiß sein. [P127/CS/PM]
HEIMAT: Argentinien, Catamarca.
ANDERE NAMEN: *G. venturianum.*

Gymnocalycium bayrianum Till
Blau-grün, normalerweise einzeln. 4 cm breite Blüte, cremeweiß mit rötlichem Schlund. [L447/IP/DHS]
HEIMAT: Argentinien, Tucuman, Nahe Medina.

Gymnocalycium bicolor Schuetz
Kugelförmig, bis 15 cm ∅. 4,5 cm breite Blüte, weiß. [B44/IP/DHS]
HEIMAT: Argentinien, Cordoba.

Gymnocalycium borthii Koop
Eng verwandt mit **G. gibbosum**. Flacher Körper, der später gestreckt-kugelig wird, bei 10 cm Höhe bis 9 cm ∅. 5 cm breite Blüte, weiß mit pinkfarbenem Schlund. [OF19-80/HS/DHS]
HEIMAT: Argentinien, San Luis, bei Quines.

Gymnocalycium bozsingianum Schuetz
Pinkfarbene Blüte mit rotem Schlund, außen olivbraune Petalen. [P205/IP/DHS]
HEIMAT: Argentinien, La Rioja, Chipes Viejo.

Gymnocalycium bruchii (Speg.) Hoss.
Bildet große Gruppen kleiner dicht bedornter Köpfe mit weißen, zartpink bis kräftig pinkfarben überhauchten Blüten. **v. brigettii** Piltz hat eine geringere Bedornung, die den Körper freier zeigt und kräftig pinkfarbene Blüten. [P200/IP/DHS]
HEIMAT: Argentinien, Cordoba.
ANDERE NAMEN: *G. albispinum, G. lafaldense.*

Gymnocalycium buenekeri Smales
Gruppenbildend, Körper nicht glänzend, pinkfarbene Blüte. [CS/PM]

HEIMAT: Brasilien, Rio Grande do Sul, Sao Francisco de Assis.

ANDERE NAMEN: *G. horstii v. buenekeri.*

Gymnocalycium calochlorum (Boed.) Ito
Bildet sehr große Gruppen mit eher kleinen, flachen Köpfen mit bis zu 10 cm ∅. 6 cm lange, zartpinkfarbene Blüte. **v. proliferum** Bkbg. hat einen dunkleren Körper und eine größere Blüte mit bräunlich-weißen, pinkfarbenen oder reinweißen Petalen. [P109b/IP/DHS]

HEIMAT: Nord-Argentinien.

Gymnocalycium capillaense (Schick) Bkbg.
Bis zu 10 cm hoch und breit, sprossend. Große, bis zu 7 cm lange und 6 cm breite Blüte, zart rosaweiß. Eng verwandt mit **G. sigelianum** [B39/IP/DHS]

HEIMAT: Argentinien, Cordoba.

Gymnocalycium cardenasianum Ritt.
Markant sind die langen, starken Dornen. Pinkfarbene bis weiße Blüte, 5 cm lang, bis zu 9 cm breit, oft kann sie sich wegen der Bedornung nicht ganz öffnen. [L929/IP/DHS]

HEIMAT: Bolivien, Dept. von Tarija, Carrizal.

Gymnocalycium carminanthum Borth & Koop
Kräftige Bedornung, über den mattgrünen Körper zurückgebogen, normalerweise ohne Mitteldornen. [P133/IP/DHS]

HEIMAT: Argentinien, Catamarca, Sierra de Ambato.

Gymnocalycium castellanosii Bkbg.
Körper einzeln, matt blaugrün, bei 15 cm Höhe bis 10 cm ∅, kräftige Dornen. 4,5 cm breite Blüte, glokkig-trichterig, weiß mit pinkfarbenem Schlund. [B73/IP/DHS]

HEIMAT: Argentinien, Cordoba.

ANDERE NAMEN: *G. acorrugatum.*

Gymnocalycium chiquitanum Card.
Flachrund, später sprossend, 6–9 cm Ø, graugrün, bei starker Sonneneinstrahlung rötlich überhaucht. Bis zu 6 cm lange, lila-pinkfarbene Blüte. [CS/PM]
HEIMAT: Bolivien, San Jose.
ANDERE NAMEN: *'G. hammerschmidii'.*

Gymnocalycium damsii (Sch.) B. & R.
Einzeln, helles Grün, bei sonnigem Stand oftmals rötlich. Bis zu 5 cm lange und ebenso breite Blüte, weiß mit rotem Schlund. **v. tucavocense** Bkbg. unterscheidet sich durch die auffallend häufige Sprossung aus den Areolen von Backebergs anderen Varietäten *v. centrispinum, v. rotundulum* und *v. turolosum,* die sich nicht besonders von der Art abheben. [KK497/CS/PM]
HEIMAT: Nord-Paraguay. **v. tucovocense**, Bolivien, San Jose.

Gymnocalycium denudatum (Link & Otto) Pfeiff.
Flach-runder Körper, bis zu 8 cm Ø, normalerweise 5 Dornen. Bis zu 7 cm breite, weiße Blüte. [Pazout IP/GC]
HEIMAT: In weiten Gebieten von Nordost-Argentinien und Südwest-Brasilien.
ANDERE NAMEN: *G. paraguayense.*

Gymnocalycium erinaceum Lambert
Einzeln, kugelig, bei 5 cm Höhe bis 5,5 cm Ø. Blüte bis 5,5 cm Ø, weiß. [JL40/HS/DHS]
HEIMAT: Argentinien, Cordoba, Sierra de Tulumba, Sauce Punco.

Gymnocalycium eurypleurum Ritt.
Einzeln, bis zu 7 cm Ø. Blüte 4,5–5 cm Ø. [CS/GC]
HEIMAT: Paraguay, Cerro Leon.

Gymnocalycium ferrarii Rausch
Einzeln, flach-kugelig, 3–4 cm hoch bei 9 cm Ø, grünlich-grau. 4,5 cm lange Blüte und 3,5 cm Ø, weißlich-pink mit pinkfarbenem Mittelstreifen, Schlund ebenfalls pink. [IP/DHS]
HEIMAT: Argentinien, Catamarca, Nähe Santa Theresa.

Gymnocalycium fleischerianum Bkbg.
Kugelig bis gestreckt, manchmal sprossend. Bis zu 4 cm lange, weiße Blüte mit pinkfarbenem Schlund. [CS/GC]
HEIMAT: Paraguay.

Gymnocalycium friedrichii Pazout
Rötlichbrauner Körper mit schmalen, scharfkantigen Rippen, mit dünnstrichigen, horizontalen Linien. Pinkfarbene Blüte. [CS/GC]
HEIMAT: Paraguay, Gran Chaco.

Gymnocalycium gibbosum (Haw.) Pfeiff.
Eine sehr variable Art, Körper kugelig bis gestreckt, bei 10 cm Höhe bis 15 cm ∅, variiert von grün bis schwarz, dünne Dornen. Bis zu 6,5 cm lange, weiße Blüte. [P101/IP/DHS]
HEIMAT: Süd-Argentinien, weitverbreitet.
ANDERE NAMEN: *G. brachypetalum, G. chubutense, 'G. gerardii'.*

Gymnocalycium glaucum Ritt
Langsam wachsend, bis zu 12 cm ∅. Blüte bis zu 4,5 cm breit, weiß mit dunklerem Mittelstreifen. [P36/IP/DHS]
HEIMAT: Nord-Argentinien, südöstlich von Tinogasta.

'Gymnocalycium griseopallidum' Bkbg.
Blasser graugrüner Körper, bis zu 6,5 cm ∅ und 3 cm hoch, später sprossend. Weiße Blüte, ähnlich **G. damsii**. [CS/GC]
HEIMAT: Bolivien, Salzdünen in der Nähe von San Jose.

Gymnocalycium hamatum Ritt.
Kugeliger Körper, kupferartig braun, Bedornung nicht immer mit Hakenbildung. 5 cm lange, weiße Blüte. [CS/GC]
HEIMAT: Bolivien, Provinz Gran Chaco, Palos Blancos.

Gymnocalycium horridispinum Frank
Bei 20 cm Höhe oder mehr bis 8 cm Ø, Epidermis dunkelgrün. Weiße Blüten mit violettgeränderten Petalen oder völlig pinkfarben, 6 cm Ø. [CS/PM]
HEIMAT: Nord-Argentinien, Cordoba, südwestlich von Salsacate.

Gymnocalycium horstii Buin.
Bei 7 cm Höhe bis 11 cm Ø, glänzend, hellgrün. Bis zu 11 cm lange und breite, weiße Blüte. [IP/R]
HEIMAT: Brasilien, Rio Grande do Sul, Nähe Cacapava.

Gymnocalycium hybopleurum (Sch.) Bkbg.
Breit-kugeliger Körper, sehr variable Bedornung, wobei einige Pflanzen extrem stark bedornt sind. 4 cm lange, weiße Blüte. Die sieben von Backeberg aufgestellten Varietäten haben bei einer solch variablen Art wenig oder gar keine botanische Bedeutung. [L491/IP/GC]
HEIMAT: Argentinien, Cordoba.
ANDERE NAMEN: *G. euchlorum* nom. prov. *'G. eluhilton', G. pugionacanthum.*

'Gymnocalycium intertextum' Bkbg.
Flach-kugelig, bis 11 cm Ø. Weiße Blüte. [CS/DHS]
HEIMAT: Angegeben ist Nord-Argentinien, trotz Backebergs typischen Fundortinformationen wurde sie dort nicht gesammelt. (Anmerkung des Übersetzers: Diese Art wurde in Nord-Argentinien von Fechser gesammelt!)

Gymnocalycium kieslingii Ferrari
Flach-kugelige Art, einzeln, graugrün, 6–9 cm Ø und 2 cm hoch. 5–6 cm breite, weiße Blüte. [B63/IP/GC]
HEIMAT: Argentinien, La Rioja.

Gymnocalycium leeanum (Hook.) B. & R.
Normalerweise gruppenbildend. [CS/PM]
HEIMAT: Uruguay und angrenzende Gebiete in Argentinien.

Gymnocalycium mazanense Bkbg.
Eine große, kugelförmige Art, dumpfes Grün und stark bedornt. Blüte kurz und dick, weißlich bis pink. Wahrscheinlich artgleich mit **G. nidulans** und **G. weissianum**, von Backeberg im gleichen Gebiet gefunden und beschrieben. [L510/IP/DHS]

HEIMAT: Argentinien, Mazan.

ANDERE NAMEN: *G. mucidum, G. guanchinense.*

Gymnocalycium mesopotamicum Kiesling
Einzeln (scheint in Kultur zu sprossen, bis zu 4 cm ∅, meist glänzend grün. 7 cm lange Blüte, 6,5 cm ∅, lange, schmale Petalen, weiß mit einem zarten pinkgrünen Mittelstreifen. [P241/CS/PM]

HEIMAT: Argentinien, Provinz Corrientes, Mercedes.

Gymnocalycium mihanovichii (Fric & Guerke) B. & R.
Breit-kugelig, wird länglich und bis zu 6 cm ∅; im allgemeinen eine in Bedornung und Blütenfarbe sehr variable Pflanze, varriert von gelblich-weiß bis pinkfarben. Im Hinblick auf die weite Verbreitung und die eigene Vielfalt, haben jene Varietäten nur wenig botanische Bedeutung. [FR1181/GC]

HEIMAT: Paraguay, Gran Chaco.

ANDERE NAMEN: *v. friedrichii* Werd. = **G. friedrichii** Pazout.

Gymnocalycium monvillei (Lem.) B. & R.
Körper einzeln, kugelförmig, bis 22 cm ∅, mit einem charakteristischen hellgrünen Glanz. Bis zu 8 cm lange und breite Blüte, weiß, oftmals pinkfarben überhaucht. [IP/DHS]

HEIMAT: Paraguay.

ANDERE NAMEN: *G. brachyanthum.*

Gymnocalycium moserianum Schuetz
Gedrückt-kugelig, bis zu 15 cm ∅ und 10 cm hoch. Weiße Blüte mit roter Mitte. [Fechser IP/DHS]

HEIMAT: Argentinien, Nord-Cordoba, Nähe Serrazuela.

Gymnocalycium mostii (Guerke) B. & R.
Einzeln, bläulich-grün, bis zu 13 cm hoch und breit. Große, bis zu 8 cm breite, pinkfarbene Blüte. Bei **v. kurtzianum** (Guerke) Bkbg. hat die Blüte einen roten Schlund. [B9/IP/DHS]

HEIMAT: Beide aus Argentinien, Cordoba.

ANDERE NAMEN: **v. kurtzianum**: *G. kurtzianum.*

Gymnocalycium multiflorum (Hook.) B. & R.

Mitunter gruppenbildend, einzelne Köpfe bis zu 9 cm hoch und mehr, bis 12 cm ⌀, frischgrün; Dornen sehr variabel in der Länge. Bis zu 4 cm lange Blüten, pinkfarben und oftmals auch weiß. Die genannten Varietäten gehören zur Art. [B17/IP/DHS]

HEIMAT: Argentinien, Cordoba und San Luis.

ANDERE NAMEN: *G. ourselianum.*

Gymnocalycium nidulans Bkbg.

Einzeln, später gruppenbildend, bei 30 cm Höhe bis 18 cm ⌀, sehr variable Bedornung. Wahrscheinlich artgleich mit **G. mazanense** und **G. weissianum** aus dem gleichen Hauptfundgebiet. [CS/PM]

HEIMAT: Argentinien, Mazan.

Gymnocalycium nigriareolatum Bkbg.

Breitrund, einzeln, bis 15 cm ⌀. Die Blüte schimmert Porzellanweiß. Trotz des Namens sind die Areolen bei jungen Kulturpflanzen nicht schwarz. [IP/GC]

HEIMAT: Argentinien, Catamarca.

Gymnocalycium occultum Fric ex Schuetz

Einzeln, flach. Blüten bei 3 cm Länge 2–2,5 cm ⌀, weiß. [B131/IP/DHS]

HEIMAT: Argentinien, Nord-Cordoba und südlich La Rioja.

Gymnocalycium paediophilum Ritt. ex Schuetz

Normalerweise einzeln. 5,5 cm breite Blüte, cremegelblich anfangs, später weiß. [ISI1593/M]

HEIMAT: Paraguay, Cerro Leon.

(Anmerkung des Übersetzers: Diese Art sproßt sehr leicht!)

Gymnocalycium pflanzii (Vpl.) Werd.

Sehr großer, bis 50 cm breiter, mattgrüner Körper. Nur 5 cm lange und breite Blüte, weiß bis lachsfarben. **vars. millaresii**, und **riograndense** (Card.) Don. unterscheidet sich nur oberflächlich von der Art. [L938/IP/DHS]

HEIMAT: Nord-Argentinien und Süd-Bolivien.

ANDERE NAMEN: Die oben angeführten Varietäten und Arten, *G. chuquisacanum, G. comarapense* n.n., *G. marquezii.*

Gymnocalycium pflanzii v. lagunillasense (Card.) Don.

Das ist das am leichtesten zu merkende Mitglied dieser Gruppe (obere Abb.) [KK492/IP/DHS]. **v. zegarrae** (Card.) Don. (untere Abb.) hat die stärkste Bedornung. [L946/IP/DHS] (Bolivien, Perez-Mairano-Straße).

HEIMAT: Bolivien, Lagunillas.

ANDERE NAMEN: *G. lagunillasense.* **v. zegarrae**: *G. zegarrae.*

Gymnocalycium piltziorum Schuetz

Einzeln, flach-kugelig, 10 cm hoch und 16 cm ∅. 7 cm lange und 5 cm breite, pinkfarbene Blüte. [P38/IP/DHS]

HEIMAT: Argentinien, La Rioja, Sierra Velasco.

Gymnocalycium quehlianum (Haage jr.) Berg.

Eine sehr variable Art, die Pflanzen in den weit verteilten Populationen unterscheiden sich in zahlreichen Details voneinander. Normalerweise 7 cm ∅, rot- bis grünlichgrau. Schlankröhrige Blüten, bis zu 6 cm lang, weiß mit rötlichem Schlund. [CS/P160/DHS]

HEIMAT: Argentinien, Cordoba.

ANDERE NAMEN: *v. albispinum, v. flavispinum, v. rolfianum* und *v. zantnerianum* gehören zu der Art.

Gymnocalycium ragonesii Castellanos

Klein, bemerkenswert flach, gräulich-braun. Blüte bis zu 4 cm lang, creme-weiß mit dunkelrotem Schlund. [CS/EC]

HEIMAT: Argentinien, Catamarca.

Gymnocalycium ritterianum Rausch

Einzeln oder kleine Gruppen bildend, später bilden sie an der oberen Körperhälfte Sprosse. 6,5 cm lange Blüte und bis 7,5 cm ∅, glänzendes Weiß mit einem blaßviolettfarbenem Schlund. [Kiesling IP/DHS]

HEIMAT: Argentinien, La Rioja, Nähe Famatina.

Gymnocalycium saglione (Cels) B. & R.

Einzeln, bis zu 30 cm ∅. Nur 3,5 cm lange Blüte, weiß, zartrosa überhaucht. [IP/DHS]

HEIMAT: Argentinien: Salta; Catamarca und Tucuman.

ANDERE NAMEN: *Brachycalycium tilcarense.*

Gymnocalycium schatzlianum
Strigl & W. Till

Flach-kugeliger Körper, dunkles, leuchtendes Grün. 7–8 cm breite, trichterförmige Blüte, weiß mit grünlichweißem Schlund. [P93/CS/GC]

HEIMAT: Argentinien, Provinz Buenos Aires, Sierra de Tandil.

Gymnocalycium schickendantzii
(Web.) B. & R.

Einzeln, bis zu 10 cm ∅, am Heimatstandort im Alter säulig, sehr variable Bedornung. Bis zu 5 cm lange Blüte, weißlich oder rosa. **v. delaetii** (K. Sch.) Bkbg. ist eine andere Pflanze mit runderen Warzen und kürzeren Dornen. [L473/CS/PM]

HEIMAT: Nordwest-Argentinien, Cordoba bis Tucuman.

ANDERE NAMEN: *G. pungens.* **v. delaetii**: *G. delaetti.*

Gymnocalycium schroederianum
van Osten

Körper einzeln, gedrückt, bis 15 cm ∅ und 5 cm hoch, 15–18 Rippen. Bis zu 7 cm lange und 5,5 cm breite, weißliche Blüte. **v. bayense** Kiesling ist kleiner, meistens bis zu 7 cm ∅ und nur 4–5 cm lange Blüten. **v. paucicostatum** Kiesling hat nur 9–11 sehr eckige Rippen und nur 3 Dornen, während die anderen Varietäten 5–7 Dornen haben. [CS/PM]

HEIMAT: Uruguay (nur Arten) und Argentinien (Arten und Varietäten).

Gymnocalycium schuetzianum
Till & Schatzl

Flach-kugelig, 9–11 cm ∅, alte Pflanzen bis zu 15 cm hoch und 17 cm ∅, im Alter sprossend. 6–8 cm breite Blüten. Verwandt mit **G. monvillei**. [FR430/offset from type plant/DHS]

HEIMAT: Argentinien, Cordoba, Nähe Cruz del Eje. (Gefunden von Ritter).

Gymnocalycium sigelianum (Schick) Berg.

Flach, bis über 7 cm ∅. Rosafarbene Blüte. Eng verwandt mit **G. capillaense**. [IP/DHS]

HEIMAT: Argentinien, Cordoba.

Gymnocalycium spegazzinii B. & R.

Einzeln, gedrückt-kugelig, bis zu 20 cm hoch und 18 cm ∅. Bedornung in der Länge sehr variabel, manchmal verhaken sie sich im Körper, manchmal nicht. Bis zu 7 cm lange und 5 cm breite, weiße Blüte mit pinkfarbener Tönung. [L530/IP/DHS]

HEIMAT: Argentinien: Salta; Catamarca und Tucuman.

Gymnocalycium stellatum (Speg.) Speg.
Eine der variabelsten Arten innerhalb der Gattung. Flacher bis zu 10 cm breiter Körper, gräulich, bräunlich oder schwärzlich-grün, braune oder schwarze Dornen, variabel in Anzahl und Länge. 6 cm lange, weiße Blüte. *v. paucispinum* gehört zu dieser Art. [L479/IP/DHS]
HEIMAT: Argentinien, Cordoba.
ANDERE NAMEN: *G. asterium* und Varietäten. *G. ochoterenai* und 4 Varietäten, *G. bodenbenderianum, G. kozelskyanum, G. riojense, G. triacanthum.*

Gymnocalycium striglianum Jeggle
Einzeln, blau-grün bis braun, bis zu 5 cm hoch und 8 cm ∅. 4 cm breite, 5 cm lange Blüte, cremeweiß mit einem rosafarbenen Schimmer. [WR548/IP/DHS]
HEIMAT: Argentinien, Mendoza.

Gymnocalycium sutterianum (Schick) Berg.
Einzeln, flach-kugelig. Große, rosa-weiße Blüte. [B93/IP/DHS]
HEIMAT: Argentinien, Cordoba.

'Gymnocalycium taningaense'
Charakteristischer, dunkler Körper [P212/IP/DHS]
HEIMAT: Argentinien, Ost-Cordoba.

Gymnocalycium tillianum Rausch
Einzeln, bis zu 10 cm Höhe und 15 cm ∅, graugrün. 3 cm lange, 2,5 cm breite, rote Blüte. [CS/PM]
HEIMAT: Argentinien, Sierra Ambato.

Gymnocalycium tudae Ito
Flach-rund, bis zu 6 cm hoch und 17 cm ∅, graugrün, bis zu 7 Randdornen und keine Mitteldornen. 4 cm lange und breite, weiße Blüte. [CS/DHS]
HEIMAT: Paraguay bis Brasilien.
ANDERE NAMEN: *G. fricianum, G. karwinskyanum, G. marsoneri, G. matoense, G. megatae, G. onychacanthum, G. rotundicarpum, G. seminudum, G. tortuga.*

'Gymnocalycium tudae v. izozogsii'
Kleiner als die Art, mit mehr Randdornen und nur einem Mitteldorn. [CS/GC]
HEIMAT: Bolivien, Santa Cruz, Izozog-Becken.
ANDERE NAMEN: *G. izozogsii, G. pflanzii v. izozogsii.*

'Gymnocalycium tudae v. pseudomalacocarpus' (Bkbg.) Don.
Flach-kugelig, 7 cm ⌀ und 3 cm hoch, sprossend, meistens rötlich-grün, 3–5 Dornen. [CS/GC]
HEIMAT: Bolivien, Salzdünen in der Nähe von San Jose.
ANDERE NAMEN: *G. pseudomalacocarpus.*

Gymnocalycium uebelmannianum Rausch
Einzeln, flach-kugelig, 10 cm hoch und bis zu 7 cm ⌀, mit einer großen Rübenwurzel, grün mit wachsartigem Glanz. 3,5 cm lange und breite Blüte, weiß mit rosafarbenem Schlund. [WR141/IP/DHS]
HEIMAT: Argentinien, Sierra de Velasco.

Gymnocalycium uruguayense (Arech.) B. & R.
Gruppenbildend, in Kultur viele mehrköpfige, dunkelgrüne, flach-kugelige Gruppen. 4 cm lange Blüten, weiß, gelb oder auch rosa. [WR350/IP/DHS]
HEIMAT: Uruguay
ANDERE NAMEN: *G. artigas, G. guerkeanum, G. melanocarpum.*

Gymnocalycium valnicekianum Jajo
Breit-kugelig, später gestreckt, bei 30 cm Höhe bis zu 18 cm ⌀, dunkles Grasgrün. 5 cm breite Blüte, weiß mit rötlichem Schlund. [B165/IP/GC]
HEIMAT: Argentinien, Cordoba.
ANDERE NAMEN: *G. immemoratum.*

Gymnocalycium vatteri Buin.
Flach, 4 cm hoch, 9 cm ⌀, matt olivgrün, meistens nur 1–3 Dornen. 5 cm lange und 4 cm breite Blüte, weiß mit rötlichem Schlund. [CS/GC]
HEIMAT: Argentinien, Cordoba, Sierra Grande, Nähe Nono.

Gymnocalycium weissianum Bkbg.
Breit-rund, bis 9 cm hoch und 14 cm Ø, matt graugrün. Blüte mehr oder weniger glockig-trichterig, bräunlich oder hellrosa mit dunklerem Schlund. Wahrscheinlich artgleich mit **G. mazanense** und **G. nidulans**. [L485/IP/GC]

HEIMAT: Argentinien, Mazan.

Leuchtenbergia principis Hook.
Einzeln oder im Alter sprossend, bis zu 70 cm hoch. Bis zu 8 cm lange Blüte, gelb bis rosa. [CS/PM]

HEIMAT: Mittel- bis Nord-Mexiko.

Lobivia acanthoplegma (Bkbg.) Bkbg.
Holotypus Das Kakteen-Lexikon 165 p 195 III 190. Einzeln, flach-kugelig, bis 15 cm Ø, kein Mitteldorn. 5 cm breite Blüte, rot, oftmals mit purpurfarbenem Glanz. [CS/PM]

HEIMAT: Bolivien, Nähe Ansaldo an der Straße nach Rio Caine.

ANDERE NAMEN: *Pseudolobivia acanthoplegma, Lobivia taratensis, L. cinnabarina subsp. acanthoplegma, Cinnabarinea acanthoplegma.*

Lobivia acanthoplegma v. oligotricha
(Card.) Rausch
Einzeln, kugelförmig bis etwas gestreckt, bis 10 cm Ø, Bedornung in der Dichte sehr variabel, entsprechend der Population, aus der die Pflanze stammt. 3–3,5 cm breite, rote Blüten, manchmal mit etwas hellerem Schlund. [WB5108-3/IP/DHS]

HEIMAT: Bolivien, um Tiraque.

ANDERE NAMEN: *Lobivia oligotricha, L. neocinnabarina, L. pseudocinnabarina, Cinnabarinea pseudocinnabarina, L. cinnabarina subsp. acanthoplegma, v. oligotricha* und *v. neocinnabarina.*

Lobivia acanthoplegma v. patula Rausch
Einzeln, flach-kugelig, helles Grasgrün, bis 15 cm Ø. 3–5 cm breite Blüten, blutrot bis orange, ohne purpurfarbene Schimmer. [PM190/H]

HEIMAT: Bolivien, Cliza, an einem für Lobivia ungewohnten Standort, in flachem Land, wo Farmbetrieb und Ackerwirtschaft diese schöne Varietät nahezu völlig ausgerottet haben.

Lobivia acanthoplegma v. roseiflora
Rausch
Bemerkenswert flacher als die drei vorgenannten, weiße Bedornung. Blüte kleiner als 3 cm Ø, immer rosa, manchmal mit weißem Schlund. [CS/PM]

HEIMAT: Bolivien, Angostura.

ANDERE NAMEN: *Lobivia cinnabarina subsp. acanthoplegma v. roseiflora.*

Lobivia arachnacantha Buin. & Ritt.
Sprossend, Köpfe bis zu 4 cm ∅. Bis zu 4 cm lange Blüte. **V. torrecillasensis** (Card.) Bkbg. (aus Comarapa, Bolivien) dichtere Bedornung, rote Blüten. **v. sulphurea** Vasqu. (aus Pasorapa, Bolivien) helleres grün, zitronengelbe Blüte. [KK499/IP/GC]
HEIMAT: Bolivien, Samaipata.
ANDERE NAMEN: *Echinopsis arachnacantha, E. ancistrophora subsp. arachnacantha.*

Lobivia arachnacantha v. densiseta Rausch
Unterscheidet sich durch seine dichte bräunlich-rote, bis zu 20 mm lange Bedornung und seine 7,5 cm langen, roten Blüten. [CS/GC]
HEIMAT: Bolivien, Valle Grande.
ANDERE NAMEN: *Echinopsis arachnacantha v. vallegrandensis, E. ancistrophora subsp. arachnacantha v. densiseta* und *v. vallegrandensis.*

Lobivia aurea (B. & R.) Bkbg.
Einzelköpfe, kugeliger bis gestreckter Körper, bis 10 cm hoch, mit 14–15 scharfen Rippen. Weißliche Randdornen, normalerweise 10, bis 1 cm lang, dunklere Mitteldornen, normalerweise 1, bis zu 4, dicker und bis zu 3 cm lang. 8 cm breite, zitronengelbe Blüte. [P185/IP/DHS]
HEIMAT: Argentinien, Cordoba.
ANDERE NAMEN: *Echinopsis aurea, Lobivia cylindrica, Pseudolobivia aurea, P. luteiflora, Hymenorebutia aurea.* Andere Varietäten von **L. aurea** sind im Anhang 3 verzeichnet.

Lobivia aurea v. fallax (Oehme) Rausch
Einzeln oder kleine Gruppen bildend, bis zu 40 cm hoch und 8 cm ∅, stark bedornt. [P137/CS/PM]
HEIMAT: Argentinien, Sierra de Malanzan.
ANDERE NAMEN: *Lobivia fallax, Pseudolobivia aurea v. fallax, Hymenorebutia aurea v. lariojensis.*

Lobivia aurea v. quinesensis (Rausch) Rausch
Einzeln, kurzzylindrisch, bis zu 12 cm hoch und 6 cm ∅, dicht bedornt, bis zu 6 cm lange Mitteldornen. Blaßgelbe Blüte. [WR112/IP/DHS]
HEIMAT: Argentinien, San Luis, zwischen Quines und San Martin.
ANDERE NAMEN: *Echinopsis aurea v. quinesensis.*

Lobivia aurea v. shaferi (B. & R.) Rausch
Bei 25 cm Höhe bis 4 cm ∅; 5 cm lange Mitteldornen. **v. leucomalla** (Wessn.) Rausch aus San Luis, einzeln, bei 12 cm Höhe bis 6 cm ∅, dicht mit weißlichen, borstigen Dornen bedeckt. [IP/GC]
HEIMAT: Argentinien, Andalgala.
ANDERE NAMEN: *Lobivia cylindracea, L. shaferi.* **v. leucomalla**: *L. leucomalla, 'L. densispina v. leucomalla', L. famatimensis v. leucomalla.*

Lobivia backebergii (Werd.) Bkbg.
Einzeln oder sprossend, flach-kugelig am Standort, in Kultur eher zylindrisch, auch sind die Triebe etwas hellgrüner. Blüte rot bis karmin mit weißem Schlund. [PM141/H]

HEIMAT: Bolivien, Hochland um La Paz.

Lobivia bruchii B.&R.
Groß, kugelig, bis 20 cm ∅ oder noch breiter. 5 cm breite, tiefrote Blüte. [RM]

HEIMAT: Nord-Argentinien, Tafi del Valle.

ANDERE NAMEN: *Soehrensia bruchii, L. formosa v. bruchii, Trichocereus bruchii.*

Lobivia caineana Card.
Einzeln, bis zu 20 cm hoch und 9 cm ∅. 7 cm lange Blüte. [IP/DHS]

HEIMAT: Bolivien, Rio Ciane, bei Capinota.

Lobivia chrysantha (Werd.) Bkbg.
Einzeln, bis zu 7 cm ∅, mit einer Rübenwurzel. 5,5 cm lange Blüte, gelb mit rotem Schlund. **v. hypocyrta** Rausch hat eine gelbe Blüte mit roten Streifen. [CS/PM]

HEIMAT: Argentinien, Salta, um Puerta Tastil.

ANDERE NAMEN: *Lobivia jansenіana, L. staffenii, L. klusacekii, L. dragai, L. polaskiana.*

Lobivia chrysochete Werd.
Flachkugeliger Körper, bis 20 cm ∅, 30 bis zu 10 cm lange Dornen. 4 cm breite Blüte, orange-rot bis rot. [IP/M]
v. markusii (Rausch) (untere Abb.); 50 bis zu 5 cm lange Dornen, viel dünner, goldgelb (Volcan.). [CS/PM]
v. tenuispina (Ritt.) Rausch; bis zu 20 Dornen, bis 9 cm lang, braun bis schwarz. Blüte gelb bis orange (Bolivien, San Antonio bis Iscayache).

HEIMAT: Argentinien, Santa Victoria.

ANDERE NAMEN: **v. markusii**: *L: markusii.* **v. tenuispina**: *L. tenuispina.*

Lobivia cinnabarina (Hook.) B.&R.
Meistens einzeln, flachkugelig, bis 15 cm ∅. 6–8 cm breite Blüte. [KK228/CS/PM]

HEIMAT: Bolivien, weitverbreitet um Sucre, nach den folgenden Synonymen sehr variabel.

ANDERE NAMEN: *Lobivia charcasiana, Cinnabarinea cinnabarina, L. cinnabarina v. walterspielii, C. walterspielii v. sanguiniflora, L. zudanensis, L. cinn. v. zudanensis, L. prestoana, L. cinn. v. grandiflora.*

Lobivia cinnabarina v. draxleriana (Rausch) Rausch
Einzeln, bis 15 cm ∅. 7 cm breite Blüte. [CS/PM]
HEIMAT: Bolivien, Aiquile.
ANDERE NAMEN: *L. draxleriana.*

Lobivia famatimensis (Speg.) B. & R.
Einzeln bis 3,5 cm ∅, mit einer fleischigen Rübenwurzel. 3–5 cm breite Blüte. **v. sanjuanensis** Rausch; bis 20 cm hoch und 5 cm ∅. Bis zu 9 cm breite Blüten (aus San Juan). **v. jachalensis** Rausch; wolligere Areolen, kleinere Blüten (Nähe Jachal). [WR127/IP/DHS]
HEIMAT: Argentinien, La Rioja, in den Famatina-Bergen.
ANDERE NAMEN: *Reicheocactus pseudoreicheanus.*

Lobivia ferox B. & R.
Einzeln, 30–70 cm hoch bei 30 cm ∅, bis zu 18 cm lange Mitteldornen. 9–11 cm lange Blüte, 6–8 cm ∅, weiß bis weiß-rosa. [CS/PM]
HEIMAT: Sehr weitverbreitet, von Oruro in Nord-Bolivien bis Purmamarca in Argentinien.
ANDERE NAMEN: *Lobivia ferox v. camargensis, L. ferox v. potosina, L. ducis pauli, L. potosina, Echinopsis ferox, E. lecoriensis, E. potosina, E. cerdana, Pseudolobivia ferox, P. lecoriensis* und *P. potosina.*

Lobivia ferox v. longispina (B. & R.) Rausch
Immer kleiner, manchmal sogar flach. Blüte weiß, gelb, rosa oder rot, oftmals öffnet sie sich wegen der starken Bedornung kaum. [PM184/H]
HEIMAT: Nord-Argentinien bis Süd-Bolivien.
ANDERE NAMEN: *Lobivia longispina, L. aureolilacina, L. claeysiana, L. ducis pauli v. rubriflora, L. hastifera, L. horrida, L. pictiflorea, L. variispina, Pseudolobivia longispina, P. wilkeae.*

Lobivia grandiflora B. & R.
Kurzzylindrisch, einzelne Triebe bei 20 cm Höhe bis 10 cm ∅, gruppenbildend. 8–10 cm lange Blüte. [CS/PM]
HEIMAT: Argentinien, Catamarca, zwischen Andalgala und Conception.
ANDERE NAMEN: *Echinopsis rowleyi, Trichocereus rowleyi, Helianthocereus grandiflorus, Hymenolobivia purpureomineata, Lobivia grand. v. lobivioides.*

Lobivia grandiflora v. crassicaulis (Bkbg.) Rausch
Triebe bis 15 cm hoch und 11,5 cm ∅, sprossend. 6–8 cm lange Blüte. [CS/PM]
HEIMAT: Argentinien, Catamarca, La Estancia.
ANDERE NAMEN: *Helianthocereus crassicaulis, Lobivia andalgalensis* B. & R. non Web., *L. crassicaulis, Trichocereus catamarcensis.*

Lobivia haematantha (Speg.) B. & R.
Einzeln, 5–10 cm Höhe bei 6–7 cm ∅. 5–7 cm lange und breite Blüten, rot mit weißem Schlund. [WR157/CS/PM]
HEIMAT: Argentinien, Salta, westlich von Cachi bis Angostaco.
v. chorillosensis (Rausch) Rausch (Abb.); Körper 4 cm ∅, einzeln oder manchmal mit ein oder zwei Sprossen. Orange-rote bis rote Blüte, 4–5 cm ∅.
HEIMAT: Argentinien, Quebrada del Toro.
ANDERE NAMEN: **v. chorril.**: *Lobivia chorrillosensis.*

Lobivia haematantha v. amblayensis (Rausch) Rausch
Normalerweise einzeln, 2 cm hoch und 3 cm ∅ (in Kultur oftmals lockere Gruppenbildung und gestreckter Wuchs). 6–10 cm breite Blüte, gelb bis orange. [L569/CS/PM]
HEIMAT: Argentinien, Amblaya.
ANDERE NAMEN: *Lobivia amblayensis* und *v. albispina, L. haem. subsp. kuehnrichii v. Ambl.*

Lobivia haematantha v. densispina (Werd.) Rausch
Einzeln, 8 cm hoch und 7 cm ∅. 6–8 cm breite Blüte. [CS/PM]
HEIMAT: Argentinien, Jujuy, Nähe Tumbaya.
ANDERE NAMEN: *Lobivia densispina, 'L. famatimensis' hort.*

Lobivia haematantha v. elongata (Bkbg.) Rausch
Einzeln, bis 20 cm Höhe und 6 cm ∅. 5–6 cm breite Blüte. [WR25/CS/PM]
HEIMAT: Argentinien, südlich von Cachi.
ANDERE NAMEN: *L. elongata.*

Lobivia haematantha v. hualfinensis (Rausch) Rausch
Einzeln, 7 cm ∅, bis zu 8 cm lange Mitteldornen. 5,5 cm breite Blüte, orangerot bis rot mit weißem Schlund. [WR146/IP/M]
HEIMAT: Argentinien, Catamarca, Nähe Hualfin.
ANDERE NAMEN: *Lobivia hualfinensis* und *v. fechseri.*

Lobivia haematantha v. kuehnrichii (Fric) Rausch
Einzeln (in Kultur gruppenbildend) 4–6 cm ∅. Blüte gelb, orange oder rot, 5 cm ∅. [WR238/CS/PM]
HEIMAT: Argentinien, Salta von La Poma bis Piedra de Molino.
ANDERE NAMEN: *Lobivia kuehnrichii, L. drijveriana* und Varietäten, *L. nigrispina, L. penca poma.*

Lobivia haematantha v. rebutioides (Bkbg.) Rausch

Am Heimatstandort einzeln, in Kultur gruppenbildend; 3–5 cm breite Köpfe, 6–8 cm breite Blüte, weiß, gelb, orange, rot, rosa bis violett. [OF91-80/IP/DHS]

HEIMAT: Argentinien, Jujuy, Quebrada de Humahuaca.

ANDERE NAMEN: *Lobivia rebutioides* und Varietäten, *L. sublimiflora, L. pectinifera, L. chlorogona, L. wessneriana, 'L. famatimensis', L. napina.*

Lobivia hertrichiana Bkbg.

Bildet vielköpfige Gruppen, einzelne Köpfe bis zu 8 cm ∅; sehr variable Bedornung, von sparsam und kurz bis dicht und lang (bis 6 cm bei *L. echinata*). Leuchtendrote bis karminfarbene Blüte, oft mit einem weißen Schlund. [PM68/HS/PM]

HEIMAT: Peru, Urubamba-Tal.

ANDERE NAMEN: *Lobivia allegraiana, L. backebergi subsp. hert.* und *v. laui, L. binghamiana, L. incaica, L. huilcanota, L. minuta, L. planiceps, L. wegneriana, L. echinata, L. lauii, L. hert. v. lauii, Neolobivia divaricata, N. prolifera.*

Lobivia hertrichiana v. simplex (Rausch) Rausch

Einzeln, 20 cm Höhe bei 10 cm ∅; Mitteldornen können bis zu 8 cm lang werden. 5 cm breite Blüte, rot mit weißem Schlund. [WR423/CS/PM]

HEIMAT: Peru, Huambutio.

ANDERE NAMEN: *Lobivia simplex, L. backebergii subsp. hert. v. simplex.*

Lobivia jajoiana Bkbg.

Einzeln, kugelförmig, bis 6 cm ∅; bis zu 3 cm lange Mitteldornen, teilweise hakenförmig. Bis zu 6,5 cm breite Blüte, tomatenrot mit glänzend-schwarzem/violetten Hymen, duftend. [CS/PM]

HEIMAT: Argentinien, Volcan.

ANDERE NAMEN: *L. buiningiana, Hymenolobivia buiningiana.*

Lobivia jajoiana v. nigristoma (Buin.) Bkbg.

Einzeln, manchmal gestreckt, bis 7 cm ∅; bis zu 6 cm langer, brauner bis schwarzer Mitteldorn. 8 cm breite Blüte, gelb, orange oder rot mit einem schwarzen/violetten Hymen. [FR401/CS/PM]

HEIMAT: Argentinien, Quebrada de Humahuaca.

ANDERE NAMEN: *Lobivia nigristoma, L. vatteri, L. chrysantha subsp. jajoiana v. vatteri.*

Lobivia jajoiana v. paucicostata (Rausch) Rausch

Alleinstehend (gewöhnlich in Kultur wenig sprossend), mit einem charakteristischen matten, graugrünen Überzug. 5 cm breite Blüte, rot mit schwarzem Hymen. [CS/PM]

HEIMAT: Argentinien, südlich von Purmamarca.

ANDERE NAMEN: *Lobivia glauca* und *v. paucicostata, Hymenolobivia miniatinigra, L. chrysantha subsp. jajoiana v. pauc.*

Lobivia kieslingii Rausch
Einzeln, kugelförmig, bis 25 cm ⌀. 9 cm breite Blüte, orange-rot bis karmin. [CS/PM]
HEIMAT: Argentinien, Tucuman, in der Sierra de Quilmes.
ANDERE NAMEN: *Lobivia formosa v. kieslingii.*

Lobivia larae Card.
Einzeln, bis zu 10 cm oder mehr hoch und breit; bis zu 4,5 cm lange Dornen (Mitteldornen mitunter bis zu 6 cm lang). 6 cm lange Blüte. [IP/DHS]
HEIMAT: Bolivien, Tarata-Rio Caine.
ANDERE NAMEN: *Lobivia pentlandii v. larae, L. backebergii v. larae.*

Lobivia lateritia (Guerke) B. & R.
Einzeln, bei 50 cm Höhe bis 10 cm ⌀, blasse Dornen. 5 cm lange Blüte, sehr variabel in der Farbe, sogar innerhalb einer einzigen Population: weiß, rosa, gelb, orange, rot, karmesinrot und möglich sind sogar Mischungen oder Kombinationen, wie z.B. gelb mit rosafarbener Mitte. [PM173/H]
HEIMAT: Bolivien, weitverbreitet in den Bergen von El Puente bis Impora und Cotagaite.
ANDERE NAMEN: *Lobivia cintiensis, L. scopulina, L. camataquiensis, Hymenorebutia cintiensis, L. imporana* n.n.

Lobivia lateritia v. kupperiana (Bkbg.) Rausch
Einzeln, bei 10 cm Höhe bis 8 cm ⌀, dunkle Bedornung, bis zu 4 cm lang. 5 cm breite, ockergelbe Blüte. **v. rubriflora** (Bkbg.) Rausch hat bis zu 5 cm lange, dunkle Dornen und eine wunderschöne, rote Blüte (Bolivien, Mal Paso). [CS/PM]
HEIMAT: Bolivien, Tupiza.
ANDERE NAMEN: *Lobivia kupperiana.* **v. rubriflora**: *L. kupperiana v. rubriflora, Hymenorebutia torataensis, H. torreana, 'L. horrida v. sanguiniflora'.*

Lobivia marsoneri (Werd.) Bkbg.
Einzeln, bis zu 8 cm ⌀, mit kurzer Pfahlwurzel; bis zu 7 cm lange Mitteldornen. Bis zu 6 cm breite Blüte, gelb bis rot mit rotem Schlund, duftend. Bei **v. iridescens** (Bkbg.) Rausch sind die Dornen nur 10 mm lang. 4,5 cm breite Blüte (Tres Cruzes, Azul Pampa, usw.). [L470/CS/PM]
HEIMAT: Argentinien, Jujuy, Quebrada de Humahuaca.
ANDERE NAMEN: *Lobivia rubescens, L. haageana* und Varietäten, *L. chrysantha subsp. mars.* und *v. rubescens.* **v. iridescens**: *L. iridescens, L. uitewaaleana, L. muhriae.*

Lobivia maximiliana (Heyder) Bkbg.
Sehr große Gruppen bildend, mit einzelnen, bis zu 10 cm breiten Köpfen. 5 cm lange und 4 cm breite, orangefarbene Blüte. **v. violacea** (Rausch) Rausch aus Altamachai hat eine wunderschöne violette Blüte und längere Dornen. [L252/CS/PM]
HEIMAT: Bolivien, in der Nähe des Titicacasees.
ANDERE NAMEN: *Lobivia corbula, L. pentlandii v. maximiliana, L. cariquinensis, L. pseudocariquinensis.* **v. violacea**: *L. caespitosa v. violac. Lobivia haematantha v. rebutioides* (Bkbg.) Rausch

Lobivia maximiliana v. caespitosa (Purp.) Rausch

Gruppenbildend, Triebe bei 20 cm Höhe bis 6 cm Ø; bis zu 7 cm lange Mitteldornen. 7–9 cm lange Blüte, 5–6 cm Ø, orange. **v. miniatiflora** (Ritt.) Rausch; Triebe bei 6 cm Höhe bis 4 cm Ø; Mitteldornen bis 5 cm. 6 cm lange und 4 cm breite, zinnoberrote Blüte (Inquisivi-Quime). [WR57/IP/DHS]

HEIMAT: Bolivien, von Cocapata und Challe bis Copachuncho.

ANDERE NAMEN: *Lobivia caespitosa, L. longiflora.* **v. miniatiflora**: *L. miniatiflora.*

Lobivia maximiliana v. charazanensis (Card.) Rausch

Gruppenbildend, Triebe werden in Kultur eher lang und zylindrisch; gelbliche Bedornung. Gelbe Blüte. **v. hermanniana** (Bkbg.) Rausch, aus dem Norden von La Paz bildet große Gruppen mit viel längerer Bedornung und einer 7 cm langen und 6 cm breiten, orangefarbenen Blüte. [CS/PM]

HEIMAT: Bolivien, Charazani.

ANDERE NAMEN: *Lobivia charazanensis, L. max. subsp. caespitosa v. chara.* **v. hermanniana**: *L. hermanniana, L. caespitosa v. rinconadensis, L. max. subsp. caesp. v. herm.*

Lobivia maximiliana v. corbula (Herrera) Rausch

Selten sprossend, Triebe bis 8 cm Ø, braune Bedornung, ohne Mitteldorn. 5–6 cm lange und 4 cm breite, goldgelbe, rote oder violette Blüte. **v. sicuaniensis** (Rausch) Rausch aus Sicuani unterscheidet sich hauptsächlich durch seine 3–4 cm lange Blüte [L154/CS/PM]

HEIMAT: Bolivien, um Cuzco.

ANDERE NAMEN: *Lobivia lauramarca.* **v. sicuaniensis**: *L. sicuaniensis.*

Lobivia maximiliana v. westii (Hutch.) Rausch

Selten sprossend, Triebe bis 20 cm Höhe und 7 cm Ø, der Mitteldorn kann 10 cm erreichen. 7–9 cm lange und 4–6 cm breite, orangefarbene Blüte. **v. intermedia** (Rausch) Rausch (Abb.) aus Chalhuanca unterscheidet sich hauptsächlich durch seine rote, 7,5 cm lange und 4 cm breite Blüte. [CS/PM]

HEIMAT: Bolivien, Andahuaylas.

ANDERE NAMEN: *Lobivia westii, L. cruciaureispina.* **v. intermedia**: *L. intermedia, L. max. subsp. westii v. intermedia.*

Lobivia oxyalabastra Card. & Rausch

Sprossend mit Köpfen bis zu 6 cm Ø. 5 cm lange Blüte. [WR200/CS/PM]

HEIMAT: Bolivien, Tapacari.

ANDERE NAMEN: *L. backebergii v. oxyalabastra.*

Lobivia pampana B. & R.

Einzeln oder sehr selten sprossend, kugelförmig, 10 cm Ø; bis zu 7 cm lange Dornen, meist aber kürzer. 7 cm breite Blüte. [CS/PM]

HEIMAT: Bolivien, Pampa de Arrieros, Volcan Misti, Moquegua, usw.

ANDERE NAMEN: *Lobivia mistiensis* und Varietäten, *L. aureosenilis, L. glaucescens.*

Lobivia pentlandii (Hook.) B. & R.
Extrem variabel, gruppenbildend, Triebe bis 12 cm ∅; kurze oder bis zu 10 cm lange Dornen. 5 cm breite, gelbe, orange- oder rosafarbene, rote oder violette Blüte, alle mit weißem Schlund. [PM143/H]
HEIMAT: Bolivien, südlich von Titicaca bis Potosi.
ANDERE NAMEN: *Lobivia aculeata, L. argentea, L. aurantiaca, L. boliviensis, L. brunneo-rosea, L. carminantha, L. capinotensis, L. hardeniana, L. higginsiana, L. johnsoniana, L. leucorhodon, L. leucoviolacea, L. omasuyana, L. rapidacantha, L. schneideriana, L. titicacensis, L. varians* und *L. wegheiana.*

Lobivia pugionacantha (Rose & Boed.) Bkbg.
Einzeln, bis 7 cm ∅; dolchartige Dornen, 5–7 bis zu 2 cm lange Randdornen, horizontal auf dem Körper liegend. 5 cm breite, gelbe oder gelb-orangefarbene Blüte. **v. cornuta** (Rausch) Rausch aus dem Süden von Tarija hat breitere, flachere Rippen und eine mehr abstehende Bedornung. [CS/PM]
HEIMAT: Bolivien/Argentinien, in den Grenzregionen, bei Villazon und La Quiaca.
ANDERE NAMEN: *Lobivia pugionacantha v. flaviflora.* **v. cornuta**: *Lobivia adpressispina, L. cornuta.*

Lobivia pugionacantha v. culpinensis (Ritt.) Rausch
Einzeln, 5–15 cm ∅; 2–6 cm lange Mitteldornen. 6 cm breite Blüte, gelb, orange oder rot. [PM180/H]
HEIMAT: Bolivien, um Culpina.
ANDERE NAMEN: *Lobivia culpinensis, L. campicola, L. pug. v. haemantha.*

Lobivia pugionacantha v. salitrensis (Rausch) Rausch
Selten sprossend, Köpfe 4–6 cm ∅. [WR636/CS/PM]
HEIMAT: Bolivien, Salitre und Yuquina.
ANDERE NAMEN: *Lobivia salitrensis* und *v. flexuosa.*

Lobivia rauschii Zecher
Vielköpfige Gruppen bildend, Körper bei 15 cm Höhe bis 5 cm ∅. 4 cm breite, rote Blüte. [WR635/IP/GC]
HEIMAT: Bolivien, Yuquina, Nähe Culpina.

Lobivia rosarioana Rausch
Einzeln, kugelförmig, bis 10 cm ∅. 6,5 cm lange Blüte und 5 cm breit. [WR129/DHS]
HEIMAT: Argentinien, Sierra Famatina.
ANDERE NAMEN: *Lobivia formosa v. rosarioana, 'L. grandis v. aureiflora'.*

Lobivia rossii Boed.
Einzeln (in Kultur nur selten sprossend), bis 7 cm ∅; bis zu 6 cm lange Dornen, pfriemförmig, bräunlichgelb. 5–6 cm breite Blüte, dunkleres Gelb oder gelborange. [CS/PM]
HEIMAT: Bolivien, Potosi, Nähe von Huari Huari.
ANDERE NAMEN: *Cinnabarinea boedekeriana, L. pugionacantha v. rossii.*

Lobivia saltensis (Speg.) B. & R.
Einzeln, bis 5 cm ∅; dünne Dornen. 5 cm breite Blüte. **v. pseudocachensis** (Bkbg.) Rausch; kleine Körper, gruppenbildend, dichter bedornt als die Art, ähnliche Blüte (Argentinien, Escoype). [WR177/DHS]
HEIMAT: Argentinien, zwischen Salta und Tucuman.
ANDERE NAMEN: **v. pseudocachensis**: *L. pseudocach.* und Var., *L: emmae.*

Lobivia sanguiniflora Bkbg.
Einzeln, flach, bis zu 8 cm ∅, Mitteldornen manchmal hakig. 5 cm breite Blüte, rot mit weißem Schlund. [CS/PM]
HEIMAT: Argentinien, um Santa Victoria.
ANDERE NAMEN: *Lobivia sanquiniflora v. pseudolateritia, v. breviflora* und *v. duursmaiana, L. breviflora, L. duursmaiana* und *L. polycephala.*

Lobivia schieliana Bkbg.
Vielköpfig, Köpfe bis 5 cm ∅, dunkelgrün; bis zu 3 cm lange, zum Körper gebogene Dornen. 5 cm breite, rote oder gelbe Blüte. **v. quiabayensis** (Rausch) Rausch; Köpfe 6 cm ∅, grasgrün, bis zu 5 cm lange, wellige Dornen; orangerote, rote bis karminfarbene Blüte. [L1004/IP/DHS]
HEIMAT: Bolivien, Tal von Rio Consato.
ANDERE NAMEN: *Lobivia backebergii subsp. schieliana.* **v. quiabayensis**: *L. quiabayensis* und *L. maximiliana subsp. quiab.*

Lobivia schieliana v. leptacantha (Rausch) Rausch
Zylindrisch, bei 15 cm Höhe bis 7 cm ∅, mäßig sprossend; 3–7 cm lange, dünne, elastische Dornen, 5,5 cm breite, gelbe, rote bis violette Blüte. [WR422/IP/DHS]
HEIMAT: Peru, bei Paucartambo.
ANDERE NAMEN: *Lobivia leptacantha, L. maximiliana subsp. quiabayensis v. lept.*

Lobivia schreiteri Castell
Körper 2–4 cm ∅, gruppenbildend. 3 cm breite Blüte, orange bis dunkelrot mit schwarzem Schlund. [CS/PM]
HEIMAT: Argentinien, Tucuman, Tafi del Valle.
ANDERE NAMEN: *Lobivia saltensis v. schreiteri.*

Lobivia schreiteri v. stilowiana (Bkbg.) Rausch

Köpfe bis zu 7 cm ⌀, mäßig sprossend. 4 cm breite Blüte, ohne den schwarzen Schlund. **v. riolarensis** Rausch: einzeln, bis zu 12 cm ⌀, mit orangefarbener Blüte (Argentinien, Catamarca, Rio Lara). [CS/PM]

HEIMAT: Argentinien, Tucuman, Abra de Infernillo.

ANDERE NAMEN: *Lobivia stilowiana, L. saltensis v. stilowiana.*

Lobivia silvestrii (Speg.) Rowley

Bildet dichte Massen von fingerdicken Trieben. 4 cm breite Blüte, orange-rot bis rot. [IP/DHS]

HEIMAT: Argentinien, zwischen Tucuman und Salta.

ANDERE NAMEN: *Chamaecereus silvestrii.*

Lobivia tegeleriana Bkbg.

Normalerweise einzeln, bis 10 cm ⌀. 4 cm lange und 1,5 cm breite Blüte, gelb, orange oder rot. **v. incuiensis** (Rauh & Bkbg.) Rausch ist größer. 2 cm breite, rote Blüte. **v. akersii** (Rausch) Rausch ist bis zu 70 cm ⌀. 2 cm breite Blüte, orange. [CS/DHS].

HEIMAT: Mittel-Peru.

ANDERE NAMEN: *Acantholobivia tegeleriana, Lob. ayacuchoensis,* **v. incuiensis**: *L. incui, Acanth. incui.* **v. akersii**: *L. akersii, L. oyonica, L. churinensis.*

Lobivia tiegeliana Wessn.

Einzeln, bis zu 7 cm ⌀, gedrückt-kugelig. 5,5 cm breite, purpur bis violett-rote Blüte. **v. ruberrima** Rausch, die abgebildete Pflanze unterscheidet sich hauptsächlich durch die reinrote Blüte und die etwas geringere Bedornung. [CS/PM]

HEIMAT: Bolivien, Nähe Tarija.

ANDERE NAMEN: *Lobivia peclardiana.*

Lobivia tiegeliana v. cinnabarina (Fric) Rowley

Körper normalerweise einzeln (in Kultur gruppenbildend), bis 7 cm ⌀. 3,5 cm breite, rote Blüte mit violettem Ton. [WR513/CS/PM].

HEIMAT: Argentinien, Salta, Rodeo bis Nazareno.

ANDERE NAMEN: *Lobivia graulichii v. cinnabarina, L. fricii* und *L. tieg. v. fricii.*

Lobivia tiegeliana v. pusilla (Ritt.) Rausch

Bis zu 4 cm breite Köpfe, die vielköpfige Gruppen bilden. 4 cm breite Blüte. **v. flaviflora** (Ritt.) Rausch unterscheidet sich hauptsächlich durch die zitronengelbe Blüte. [CS/PM]

HEIMAT: Bolivien, südlich von Tarija.

ANDERE NAMEN: *Lobivia pusilla, Mediolobivia hirsutissima, L. tieg. v. uriondoensis.* **v. flaviflora**: *L. pusilla v. flaviflora.*

Lobivia versicolor Rausch
Einzeln, kugelförmig bis kurzzylindrisch, 5–7 cm ⌀, 6 cm lange Mitteldornen. 3–4 cm breite, gelbe Blüte. [PM168/H]
HEIMAT: Bolivien, Cuchu Ingenio.
ANDERE NAMEN: *Lobivia pugionacantha v. versicolor.*

Lobivia wrightiana Bkbg.
Einzeln (in Kultur oftmals große Gruppen bildend), 1 Mitteldorn, bis zu 7 cm lang, gedreht. 5 cm breite Blüte. [CS/PM]
HEIMAT: Peru, um Huancavelica.
ANDERE NAMEN: *Lobivia chilensis* und *L. backebergii subsp. wrightiana.*

Lobivia wrightiana v. winteriana (Ritt.) Rausch
Einzeln, 7 cm ⌀, wird in Kultur zylindrisch. 8 cm breite Blüte, leuchtend rosa und orange-rosa. [CS/DHS]
HEIMAT: Peru, Villa Azul.
ANDERE NAMEN: *Lobivia winteriana* und *L. backebergii subsp. wrightiana v. winteriana.*

Lobivia zecheri Rausch
Einzeln oder mäßiges Sprossen, wird etwas zylindrisch, 6–7 cm ⌀; 0–1 Mitteldorn, bis zu 8 cm lang. 4 cm breite Blüte. [KK1546/IP/M]
HEIMAT: Peru, zwischen Ayacucho und Huanta.
ANDERE NAMEN: *Lobivia zecheri v. fungiflora, L. backebergii subsp. zech.*

Lophophora diffusa (Croiz.) Bravo
[CS/PM]
HEIMAT: Mexiko, Queretaro.
L. echinata v. diffusa.

Lophophora williamsii (Lem. ex S-D) Coulter
Bei **'fa. jordanniana'** kann die Blüte tief violett-rosa sein. [CS/PM]
HEIMAT: Texas bis Mittel-Mexiko.
ANDERE NAMEN: *Lophophora fricii, L. williamsii v. decipiens.*

Mammillaria alamensis Craig
Obwohl hier als selbständige Art aufgeführt, ist ihre Zugehörigkeit zu **M. sheldonii** sehr offensichtlich. [Repp. 569a/CS/W]
HEIMAT: Mexiko, Sonora, Alamos.

Mammillaria albata Repp.
Bildet wunderschöne weiße Gruppen mit Köpfen von 4–8 cm Höhe und 5–8 cm Breite. **v. longispina** Repp. (Abb.) ist immer alleinstehend, 10 cm hoch oder höher (Buenavista, SLP). **v. sanciro** Repp. bildet kleine Gruppen, braune oder schwarze Mitteldornen (San Ciro, SLP). [K260/IP/K]
HEIMAT: Mexiko, San Luis Potosi, Arroyo Carrizal.

Mammillaria albicans (B. & R.) Berg.
Gruppenbildende Pflanze, Triebe 20 cm hoch und 6 cm Ø. [K305/IP/K]
HEIMAT: Mexiko, Inseln von Santa Cruz und San Diego, Baja California.
ANDERE NAMEN: *Mammillaria slevinii.*

Mammillaria albicoma Boed.
Gruppenbildend, Köpfe 5 cm Ø. [CS/PM]
HEIMAT: Mexiko, Tamaulipas, Nähe Jaumauve und Miquihuana.

Mammillaria albiflora (Werd.) Bkbg.
Manchmal von der Basis sprossend. Weiße, 3 cm breite Blüten. [W]
HEIMAT: Mexiko, Queretaro.
ANDERE NAMEN: *M. herrerae v. albiflora.*

Mammillaria albilanata Bkbg.
Bis 15 cm hoch und 8 cm Ø; 7 mm lange Blüte, tief karmin, blüht aber in Kultur nur selten. [IP/K]
HEIMAT: Mexiko, Guerrero, Chilpancingo.

Mammillaria angelensis Craig
Es gab einige Verwirrung über die Identität dieser Art. Abgebildet ist eine Pflanze vom typischen Originalstandort, gesammelt von H. Klein. [K307/IP/K]
HEIMAT: Mexiko, Baja California, Angel de la Guarda-Is.

Mammillaria angelensis v. estebanensis (Lindsay) Repp.
Die abgebildete Pflanze stammt vom Originalstandort auf der Insel San Esteban im Golf von Kalifornien. Braune Mitteldornen. 2 cm breite, gelbe Blüte. [K309/IP/K]
HEIMAT: Mexiko, Baja California, Insel San Esteban.
ANDERE NAMEN: *M. estebanensis*.

Mammillaria anniana Glass & Foster
Sprossend, Köpfe bis zu 3 cm ∅; Blüte nur 6 mm breit. [CS/PM]
HEIMAT: Mexiko, Tamaulipas, östlich von Ciudad Mante, Cerro Bernal.

Mammillaria apamensis Repp.
Einzeln, bis 9 cm hoch und 12 cm ∅; 13–16 Randdornen, 3–5 mm lang; 1–2 Mitteldornen, 7–10 mm lang. 14–16 mm breite, karminfarbene Blüte. Eng verwandt mit **M. discolor**. [Repp 910/IP/Repp]
HEIMAT: Mexiko, Hidalgo, San Lorenzo Apam.

Mammillaria apozolensis Repp.
Bildet große Gruppen mit Köpfen bis zu 12 cm Höhe und 8 cm ∅, fuchsrote Dornen. **v. saltensis** Repp. steht immer alleine, bis 12 cm hoch und breit, gelbe Dornen (Monte Escobado, Zac.). [L1045/IP/K]
HEIMAT: Mexiko, Zacatecas, entlang des Rio Juchipila, Nähe Apozol.

Mammillaria arida Rose ex Quehl
Einzeln, flachkugelig, bis 6 cm ∅; eng verwandt mit **M. baxteriana**, aber mit mehr Mitteldornen und anderen ökologischen Ansprüchen. [K192-1/IP/K]
HEIMAT: Mexiko, Baja California, Nähe La Paz.

Mammillaria armillata K. Brandagee
Wenig sprossend, bis zu 30 cm hoch bei 5 cm ∅. 2 cm lange und breite Blüte, weiß bis rosa. [K245-1/IP/K]
HEIMAT: Mexiko, Baja California, San Jose del Cabo.

Mammillaria aureilanata Bkbg.
Einzeln, bis zu 7,5 cm Höhe, die jungen weißen Dornen werden mit dem Alter gelb. Bei **v. alba** Bkbg. bleibt die Bedornung weiß. [CS/PM]
HEIMAT: Mexiko, San Luis Potosi.

Mammillaria aureispina (Lau) Repp.
Zylindrisch, bis 20 cm hoch und 5 cm ∅; karminrote Blüte. [L1055/CS/PM]
HEIMAT: Mexiko, Oaxaca, Quiotepec und Yolox.
ANDERE NAMEN: *Mammillaria rekoi v. aurispina.*

Mammillaria aurihamata Boed.
Einzeln oder gruppenbildend, Triebe bis 4 cm ∅; 1,2 cm breite Blüte. [CS/W]
HEIMAT: Zuerst gefunden in Monte Gordo, Guanajuato, Mexiko, aber an diesem Ort nicht wieder gesammelt.

Mammillaria backebergiana Buchenau
Wird gestreckt, 5-6 cm ∅, bald sprossend, blasses grün. [CS/PM]
HEIMAT: Mexiko, Grenzgebiete von Guerrero, Michoacan und Mexico, Nähe Ixtapan.
ANDERE NAMEN: *Mammillaria fertilis.*

Mammillaria backebergiana v. ernestii (Fitt.) Glass & Foster
Unterscheidet sich von der Art durch den dunkelgrünen Körper und weniger, aber dickere Dornen. [CS/PM]
HEIMAT: Mexiko, Tonatico.
ANDERE NAMEN: *Mammillaria ernestii.*

Mammillaria bambusiphila Repp.
Zylindrisch, bei 20 cm Höhe bis 8 cm ∅, 16–20 Randdornen, 3–6 mm lang, 4 bis zu 11 mm lange Mitteldornen. [Repp. 748/CS/W]
HEIMAT: Mexiko, Michoacan, Nähe Huascana.

Mammillaria barbata Englm.
Einzeln oder gruppenbildend, Köpfe bis zu 5 cm ∅; 2 cm breite Blüte. [K237/IP/K]
HEIMAT: Mexiko, Chihuahua, Cosihuiriachi und andere Orte.
ANDERE NAMEN: *Mammillaria garessii, M. morricalii, M. santaclarensis.*

Mammillaria baumii Boed.
Bildet kompakte, niedrige Gruppen, einzelne Köpfe bis zu 6 cm ∅; bis zu 3 cm breite, stark duftende Blüte. [CS/PM]
HEIMAT: Mexiko, Tamaulipas, Nähe San Vicente und Jaumave.
ANDERE NAMEN: *Dolichothele baumii, Mammillaria radiaissima?*

Mammillaria baxteriana (Gates) Boed.
Einzeln, flachkugelig, bis 10 cm ∅. **M. marshalliana** (Gates) Boed. (untere Abb.) [CS/PM] aus dem nahen San Bartolo unterscheidet sich, ist aber möglicherweise artgleich. [CS/W]
HEIMAT: Mexiko, Baja California, südöstlich von La Paz.

Mammillaria beiselii Diers
Gruppenbildend, Köpfe bis 40 cm Höhe und 12 cm ∅. [IP/K]
HEIMAT: Mexiko, im Grenzgebiet von Colima und Michoacan nahe der Küste.

Mammillaria bella Bkbg.
Einzeln, später sprossend, Triebe bis 15 cm hoch und 9 cm ∅; leuchtend karminfarbene Blüte. [CS/W]
HEIMAT: Mexiko, Guerrero, Nähe Taxco.
ANDERE NAMEN: *M. deluisiana.*

Mammillaria beneckei Ehrenb.
Gruppenbildend, Triebe bis 10 cm Höhe und 7 cm ∅; blüht in Kultur selten, empfindlich im Winter. [CS/GC]
HEIMAT: Mexiko, weit verbreitet von Sinaloa bis Oaxaca.
ANDERE NAMEN: *Dolichothele balsasoides, D. beneckei, D. nelsonii, M. balsasoides, M. aylostera, M. balsasensis, M. barkeri, M. colonensis, M. guiengolensis, M. nelsonii.*

Mammillaria berkiana Lau
Bildet Gruppen mit bis zu 40 Köpfen, jeder 4–6 cm ∅. 35–38 Randdornen, 6 mm lang, weiß; 5–8 Mitteldornen, davon 2–4 hakig, 10 mm lang, braun. 10 mm breite Blüte. [CS/PM]
HEIMAT: Mexiko, Jalisco, San Andres Cohamiata.

Mammillaria bernalensis Repp.
Triebe bis 20 cm hoch und 8 cm ∅, gruppenbildend; 1–3 Randdornen, 1–3 mm lang, weiß oder braun; 3–5 Mitteldornen, 5–50 mm lang, die niedrigsten und die längsten sind grau mit braunen Spitzen. 1,5–2 cm breite, rosa bis karminfarbene Blüte. Eng verwandt mit **M. compressa**. [Repp.790/IP/Repp]
HEIMAT: Mexiko, Queretaro, San Pablo/Bernal.

Mammillaria blossfeldiana Boed.
Am Heimatstandort einzeln, in Kultur gruppenbildend, bis 4 cm ∅, kurzzylindrisch. **v. shurliana** (Gates) Wiggins (Abb.) alleinstehend, mehr zylindrisch und hat kräftig rosafarbene Blüten. [CS/PM]
HEIMAT: Mexiko, Baja California.
ANDERE NAMEN: *M. shurliana.*

Mammillaria bocasana Poselger
Gruppenbildend, Köpfe 4–8 cm ∅; von vielen Sammlern meistens wegen der dichten, weißen Bewollung kultiviert. [PM36/HS/PM]
HEIMAT: Mexiko, San Luis Potosi, nahe der Hauptstadt dieses Staates.

Mammillaria bocensis Craig
Gruppenbildend, flachkugelige Köpfe, bis 9 cm hoch und 8,5 cm ∅. [L76/IP/K]
HEIMAT: Mexiko, Sonora, Las Bocas.
ANDERE NAMEN: *M. neoschwarzeana?*

Mammillaria bocensis v. rubida Repp.
Meistens einzeln, Triebe bis 9 cm hoch und 13 cm ∅. [K184/IP/K]
HEIMAT: Mexiko, Sinaloa, Sierra Madre, Nähe Bacuribito.
ANDERE NAMEN: *M. rubida.*

Mammillaria bombycina Quehl
Einzeln oder stark gruppenbildend, Köpfe bis 20 cm Höhe und 6 cm ∅. [CS/PM]
HEIMAT: Mexiko, erst kürzlich wiederentdeckt.

Mammillaria boolii Lindsay
Wenig gruppenbildend, Köpfe bis 4 cm hoch und 3 cm ∅; 2,5 cm breite Blüte. [CS/PM]
HEIMAT: Mexiko, Sonora, San Pedro und San Carlos Bays.

Mammillaria brandegeei (Coulter) K. Brandegee
Kugelig bis zylindrisch, später etwas sprossend, Köpfe bis 9 cm ∅; grüngelbe Blüte. **v. gabbii** (Coulter) Craig hat eine kleinere, rötlich-gelbe Blüte (Baja California, San Ignacio). [K201/IP/K]
HEIMAT: Mexiko, Baja California, San Jorge.

Mammillaria brauneana Boed.
Einzeln, flachkugelig, bis zu 8 cm ∅, grau-grün. [CS/PM]
HEIMAT: Mexiko, Tamaulipas, Jaumave.

Mammillaria brevicrinita Repp.
Bildet kleine Gruppen, Köpfe bis 4 cm hoch und breit. [Repp1483/CS/PM]
HEIMAT: Mexiko, San Luis Potosi, Labor Vieja.

Mammillaria bucareliensis Craig
Normalerweise gruppenbildend, bei 5 cm Höhe bis 9 cm ∅. **v. multiflora** Repp. (untere Abb., [Repp.335a/CS/PM]); immer einzeln, kleiner, wolligerer Scheitel (Ciudad Maiz, San Luis Potosi). **v. tamaulipa** Repp.; erwähnt wegen der langen, gedrehten, schwarzen Dornen (Ocampo-Paß, Tamaulipas). [CS/PM]
HEIMAT: Mexiko, Guanajuato, Bucarel.
ANDERE NAMEN: *M. bicornuta.*

Mammillaria buxbaumeriana Repp.
Bei 12 cm Höhe bis 5 cm ∅, normalerweise sprossend; 15-20 Randdornen, 7-11 mm lang, weiß mit schwarzer Spitze, 1-4 Mitteldornen, 5-8 mm lang, braun bis schwarz. Eng verwandt mit **M. densispina**. [Repp2037/IP/Repp]
HEIMAT: Mexiko, Guanajuato, Tierra Blanca.

Mammillaria cadereytensis Craig
Einzeln, dichotom verzweigend; die abgebildete Pflanze kommt der Originalbeschreibung sehr nahe, und einige (aber nicht alle) Kulturpflanzen unter diesem Namen sind sehr ähnlich. [IP/K]
HEIMAT: Mexiko, Queretaro, Cadereyta.

Mammillaria calacantha Tiegel
Einzeln, später dickzylindrisch. Eng verwandt mit **M. rhodantha**. [CS/PM]
HEIMAT: Mexiko, Queretaro, Angostura de Charcos.

Mammillaria camptotricha Dams
Gruppenbildend, einzelne Köpfe bis zu 7 cm ∅. [CS/PM]
HEIMAT: Mexiko, Queretaro zwischen Higuerillas und San Pablo.
ANDERE NAMEN: *Dolichothele camptotricha, D. albescens, M. albescens.*

Mammillaria candida Scheid.
Einzeln bis gruppenbildend, weiße Bedornung, aber manchmal mit einem zartrosa Hauch im Scheitel *(v. rosea)*, bis zu 14 cm ∅. [PM2S/HS/PM]
HEIMAT: Mexiko, weitverbreitet in Coahuila, Nuevo Leon, San Luis Potosi und Tamaulipas.
ANDERE NAMEN: *M. estanzuelensis, M. ortiz-rubiona, M. 'ortiz-rubiona'.*

Mammillaria canelensis Craig
Einzeln, kugelförmig, 2–4 orange-gelbe Mitteldornen, 3 cm lang, 22–25 weiße Randdornen, 5–15 mm lang. Grünlich-gelbe Blüte. Gegenwärtig erfüllt keine Pflanze diese Beschreibung exakt. Die abgebildete Pflanze, vielleicht ein Import, ist als diese Art im Handel. [CS/E]
HEIMAT: Mexiko, Chihuahua, Sierra Canelo.
ANDERE NAMEN: *M. auricantha, M. auritricha, M. bellacantha, M. floresii, M. laneusumma, M. mayensis, M. montensis?*

Mammillaria capensis (Gates) Craig
Sprossend, zylindrische Triebe, bis 25 cm Höhe und 3,5 cm ⌀, Mitteldornen hakig oder gerade; rosafarbene oder weiße Blüte. Dieser Name wird fälschlicherweise oftmals anderen ähnlichen Arten zugeordnet. [CS/W]
HEIMAT: Mexiko, Baja California, im Landesinneren von Puerto de Bahia de los Muertos, Cabo San Lucas.

Mammillaria carmenae Casteneda
Gruppenbildend, mit Köpfen 5–8 cm lang und 3–4 cm ⌀; weiße, rosa- oder cremefarbene Blüte. [CS/W]
HEIMAT: Mexiko, Tamaulipas, zwischen Ciudad Victoria und Jaumave auf der Ranch 'La Reja'.

Mammillaria carnea Zucc. ex Pfeiff.
Einzeln oder kleine Gruppen bildend, Triebe bis 10 cm hoch und 4–5 cm ⌀; sehr variable Länge der Dornen, Formen mit sehr langen Dornen tauchen auf. [K91-2/IP/K]
HEIMAT: Mexiko: Puebla; Oaxaca und Guerrero.

Mammillaria carretti Rebut ex Sch.
Bildet Haufen von flachkugeligen Köpfen mit 5–7 cm ⌀. [CS/PM]
HEIMAT: Mexiko, Nuevo Leon, verbreitet.
ANDERE NAMEN: *M. saffordii.*

Mammillaria casoi Bravo
Kugelförmig, teilt sich dichotomisch. Eng verwandt mit **M. mystax**. [K146-1/IP/K]
HEIMAT: Mexiko, Oaxaca, zwischen Suchixtlahuaca und Tejupan in Eichenwäldern.
ANDERE NAMEN: *M. mixtecensis.*

Mammillaria centralifera Repp.
Triebe bis zu 8 cm hoch und 9 cm Ø, manchmal gruppenbildend; 4–5 Randdornen, 2–12 mm lang; (1–) 2 Mitteldornen, 1–6 cm lang, glasgelbe oder glasweiße Dornen mit schwarzer Spitze. 2 cm breite, karminfarbene Blüte. Eng verwandt mit **M. compressa**. [Repp1140/IP/Repp]
HEIMAT: Mexiko, Queretaro, Arroyo Seco.

Mammillaria centraliplumosa Fittkau
Zylindrische Triebe, bei 15 cm Höhe bis 5 cm Ø, mitunter gruppenbildend. Ein Mitglied des **M. spinosissima**-Komplexes. [CS/PM]
HEIMAT: Mexiko, Nähe Calderon.

Mammillaria cerralboa (B. & R.) Orcutt
Triebe gestreckt, bei 40 cm Höhe oder mehr bis 6 cm Ø, normalerweise einzeln. Möglicherweise eine Inselform von **M. armillata**. [CS/PM]
HEIMAT: Mexiko, Baja California, Insel Cerralbo.

Mammillaria chica Repp.
Einzeln, wird in Kultur zylindrisch bis 8 cm hoch und 4 cm Ø. [CS/E]
HEIMAT: Mexiko, Coahuila, Viesca.
ANDERE NAMEN: *M. viescensis n.n.*

Mammillaria chionocephala Purpus
Einzeln, bei 20 cm Höhe bis 12 cm Ø. [K101/IP/K]
HEIMAT: Mexiko, Coahuila, Sierra de Parras.
ANDERE NAMEN: *M. caerulea.*

Mammillaria claviformis Repp.
Triebe bei 20 cm Höhe bis 7 cm Ø, gruppenbildend; 20–28 glasige Randdornen, 2–6 mm lang; 4–6 braune Mitteldornen, 4–15 mm lang, der niedrigste ist am längsten und oft hakig. 1,5 cm breite, karminrote Blüte. [Repp1462/IP/Repp]
HEIMAT: Mexiko, Puebla, Tecocoyuca.

Mammillaria coahuilensis (Boed.) Moran
Normalerweise einzeln, bis zu 4 cm breit mit einer großen, karottenartigen Rübenwurzel. 3 cm breite, weiße Blüte mit einem rosafarbenen Mittelstreifen. [CS/PM]
HEIMAT: Mexiko, Coahuila, Nähe San Pedro.
ANDERE NAMEN: *M. albiarmata, Porfiria schwartzii, M. schwartzii.*

Mammillaria columbiana S-D
Triebe bis zu 15 cm oder mehr lang, säulenartig, später an der Basis sprossend. Kleine, rosarote Blüte, die kaum aus der Wolle herausragt. [CS/W]
HEIMAT: Kolumbien und Venezuela.
ANDERE NAMEN: *M. bogotensis, M. hennisii, M. tamayonis, M. soehlemanni.*

Mammillaria compacticaulis Repp.
Normalerweise einzelne Körper, bei 10 cm Höhe bis 7,5 cm ⌀. [Repp1047/CS/PM]
HEIMAT: Mexiko, Michoacan, Uruapan.

Mammillaria compressa DC
Bildet große, vielköpfige Gruppen, einzelne Köpfe bis zu 20 cm hoch und 8 cm ⌀, blüht in Kultur nicht häufig. [PM2/HS/PM]
HEIMAT: Mexiko, weitverbreitet in Hidalgo und Queretaro.
ANDERE NAMEN: *M. angularis, M. cirrhifera.*

Mammillaria conspicua Purpus
Immer einzeln, bis 40 cm und mehr hoch bei 10 cm ⌀. Sehr enge Verwandtschaft zu **M. haageana**. [K148/IP/K]
HEIMAT: Mexiko, Puebla, Zapotitlan.

Mammillaria craigii Lindsay
Einzeln, flachkugelig, bis 10 cm ⌀. [CS/W]
HEIMAT: Mexiko, Südwest-Chihuahua, Sierra Tarahumare, im Flußtal des Rio Urinque.

Mammillaria crassa Repp.
Einzeln, bei 8 cm Höhe bis 9 cm ∅; 7–9 Randdornen, 4–9 mm lang, fuchsrot oder braun mit dunklen Spitzen; 1–3 Mitteldornen, 7–15 mm lang, braun, fuchsrot oder schwarz. 2,5 cm breite, weiß-rosafarbene Blüte. Eng verwandt mit **M. pettersonii**. [Repp980/IP/Repp]
HEIMAT: Mexiko, Aguascalientes, Colomos.

Mammillaria crassimammillis Repp.
Körper 4 cm hoch und 7 cm ∅, gruppenbildend bis zu sehr großen Wällen; 4–6 Dornen, 2–8 mm lang, gelblich bis bräunlich mit dunklen Spitzen. 3–3,5 cm breite, bräunlichgelbe Blüte. Enge Verwandtschaft zu **M. winterae**. [Repp1620/IP/Repp]
HEIMAT: Mexiko, Nuevo Leon, Aramberri.

Mammillaria crassior Repp.
Triebe bis 50 cm hoch und 9 cm ∅, gruppenbildend; 10–15 blaßgelbe Randdornen, 4–18 mm lang; 2–6 Mitteldornen, 6–30 mm lang, glasig-gelb, oft mit brauner Spitze. 2–2,5 cm breite, karminfarbene Blüte. Enge Verwandtschaft zu **M. spinosissima**. [Repp761/H]
HEIMAT: Mexiko, Morelos, Tlayacapan.

Mammillaria crinita DC.
Kugelförmig, bis 4 cm ∅, manchmal gruppenbildend; 1,6 cm lange, weiße bis gelbliche oder rosa-cremefarbene Blüte. Die abgebildete Pflanze wird im Handel unter diesem Namen angeboten, entspricht aber nicht exakt der Originalbeschreibung. [CS/W]
HEIMAT: Mexiko, Hidalgo, Zimapan.
ANDERE NAMEN: *M. criniformis?*

Mammillaria crucigera Mart.
Gruppenbildend durch mehrfache dichotomische Teilung, Köpfe bis 4 cm ∅; kleine Blüte, tiefes rosa-purpur. Neue und unterschiedliche Formen dieser Art wurden an anderen Orten gesammelt. [K11)IP/K]
HEIMAT: Mexiko, offensichtlich weitverbreitet in den Grenzgebieten zwischen Puebla und Oaxaca.
ANDERE NAMEN: *M. buchenauii*.

Mammillaria decipiens Scheidw.
Gruppenbildend, einzelne Köpfe 4–7 cm ∅. [CS/PM]
HEIMAT: Mexiko: San Luis Potosi und Queretaro.
ANDERE NAMEN: *Dolichothele decipiens*.

Mammillaria deherdtiana Farwig
Gruppenbildend in Kultur, Köpfe bis 4,5 cm ∅; 0–6 Mitteldornen, 3–7 mm lang. 5 cm breite Blüte. **v. dodsonii** (Bravo) Glass & Foster (Abb.) 3–5 Mitteldornen, 1–2 cm lang (nördlich von Oaxaca-City). [P345/IP/DHS]
HEIMAT: Mexiko, Oaxaca, um Nejapa.
ANDERE NAMEN: **v. dodsonii**: *M. dodsonii.*

Mammillaria densispina (Coulter) Orcutt
Einzeln, bis 10 cm hoch und breit; kleine, blaßgelbe Blüte. [CS/W]
HEIMAT: Weitverbreitet in Mittel-Mexiko.
ANDERE NAMEN: *M. esaussieri.*

Mammillaria dioica K. Brandegee
Von der Basis sprossend und gruppenbildend, Triebe bei 33 cm Höhe bis 10 cm ∅. [K244/IP/K]
HEIMAT: Süd-Kalifornien bis Mexiko, Niederkalifornien und einige Inseln.

Mammillaria discolor Haw.
Gruppenbildend, Köpfe bis 18 cm Höhe und 13 cm ∅; 1–6 cm breite Blüte; 22–28 Randdornen, 4–6 Mitteldornen. [DH8525/HS/E]
HEIMAT: Mexiko: Puebla; Hidalgo; Oaxaca und Mexico.
ANDERE NAMEN: *M. amoena, M. esperanzaensis, M. ginsaumae, M. ochoterenae, M. pachyrhiza, M. schmollii.*

Mammillaria discolor v. multispina Repp.
Generell kleiner als die Art, Körper nur 8 cm ∅, 30–38 Randdornen, 6–8 Mitteldornen (obere Abb. [K315/IP/K]). **v. longispina** Repp. (untere Abb. [K316/IP/K]), die goldfarbenen, bis zu 4 cm langen Mitteldornen sind charakteristisch.
HEIMAT: **v. multispina**: Zimapan/Sierra Juarez, Hidalgo und **v. longispina**: San Alejo, Hidalgo, Mexico.

Mammillaria dixanthocentron Bkbg. ex Mottram
Einzeln, bei 20 cm Höhe bis 7 cm ∅. [K140/IP/K]
HEIMAT: Mexiko: Puebla und Oaxaca.

Mammillaria dixanthocentron v. flavicentra (Bkbg.) Repp.
Einzeln, bei 18 cm oder mehr hoch bis 9–10 cm ∅. [K143/IP/K]
HEIMAT: Mexiko, Puebla/Oaxaca Grenze.
ANDERE NAMEN: *M. flavicentra.*

Mammillaria droegeana Hild. emend. Repp.
Zylindrisch, einzeln oder sprossend, Köpfe bis 20 cm hoch und 6 cm ∅; 24–32 Randdornen, 6–8 mm lang; 8–11 Mitteldornen, 7–12 mm lang, 1,5 cm breite, rosafarbene Blüte. [K279-1/IP/K]
HEIMAT: Mexiko, Queretaro, Sierra de San Moran.

Mammillaria dumetorum Purpus
Gruppenbildend, Köpfe bis 2,5 cm ∅, borstige Dornen, eine im Frühjahr blühende Art. [CS/GC]
HEIMAT: Mexiko, San Luis Potosi, Nähe Minas de San Rafael.

Mammillaria duoformis Craig & Dawson
Triebe bis 9 cm Höhe bis 3,5 cm ∅, später gruppenbildend, gerade oder hakige Mitteldornen. [Repp850/CS/W]
HEIMAT: Mexiko, Puebla, Nähe Tehuitzingo.

Mammillaria durangicola Repp.
Einzeln, 4–8 cm hoch bei 5–8 cm ∅; 10–16 Randdornen, 4–15 mm lang, 1–3 Mitteldornen, 10–17 mm lang. 2,5–3 cm breite Blüte. Enge Verwandtschaft zu **M. pachycylindrica**. [K35/IP/K]
HEIMAT: Mexiko, Durango, Cuencame.

Mammillaria durispina Boed.
Einzeln, bei 20 cm Höhe bis 11 cm ∅. Enge Verwandtschaft zu **M. polythele**. [K149/IP/K]
HEIMAT: Mexiko: Guanajuato; Queretaro, Sierra Zamorano, westlich von Bernal.

Mammillaria duwei Rogozinski & Braun
In Kultur später gruppenbildend, Köpfe bis 5 cm ⌀; 0–2 Mitteldornen. [P301/IP/GC]
HEIMAT: Mexiko, Guanajuato, Nähe San Luis de la Paz.

Mammillaria elongata DC.
Kleine, zylindrische Triebe, sehr variable Bedornung, von blaßcreme bis dunkel rötlich-braun, 0–4 Mitteldornen. **v. echinaria** (DC) Bkbg. ist eine dickere Pflanze, die immer ziemlich lange Mitteldornen besitzt. [FO-045/CS/PM]
HEIMAT: Mexiko, Hidalgo.
ANDERE NAMEN: *M. echinaria.*

Mammillaria erectacantha C. F. Foerster
Wird geduckt säulig, mit einer großen fleischigen Wurzel. [CS/PM]
HEIMAT: Mexiko, Sierra de Guadalupe und Tlalnepantla, nordöstlich von Mexico-City.

Mammillaria eriacantha Link & Otto ex Pfeiff.
Zylindrische Triebe bis 30 cm und mehr, bis 5 cm ⌀, gelegentlich von der Basis sprossend; winzige Blüte, die nicht aus der Bedornung hervorkommt. [PM19/HS/PM]
HEIMAT: Mexiko, Vera Cruz, Jalapa-Distrikt.

Mammillaria erythra Repp.
Einzeln, bis 9 cm hoch bei 20 cm ⌀; 0–4 Randdornen, 2–3 mm lang; 2 Mitteldornen, 4–30 mm lang. 10–12 mm breite, karminrote Blüte. Enge Verwandtschaft zu **M. mystax**. [Repp.1350/H]
HEIMAT: Mexiko, Puebla/Vera Cruz-Grenzgebiet, Puero del Aire.

Mammillaria erythrocalix Buchenau
Gruppenbildend, einzelne Köpfe bis 15 cm Höhe. Möglicherweise nur eine Form von **M. duoformis**. [Repp838/CS/PM]
HEIMAT: Mexiko, Puebla, südlich von Chiautla.

Mammillaria erythrosperma Boed.
Bildet Gruppen von kleinen Köpfen, bis 5 cm hoch und 4 cm ⌀, in Länge und Dichte sehr variable Bedornung. [ISI1172/IP/DHS]
HEIMAT: Mexiko, San Luis Potosi, Alvarez.
ANDERE NAMEN: *M. multiformis.*

Mammillaria evermanniana (B. & R.) Orcutt
Normalerweise einzeln, kugelig bis länglich, 5–7 cm ⌀; 1,5 cm lange Blüte, gelblich-cremefarben mit einem rosa-braunen Mittelstreifen. [CS/W]
HEIMAT: Mexiko, Baja California, Insel Cerralbo.

Mammillaria felipensis Repp.
Immer einzeln, bis 6 cm hoch und 4 cm ⌀. [Repp636/CS/W]
HEIMAT: Mexiko, Guanajuato, San Felipe.

Mammillaria fera-rubra Schmoll ex Craig
Einzeln, bis 10 cm hoch und 9 cm ⌀; 1,5 cm lange, purpurrote Blüte. Enge Verwandtschaft zu **M. rhodantha**. [CS/P]
HEIMAT: Mexiko, Queretaro, San Lazara.

Mammillaria fittkaui Glass & Foster
Gruppenbildend, Triebe 10 cm hoch und 4–5 cm ⌀. [CS/PM]
HEIMAT: Mexiko, Jalisco, Chapala-See.

Mammillaria formosa Gal. ex Scheidw.
Eine sehr variable Pflanze, meistens einzeln, gedrückt-kugelig, bis 10 cm oder mehr ⌀; Bedornung kann hell oder dunkel sein, ebenso lang, wie abgebildet. Körperfarbe von dunkelgrün bis zu hellem blaugrün. [PM33/HS/PM]
HEIMAT: Mexiko, San Luis Potosi.

Mammillaria fraileana (B. & R.) Boed.
Zylindrische Triebe bis 15 cm Höhe, später gruppenbildend; 3 cm breite Blüte. [CS/PM]
HEIMAT: Mexiko, Baja California, Insel Pichilingue und auf dem gegenüberliegenden Festland.

Mammillaria freudenbergeri Repp.
Einzeln, kugelförmig, bis 20 cm ∅; 4–6 Randdornen, 6–15 mm lang; 0 Mitteldornen. Gehört in die **M. heyderi**-Gruppe. [IP/Repp]
HEIMAT: Mexiko, Coahuila, Muralla.

'Mammillaria fuscohamata' Bkbg.
Kugelförmig, bis 6 cm hoch und breit. [Repp717/CS/PM]
HEIMAT: Mexiko, Jalisco.

Mammillaria gasseriana Boed.
Kugelförmig, 3–4 cm ∅. [CS/W]
HEIMAT: Mexiko, Coahuila, Torreon; die abgebildete Pflanze stammt aus dem angrenzenden Rio-Nazas-Gebiet von Durango.

Mammillaria gasterantha Repp.
Anfangs einzeln, aber später an der Basis sprossend und bildet dann sehr große Gruppen. Köpfe anfangs kugelförmig, später bis 14 cm hoch und 5,5 cm ∅. Kleine Blüte, die sich nicht weit öffnet. [Repp934/CS/PM]
HEIMAT: Mexiko, Nord-Guerrero, westlich von Iguala.

Mammillaria gatesii M. E. Jones
Meistens einzeln, bei 20 cm Höhe bis 15 cm ∅. Enge Verwandtschaft zu **M. baxteriana** und **M. petrophila**. [K195-2/IP/K]
HEIMAT: Mexiko, Baja California, zwischen Cabo San Lucas und San Jose del Cabo.

Mammillaria gaumeri (B. & R.) Orcutt
Bildet kleine Gruppen, einzelne Köpfe bis 15 cm; 10–14 mm lange Blüten. [CS/P]
HEIMAT: Mexiko, Yucatan, auf Sanddünen in der Nähe von Progreso.

Mammillaria geminispina Haw.
Bildet wunderschöne, riesige Gruppen, die am Heimatstandort 2 m Durchmesser erreichen. Köpfe bis zu 18 cm hoch und 8 cm ∅; 1–8 cm lange Mitteldornen. Blüten erscheinen nicht häufig, klein, cremefarben und karminrote Mitte. [K250/IP/K]
HEIMAT: Mexiko, Hidalgo, weitverbreitet im Süden von Zimapan, aber vor allem in der Barranca von Metztitlan.
ANDERE NAMEN: *M. geminispina v. nobilis.*

Mammillaria gigantea Hildm. ex Sch.
Einzeln, gedrückt-kugelig, bis 10 cm hoch und 17 cm ∅; braune Dornen, bei *'ocotillensis'* sogar schwarz. 1,5 cm breite Blüte, rötlich, grün gesäumt. [K313/IP/K]
HEIMAT: Mexiko, Guanajuato.
ANDERE NAMEN: *M. armatissima, M. hamiltonoytea, M. hastifera, M. ocotillensis.*

Mammillaria gilensis Boed.
Kugelig bis kurzzylindrisch, bis 4 cm ∅, wenig sprossend. Die Farbe der Bedornung wurde ursprünglich mit bräunlich-gelb beschrieben, aber bei der abgebildeten Form aus Ojo Caliente sind sie schwarz-rot. [CS/W]
HEIMAT: Mexiko, Aguascalientes, San Gil.

Mammillaria glareosa Boed.
Flach, normalerweise einzeln, bis 4 cm ∅. Enge Verwandtschaft mit **M. brandegeii**. [K203-2/IP/K]
HEIMAT: Mexiko, Baja California.
ANDERE NAMEN: *M. dawsonii.*

Mammillaria glassii R. A. Foster
Gruppenbildend, Köpfe bis 3 cm ∅; kleine, rosafarbene Blüten. **v. ascensionis** (Repp.) Glass & Foster (Abb.); 1,8–2,2 cm breite Blüte (Nuevo Leon, Ascension). **v. nominis-dulcis** Lau; Köpfe bis 5 cm ∅; bis zu 1,8 cm breite Blüte (N.L., Dulces Nombres). **v. siberiensis** Lau bis zu 10 cm ∅ (N.L., Siberia). [CS/PM]
HEIMAT: Mexiko, Nuevo Leon, nahe Dieciocho de Marzo.
ANDERE NAMEN: **v. ascen.**: *M. ascensionis.*

Mammillaria gracilis Pfeiff.
Zylindrisch, bei 10 cm Höhe bis 4,5 cm ∅, reich sprossend; die Mitteldornen sind von hell bis dunkelbraun beschrieben. 1,3 cm breite, gelblich-weiße Blüte. Die dicht weißbedornte Form, die man normalerweise in Kultur sieht, ist eine 'pulchella'. [F]
HEIMAT: Mexiko: Hidalgo um Metztitlan und Zimapan; Queretaro, San Joaquin.
ANDERE NAMEN: *M. fragilis.*

Mammillaria grahamii Englm.
Triebe bis zu 11 cm Höhe und 8 cm ∅, 1-3 Mitteldornen, der längste hakig 3,5-4 cm breite Blüte. **v. oliviae** (Orcutt) Benson hat einen kürzeren Mitteldorn ohne Haken. [CS/W]
HEIMAT: Arizona, New Mexico und Ost-Texas.
ANDERE NAMEN: *M. microcarpa v. grahamii.* **v. oliviae**: *M. marnierana, M. oliviae, M. pseudoalamensis.*

Mammillaria grusonii Runge
Normalerweise einzeln, kugelig bis gestreckt, bis 25 cm ∅. [HS/PM]
HEIMAT: Mexiko, Coahuila, Sierra Bola.

Mammillaria guelzowiana Werd.
Einzeln oder gruppenbildend, Köpfe bis 7 cm ∅; 6 cm breite Blüte. [CS/PM]
HEIMAT: Mexiko, Durango, nördliche Gebirgsseite des Rio Nazas.
ANDERE NAMEN: *Krainzia guelzowiana.*

Mammillaria guerreronis (Bravo) [Boed. zugeordnet von] Bkbg. & Knuth
Zylindrischer Körper bis 60 cm hoch und 6 cm ∅, mitunter sprossend; hakige oder gerade Mitteldornen. Kleine, rote Blüte. [IP/K]
HEIMAT: Mexiko, Gerrero, Canyon del Zapolite.
ANDERE NAMEN: *M. zapilotensis.*

Mammillaria gummifera Englm.
Einzeln, bis 11 cm hoch und 12 cm ∅. [HS/PM]
HEIMAT: Mexiko, Chihuahua, Cosihuiriachi.

Mammillaria haageana Pfeiff.
Normalerweise einzeln, bis 15 cm hoch und 10 cm ∅. [PM6/HS/PM]
HEIMAT: Mexiko, weitverbreitet in Puebla und Oaxaca.
ANDERE NAMEN: *M. acanthophlegma, M. albidula, M. collina, M. dealbata, M. donatii, M. dyckiana, M. kunthii, M. sanangelensis, M. vaupelii.*

Mammillaria hahniana Werd.
Gruppenbildend, Köpfe bei 9 cm Höhe bis 10 cm ∅, manche Pflanzen sind wesentlich stärker behaart als andere. [CS/PM]
HEIMAT: Mexiko, Queretaro, Sierra de Jalapa.
ANDERE NAMEN: *M. bravoae, M. mendeliana, 'M. quevedoi', M. woodsii.*

Mammillaria halei T. S. Brandegee
Gruppenbildend, Triebe bei 50 cm Höhe bis 7,5 cm ∅; 2,5–5 cm lange, scharlachrote, langröhrige Blüte. [CS/PM]
HEIMAT: Mexiko, Baja California, Inseln Magdalena und Santa Margareta sowie auf dem angrenzenden Festland.
ANDERE NAMEN: *Cochemiea halei.*

Mammillaria hamata Lehm. ex Pfeiff.
Identität etwas unklar. Der Name entspricht der abgebildeten Pflanze, die der kurzen Originalbeschreibung recht gut entspricht. [Repp957/CS/W]
HEIMAT: Mexiko, Nordwest-Puebla.

Mammillaria heidiae Krainz
Einzeln oder gruppenbildend, Triebe bis 6 cm ∅, ziemlich flach. [CS/P]
HEIMAT: Mexiko, Puebla, nördlich von Acatlan, Nähe von El Papayo.

Mammillaria hernandezii Glass & Foster
Einzeln, flach-kugelig, 2,5–4,5 cm ∅; 2 cm breite Blüte. [Hernandez IP/W]
HEIMAT: Mexiko, Oaxaca, Nähe Telixtlahuaca.

Mammillaria herrerae Werd.
Einzeln oder gruppenbildend von der Basis aus, kugelförmig, aber im Alter zylindrisch, bis 3,5 cm ∅; 2,5 cm breite Blüte. [DHS]
HEIMAT: Mexiko, Queretaro nahe Cadereyta und im angrenzenden San Luis Potosi.

Mammillaria hertrichiana Craig
Flachkugelige Köpfe, bis 13 cm ∅, bildet Gruppen mit nahezu 1 m ∅. [CS/PM]
HEIMAT: Mexiko, Sonora, auf der Ranch El Agriminsor, östlich von Tesopaco.

Mammillaria heyderi Muehlenpf.
Wird ziemlich kugelförmig, bis 12 cm ∅; 2–2,5 cm lange, bräunlich-rosafarbene Blüte.
HEIMAT: New Mexico und weitverbreitet in Texas und Nord-Mexiko.
ANDERE NAMEN: *M. applanata, M. heyderi v. applanata, M. heyderi v. bullingtoniana.*

Mammillaria heyderi v. hemisphaerica Englm.
Flach, 8–12 cm ∅, Bedornung normalerweise kürzer als bei der abgebildeten Pflanze, die aus einer kleineren Population im Norden Mexikos stammt. [K166-1/IP/K]
HEIMAT: Süd-Texas und Nord-Mexiko.
ANDERE NAMEN: *M. hemisphaerica.*

Mammillaria huajuapensis Bravo
Einzeln, 10–12 cm ∅; kleine, purpurfarbene Blüte. Wahrscheinlich eine Varietät von **M. mystax**. [NPT540/H]
HEIMAT: Mexiko, Oaxaca, Hügel östlich von Huajuapan de Leon.

Mammillaria hubertmulleri Repp.
Immer einzeln, anfangs kugelförmig, später säulig, bis 30 cm Höhe und 10 cm ∅; 14–22 weiße Randdornen bis 7 mm lang, 2–4 Mitteldornen, 5–15 mm lang, der untere ist am längsten und hakig, braun bis schwarz. [FO-2/CS/PM]
HEIMAT: Mexiko, Morelos, bewaldete Felsschlucht in der Nähe von Chinameca, El Cajon.

Mammillaria huiguerensis Repp.
Einzeln, bis 20 cm hoch und 15 cm ⌀. 7–9 Randdornen, 3–15 mm lang. 2 Mitteldornen, 11–30 mm lang, 25–30 mm lange, leuchtend rosafarbene Blüte. Enge Verwandtschaft zu **M. wagneriana**. [Repp 975/CS/W]
HEIMAT: Mexiko, Zacatecas, La Huiguera.

Mammillaria huitzilopochtli D. R. Hunt
Einzeln, verzweigt sich mitunter, bis 13 cm Höhe und 9 cm ⌀. 0–1 Mitteldorn, 4 mm lang; ältere Pflanzen bilden oftmals einen weiteren, gebogenen, dunklen Mitteldorn. Die kleine karminfarbene Blüte öffnet sich nicht weit. [LAU/IP/GC]
HEIMAT: Mexiko, Oaxaca, Tomellin-Tal.

Mammillaria huitzilopochtli v.? L1495.
Eine abweichende Pflanze mit der krausen Bedornung. [L1495/CS/W]
HEIMAT: Mexiko, Oaxaca, Rio Grande – Rio Santo Domingo.

Mammillaria humboldtii Ehrenb.
Einzeln oder gruppenbildend, einzelne kugelförmige Köpfe bis zu 7 cm ⌀. [IP/EC]
HEIMAT: Mexiko, Hidalgo, Hügel zwischen Ixmiquilpan und Metztitlan.

Mammillaria hutchisoniana (Gates) Boed.
Normalerweise gruppenbildend, Triebe bis 20 cm Höhe und 4–6 cm ⌀; 3 cm breite, cremefarbene Blüte, die äußeren Petalen sind kastanienbraun gestreift. [CS/W]
HEIMAT: Mexiko, im Zentrum und im Süden der Baja California.
ANDERE NAMEN: *M. bullardiana.*

Mammillaria ignota Repp.
Einzeln oder gruppenbildend, Köpfe bis zu 7 cm hoch und ⌀. 20–22 Randdornen, 2–4 mm lang, weiß; 2–4 Mitteldornen, 4–7 mm lang, weiß mit brauner Spitze. 1,8 cm lange Blüte. [L1108/IP/K]
HEIMAT: Mexiko, Oaxaca, Tomellin Canyon.

Mammillaria igualensis Repp.
Triebe bis 10 cm Höhe und 6 cm ⌀, bildet sehr große Gruppen; 20–25 Randdornen, 3–5 mm lang; 2–4 Mitteldornen, 5–12 mm lang. 8–10 mm breite, dunkelkarminrote Blüte. Enge Verwandtschaft zu der einzelnwachsenden **M. albilanata**. [Repp932/IP/Repp]
HEIMAT: Mexiko, Guerrero, Iguala.

Mammillaria insularis Gates
Normalerweise einzeln, kultivierte Pflanzen sind kurzsäulig, alte Exemplare sprossen etwas an der Basis. 2,5 cm breite Blüte. [CS/W]
HEIMAT: Mexiko, äußerste Insel der Smith-Inselgruppe, Bucht von Los Angeles, Baja California.

Mammillaria isotensis Repp.
Triebe bis 25 cm Höhe und 5,5 cm ⌀, gruppenbildend, 10–13 Randdornen, 3–7 mm lang; 2 Mitteldornen, 6–17 mm lang, der unterste ist der längste und hakig, braun bis schwarz. 16–18 mm breite, karminfarbene Blüte. [CS/PM]
HEIMAT: Mexiko, Mexico DF, El Isote.

Mammillaria jaliscana (B. & R.) Boed.
Einzeln, wird länglich, bis 5 cm ⌀. [L1044/CS/PM]
HEIMAT: Mexiko, mehrere Orte in Jalisco und angrenzenden Gebieten von Aguascalientes, Queretaro und Guanajuato.
ANDERE NAMEN: *M. flavihamata.*

Mammillaria johnstonii (B. & R.) Orcutt
Einzeln, bei 20 cm Höhe bis 10 cm ⌀; Bedornung sehr variabel, von kurz und gerade bis lang und gedreht; fälschlicherweise wurden viele Varietäten geschaffen. [K181-1/IP/K]
HEIMAT: Mexiko, Sonora, San Carlos Bucht.
ANDERE NAMEN: *M. johnstonii v. guaymensis* und *v. sancarlensis.*

Mammillaria karwinskiana Mart.
Sprossend oder dichotomisch teilend, Triebe bis zu 10 cm ⌀. Länge der Dornen und Bewollung in den Axillen sehr variabel. [PM7/HS/PM]
HEIMAT: Mexiko, rund um die Hauptstadt von Oaxaca.
ANDERE NAMEN: *M. confusa, M. multiseta, M. conzattii, M. ebenacantha, M. fischeri, M. neomystax, M. pyrrhocephala.*

Mammillaria kleiniorum Appenzeller
Einzeln, Triebe bis 13 cm ⌀; 2 cm breite Blüte. Verwandt mit **M. jaliscana** und **M. zacatecasensis**. [K190-7/IP/K]
HEIMAT: Mexiko, Michoacan, Iquilpan.

Mammillaria klissingiana Boed.
Anfangs kugelförmig, dann länglich bis zu 16 cm hoch und 9 cm ⌀; mitunter an der Basis sprossend. Zurückhaltend blühend, 8 cm breite, blaßrosafarbene Blüte. [SB270/CS/PM]
HEIMAT: Mexiko, Tamaulipas, Jaumave-Tal.

Mammillaria knebeliana Boed.
Triebe sprossend, bis 6 cm hoch und 4,5 cm ⌀; zuerst 4, später 5–7 Mitteldornen, der unterste 15 mm lang, gehakt, rötlich-braun. 20–25 sehr feine, weiße Randdornen. 15 mm breite, gelbe Blüte. Die abgebildete Pflanze, SB29, scheint der Originalbeschreibung zu entsprechen. [SB29/CS/PM]
HEIMAT: Mexiko, Sierra de San Luis Potosi.
ANDERE NAMEN: *M. haehneliana.*

Mammillaria knippeliana Quehl
Triebe bei 8 cm Höhe bis 6 cm ⌀, stark sprossend; 10 mm breite Blüte, strohgelb mit roten Tupfen auf den Petalen. [CS/W]
HEIMAT: Mexiko, Morelos, nahe Cuernavaca.

Mammillaria kraehenbuehlii (Krainz) Krainz
Dichte Polster bildend, einzelne Triebe bis 3,5 cm ⌀. [CS/W]
HEIMAT: Mexiko, Oaxaca, nahe Tamazulapan.
ANDERE NAMEN: *'M. alpina'.*

Mammillaria krasuckae Repp.
Einzeln, bei 8 cm Höhe bis 6 cm ⌀; 26–32 weiße, 2–4 mm lange Randdornen; 4–6 Mitteldornen, 6–25 mm lang, gelblich, dunkelbraun oder schwarz, der unterste ist am längsten und normalerweise hakig. 2 cm breite, karminfarbene Blüte. Eng verwandt mit **M. rekoi**. [Repp1647/IP/Repp]
HEIMAT: Mexiko, Oaxaca, nahe Reforma.

Mammillaria lanigera Repp.
Einzeln, bei 12 cm Höhe bis 8 cm ∅. [Repp944/CS/W]
HEIMAT: Mexiko, Oaxaca, San Miguel Maninaltepec.

Mammillaria lasiacantha Englm.
Kleine Triebe, normalerweise einzeln, aber in Kultur mitunter gruppenbildend. Weiße Blüte mit bräunlichroten Streifen. [H]
HEIMAT: West-Texas, New Mexico und große Gebiete von Nordwest-Mexiko.
ANDERE NAMEN: *M. denudata, M. lasiacantha v. denudata, 'M. egregia'.*

Mammillaria laui D. R. Hunt
Stark gruppenbildend, einzelne Köpfe bis 4,5 cm ∅; steife Dornen. [L1171/IP/DHS]
HEIMAT: Mexiko, Tamaulipas, zwischen Ciudad Victoria und Jaumave, La Reja.

Mammillaria lenta K. Brandegee
Bildet kleine Gruppen mit flachen Köpfen bis 5 cm ∅. [IP/EC]
HEIMAT: Mexiko, Coahuila, Viesca und Cuatro Cienegas.

Mammillaria leptacantha (Lau) Repp.
Zylindrisch, sprossend, 8–10 cm Höhe bei 5–6 cm ∅. [L1314/IP/GC]
HEIMAT: Mexiko, Oaxaca, nahe Las Animas.
ANDERE NAMEN: *M. rekoi v. leptacantha.*

Mammillaria leucantha Boed.
Einzeln oder gruppenbildend, bis zu 3,5 cm ∅ pro Trieb. [CS/PM]
HEIMAT: Mexiko, San Luis Potosi, nahe Soledad Diez Gutierrez.

Mammillaria lewisiana Lindsay
Einzeln, flach bis kugelförmig, bis 11 cm ⌀. [CS/PM]
HEIMAT: Mexiko, Baja California, nördliche Viscaino-Wüste, 7 Meilen nordwestlich der Mesquital-Ranch.

Mammillaria limonensis Repp.
Körper 12 cm hoch und 5 cm ⌀, gruppenbildend; 14–20 Randdornen, 4–7 mm lang, weiß; 4–7 Mitteldornen, 7–18 mm lang, der unterste ist am längsten und hakig, alle braun bis schwarz. 14 mm breite, rosafarbene Blüte. Enge Verwandtschaft zu **M. fittkaui**. [Repp1620/H]
HEIMAT: Mexiko, Jalisco, El Limon.

Mammillaria lindsayi Craig
Gruppenbildend, Köpfe bis 30 cm Höhe und 15 cm ⌀. Die abgebildete Pflanze wird normalerweise unter diesem Namen im Handel vertrieben, unterscheidet sich jedoch in einigen Angaben von der Originalbeschreibung. [CS/PM]
HEIMAT: Mexiko, Chihuahua, Molinas bis Sierra Colorado.

Mammillaria lloydii (B. & R.) Orcutt
Anfangs flach, jedoch später gestreckt bis 10 cm Höhe und 7 cm ⌀. Vielleicht eine Form mit geraden Dornen von **M. uncinata**. [K68-1/IP/K]
HEIMAT: Mexiko, Zacatecas und San Luis Potosi.

Mammillaria longiflora (B. & R.) Berg.
Normalerweise einzeln, bis 10 cm ⌀. **fa. stampferi** (Repp.) D. R. Hunt, ist hier abgebildet, und wir sind der Meinung, daß sie in eine Reihe von Variationen gehört. [CS/PM]
HEIMAT: Mexiko, Durango, nahe Santiago Papasquiaro.
ANDERE NAMEN: *Krainzia longiflora.* **fa. stampferi**: *M. stampferi.*

Mammillaria longimamma DC.
Einzeln oder gruppenbildend, einzelne Köpfe bis 12 cm ⌀, 6 cm breite Blüte. [CS/PM]
HEIMAT: Mittel-Mexiko, Hidalgo, nahe Venados.
ANDERE NAMEN: *Dolichothele longimamma, D. uberiformis, M. long. v. uber., M. uber.*

Mammillaria louisiae Lindsay
Normalerweise einzeln, wird in Kultur später zylindrisch, was die Gruppenbildung fördert. Triebe bis 6 cm hoch und halb so breit. Enge Verwandtschaft zu **M. hutchisoniana**. [CS/PM]
HEIMAT: Mexiko, Baja California, südlich von Socorro.

Mammillaria macdougalii Rose
Flachkugelige Pflanzen bis zu 12,5 cm ∅. [HS/PM]
HEIMAT: Südost-Arizona und angrenzendes Sonora, Mexiko.
ANDERE NAMEN: *M. heyderi v. macdougalii, M. gummifera v. macdoug.*

Mammillaria magallanii Schmoll ex Craig
Wenig sprossend, Triebe bis 6 cm Höhe und 4,5 cm ∅; 0–1 normalerweise gerade Mitteldornen, manchmal hakig. Wahrscheinlich nur eine Form von **M. lasiacantha**. [CS/E]
HEIMAT: Mexiko, Coahuila, nahe Parras.
ANDERE NAMEN: *M. roseocentra, M. mag. v. hamatispina, M. neobertrandiana.*

Mammillaria magnifica Buchenau
Gruppenbildend, einzelne Triebe bis 40 cm hoch und 9 cm ∅. **v. minor** Buch, aus einer separaten Population ist kleiner und schwächer bedornt. [CS/P]
HEIMAT: Mexiko, Morelos, El Penon de Amayuca, zwischen Cuautla und Izucar de Matamoros.

Mammillaria magnimamma Haw.
Sehr variabel, gruppenbildend mit Köpfen bis zu 12 cm ∅. Kurze und ziemlich gerade, lange, gebogene und sogar gedrehte Mitteldornen. Tiefrosa bis blaßgelbe Blüte. [K254/IP/K]
HEIMAT: Mexiko, Hidalgo; im Süden von San Luis Potosi und nahe Mexico-City.
ANDERE NAMEN: *M. centricirrha, M. flavovirens, M. gladiata, M. macracantha, M. trohartii, M. vagaspina.*

Mammillaria mainiae K. Brandegee
Gruppenbildend, Triebe bis 12 cm ∅ und 10–15 cm hoch. [HS/PM]
HEIMAT: Süd-Arizona und Mexiko, Sonora, nahe Nogales.

Mammillaria mammillaris (L.) Karsten
Normalerweise einzeln, bis zu 8 cm Höhe und 5 cm ∅. Winzige Blüte. [CS/PM]
HEIMAT: Kleine Antillen, einige Inseln der Niederländischen Antillen und weitverbreitet in Venezuela.
ANDERE NAMEN: *M. ekmanii?, M. pseudosimplex, M. simplex.*

Mammillaria maritima (Lindsay) D. R. Hunt
Bildet Gruppen bis zu 1 cm ∅, Triebe bis zu 50 cm Höhe und 3–7 cm ∅. 3 cm lange, scharlachrote Blüte. [IP/W]
HEIMAT: Mexiko, Baja California, Punta Blanca.
ANDERE NAMEN: *Cochemiea maritima.*

Mammillaria marksiana Krainz
Körper hellgrün, bei 5 cm Höhe bis 8 cm ∅, später gruppenbildend. [CS/PM]
HEIMAT: Mexiko, Sinaloa, westlich Sierra Madre und in Durango in der Quebrada de Topia.

Mammillaria mathildae Kraehenbuehl & Krainz
Gruppenbildend, Triebe 5–6 cm hoch und 5 cm ∅. [CS/PM]
HEIMAT: Mexiko, Queretaro, nahe La Canada.

Mammillaria matudae H. Bravo
Einzeln oder aus der Basis sprossend, Triebe bis 30 cm oder mehr hoch und bis 5 cm ∅. **v. serpentiformis** Fittkau hat Triebe bis zu 1,55 m lang. (Guerrero, La Laguna). [CS/PM]
HEIMAT: Mexiko, La Junta.

Mammillaria mazatlanensis Sch. ex Guerke
Gruppenbildend, zylindrische Triebe bis 12 cm Höhe bei 4 cm ∅. [Repp680/CS/W]
HEIMAT: Mexiko, Sinaloa, Mazatlan.
ANDERE NAMEN: *M. patonii, M. sinaloensis.*

Mammillaria meiacantha Englm.
Einzeln, flachkugelig, bis 11 cm ∅. [HS/PM]
HEIMAT: Südost-Arizona, New Mexico, Texas und in südwärts bis Zacatecas.
ANDERE NAMEN: *M. gummifera v. meiacantha, M. heyderi v. meiacan.*

Mammillaria meissneri Ehrenb.
Zylindrische Triebe, bis 12,5 cm hoch bei 2,5 cm ∅, seitlich sprossend. Die abgebildete Pflanze, L679, steht für diesen Namen, obwohl einige von ihnen größere Körper bilden, weniger sprossen und auch eine geringere Bewollung aufweisen. [L679/IP/K]
HEIMAT: Die Originalpflanze kommt aus Mexiko; L679 stammt aus Oaxaca, zwischen San Antonio und Calapa.
ANDERE NAMEN: *M. elegans v. schmollii.*

Mammillaria melaleuca Karw.
Normalerweise einzeln, kugelförmig, glänzend grün. [CS/E]
HEIMAT: Mexiko, Tamaulipas, nahe Jaumave.
ANDERE NAMEN: *Dolichothele melaleuca.*

Mammillaria melanocentra Poselger
Einzeln, bis zu 16 cm Höhe bei 11 cm ∅, blau-grün; bis zu 5,5 cm langer Mitteldorn. 2,5 cm breite, rosafarbene Blüte. [K165-1/HS/PM]
HEIMAT: Mexiko, Nuevo Leon, Huasteca Canyon und irgendwo in der Nähe von Monterrey.
ANDERE NAMEN: *M. euthele, M. runyonii.*

Mammillaria mercadensis Patoni
Kugelförmig, bis 5 cm ∅, bildet kleine Gruppen; rote Frucht. **v. guillauminiana** (Bkbg.) Repp.; Köpfe etwas breiter, weiße Frucht (El Salto, Durango). [CS/PM]
HEIMAT: Mexiko, Durango, Cerro Mercado.
ANDERE NAMEN: *M. ocamponis.* **v. guillaum.**: *M. guillaum.*

Mammillaria meyranii Bravo
Säulige Triebe bis 55 cm lang bei 5 cm ∅, von der Basis sprossend. [Repp968/CS/PM]
HEIMAT: Mexiko, Tal des Rio Tilostoc und Michoacan, Barranca von San Jose Purna.
ANDERE NAMEN: *M. meyranii v. michoacana,* möglicherweise *'M. michoacanensis'.*

Mammillaria microhelia Werd.

Triebe bis 15 cm hoch bei 3,5–4,5 cm Ø, im Alter an der Basis sprossend. Weiße bis gelbgrüne Blüte, manchmal rosa. [CS/PM]

HEIMAT: Mexiko, Queretaro, Sierra de Zamorano.

ANDERE NAMEN: *M. microheliopsis.*

Mammillaria microthele Muehlenpfordt

Flache Köpfe, bis 8 cm Ø, mitunter mehrköpfig; weiße Blüte. [K116/IP/K]

HEIMAT: Mexiko, Tamaulipas und San Luis Potosi, östlich von Huizache.

ANDERE NAMEN: *M. microthele v. superfina n.n.*

Mammillaria miegiana Earle

Einzeln, bis zu 16 cm hoch bei 10 cm Ø. [K207/IP/K]

HEIMAT: Mexiko, Sonora, zwischen Rio Sonora und Rio Moctezuma, nördlich von Ures.

Mammillaria mieheana Tiegel

Gruppenbildend, Triebe bis 15 cm hoch und 5 cm Ø; 15 mm lange, blaßgelbe Blüte. Liegt zwischen **M. elongata** und **M. densispina**. [W]

HEIMAT: Mexiko, Queretaro.

Mammillaria milleri (B. & R.) Boed.

Gruppenbildend, Köpfe bis 15 cm Höhe bei 5 cm Ø; 2,5 cm breite Blüte. [PM79/HS/PM]

HEIMAT: Arizona, Ost-Kalifornien und Nord-Sonora, Mexiko.

ANDERE NAMEN: *M. microcarpa* und Varietäten.

Mammillaria moelleriana Boed.

Einzeln, kugelförmig bis kurzzylindrisch, bis 11 cm hoch und 10 cm Ø; Blüte blaßrosa oder weiß mit gelblichen Mittelstreifen. [CS/PM]

HEIMAT: Mexiko, Durango und nahe Jerez, Zacatecas.

ANDERE NAMEN: *M. cowperae.*

Mammillaria mollendorffiana Shurly
Einzeln, bis zu 35 cm Höhe bei 10 cm ∅. [K253/IP/K]
HEIMAT: Mexiko, Hidalgo zwischen Cardonal und Sanctuario.

Mammillaria monticola Repp.
Normalerweise einzeln, bis 8 cm hoch bei 6 cm ∅; 20–27 Randdornen, 2–5 mm lang, weiß; 1–2 Mitteldornen, 2–3 mm lang, braun oder weißlich mit brauner Spitze. 18 mm breite, dunkelkarminfarbene Blüte. Enge Verwandtschaft zu **M. conspicua**. [Repp844/IP/Repp]
HEIMAT: Mexiko, Puebla, Puente Marques.

Mammillaria morganiana Tiegel
Triebe 8 cm ∅, durch dichotomische Teilung entstehen Gruppen, 4–5 Mitteldornen, 10 mm lang, weiß mit brauner Spitze; 40–50 haarartige, weiße Randdornen. Die abgebildete Pflanze, K112, entspricht nahezu der Originalbeschreibung. [K112/IP/K]
HEIMAT: Mexiko, Guanajuato.

Mammillaria muehlenpfordtii Foerst.
Kugelförmig, bis 15 cm ∅. [K149-1/IP/K]
HEIMAT: Mexiko: Queretaro; Guanajuato und südlich San Luis Potosi.
ANDERE NAMEN: *M. celsiana, M. neopotosina.*

Mammillaria multidigitata [Radley] ex Lindsay
Zylindrische Köpfe, 20 cm lang bis 5 cm ∅, bildet große Gruppen. [CS/PM]
HEIMAT: Mexiko, Baja California, Insel San Pedro Nolasco.

Mammillaria multiseta Ehrenb.
Kugelförmig, bis 12 cm Höhe und 8 cm ∅, manchmal dichotomisch teilend. Die abgebildete Pflanze, Repp 940, entspricht der Originalbeschreibung weitgehend. [Repp940/CS/PM]
HEIMAT: Mexiko (Originalbeschreibung ohne Ortsangabe, berichtet von Bravo & Reppenhagen) aus Puebla, zwischen Petlalzingo und Acatlan.

Mammillaria mundtii Sch.
Kugelförmig bis gestreckt, bis 7 cm Ø. Die abgebildete Pflanze ist weit verbreitet, entspricht aber nicht ganz der kurzen Originalbeschreibung. [CS/PM]
HEIMAT: Mexiko. Originalbeschreibung ohne Ortsangabe. Die heutigen Pflanzen kommen hauptsächlich aus Nevado de Toluca, Mexico.

Mammillaria mystax Mart.
Einzeln, bei 30 cm Höhe bis 15 cm Ø. [K226/IP/K]
HEIMAT: Mexiko: Puebla und Oaxaca.
ANDERE NAMEN: *M. atroflorens, M. crispiseta, M. mutabilis, M. neomystax.*

Mammillaria nagliana Repp.
Bei 9 cm Höhe bis 8 cm Ø, gruppenbildend; 5–7 Randdornen, 4–11 mm lang, glasig mit dunklen Spitzen; 1 Mitteldorn, 4–20 mm lang, glasig-braun mit schwarzen Spitzen. 18 mm breite, leuchtendgelbe Blüte. [Repp1045/IP/Repp]
HEIMAT: Mexiko, Michoacan, Aguililla.

Mammillaria nana Bkbg. ex R. Mottram
Einzeln oder gruppenbildend, Köpfe bis 4 cm Ø. [CS/W]
HEIMAT: Mexiko, San Luis Potosi, Straße nach Balnearios de Lourdes.
ANDERE NAMEN: *'M. monancistracantha', 'M. rawlii'.*

Mammillaria napina Purpus
Normalerweise einzeln, 4–6 cm Ø. 4 cm breite Blüte. [CS/E]
HEIMAT: Mexiko, Puebla, nahe Tehuacan.

Mammillaria nazasensis (Glass & Foster) Repp.
Lockere Gruppen bildend, Köpfe 2–4 cm Ø. [CS/PM]
HEIMAT: Mexiko, Durango, nahe des Rio Nazas.
ANDERE NAMEN: *M. pennispinosa v. nazasensis.*

Mammillaria nejapensis Craig & Dawson
Körper bei 15 cm Höhe bis 7,5 cm ∅, sprossend oder dichotomisch teilend. Anscheinend nur eine andere Form von **M. karwinskiana**. [CS/PM]
HEIMAT: Mexiko, Oaxaca, Nejapa.

Mammillaria neopalmeri Craig
Köpfe bei 9 cm Höhe bis 5 cm ∅, stark gruppenbildend. [CS/PM]
HEIMAT: Mexiko, Baja California, Insel San Benito.

Mammillaria nivosa Link ex Pfeiff.
Einzeln oder gruppenbildend, kugelförmig, bis 7 cm ∅. 1,5 cm lange, cremefarbene Blüte. [CS/EC]
HEIMAT: Westindische Inseln.
ANDERE NAMEN: *M. flavescens v. nivosa.*

Mammillaria noureddineana Repp.
Einzeln, bei 15 cm Höhe bis 8 cm ∅. 15-20 Randdornen, 2-4 mm, weiß; 4-6 Mitteldornen, 4-5 mm, weiß mit brauner Spitze. 10 mm breite, karminfarbene Blüte. Frucht rot. [K223/IP/K]
HEIMAT: Mexiko, Oaxaca, San Lazaro.

Mammillaria nunezii (B. & R.) Orcutt
Normalerweise einzeln, bis 15 cm oder mehr hoch, 8 cm ∅. Gerade oder mitunter hakige Mitteldornen. [K281/IP/K]
HEIMAT: Mexiko, Guerrero, Cerro de Buenavista de Cuellar und Taxco.
ANDERE NAMEN: *M. solisii, M. wuthenauiana.*

Mammillaria obconella Scheidw.
Einzeln, bis 30 cm oder mehr hoch, 12 cm ∅. [K314/IP/K]
HEIMAT: Mexiko: Hidalgo, Metztitlan und Venados; südlich San Luis Potosi; Queretaro, Toliman; Guanajuato, westlich von Xichu.
ANDERE NAMEN: *M. dolichocentra, M. tetracantha.*

Mammillaria occidentalis (B. & R.) Boed.
Zylindrische Triebe, bis 15 cm hoch und 3 cm Ø, stark gruppenbildend. 4–5 Mitteldornen, der unterste hakig oder gerade. [ISI1235/IP/GC]
HEIMAT: Mexiko, Colima, nahe Manzanillo.

Mammillaria orcuttii Boed.
Einzeln, kugelförmig bis kurzzylindrisch, bei 20 cm Höhe bis 12 cm Ø. Die abgebildete Pflanze, PM30, von den Hügeln westlich von Santa Catarina, San Luis Potosi, entspricht gut der Originalbeschreibung. [PM30/HS/PM]
HEIMAT: Mexiko, in der Originalbeschreibung aus Puebla; wahrscheinlich ein Irrtum, denn die heutigen Pflanzen stammen aus San Luis Potosi.

Mammillaria oteroi Glass & Foster
Reich sprossend, Köpfe bis 4 cm Ø. [CS/PM]
HEIMAT: Mexiko, Oaxaca, Alta Mixteca, nahe Buenavista de la Concepcion.

Mammillaria pachycylindrica Bkbg.
Einzeln, bei 26 cm Höhe bis 11 cm Ø. [K185/IP/K]
HEIMAT: Mexiko, Originalbeschreibung ohne Ortsangabe, unlängst gesammelt in Nazas, Durango.

Mammillaria pacifica (Gates) Boed. ex Bkbg. & Knuth
Flachkugelig, bis 15 cm Ø, oft gruppenbildend. Enge Verwandtschaft zu **M. petrophila**. [K194-1/IP/K]
HEIMAT: Mexiko, Baja California, genau nördlich von Todos Santos.

Mammillaria papasquiarensis (Bravo) Repp.
Kugelförmig, bis 30 cm und mehr Ø. [K294/IP/K]
HEIMAT: Mexiko, Monte Blanco, südlich von Nazas.
ANDERE NAMEN: *M. tesopacensis v. pap.*

Mammillaria parkinsonii Ehrenb.
Köpfe 15 cm hoch und 8 cm Ø, durch dichotomische Teilung große Gruppen bildend. [K85/IP/K]
HEIMAT: Mexiko, Hidalgo, nahe San Onofre in Mineral del Doctor.
ANDERE NAMEN: *M. auriareolis, M. avila-camachoi, M. infernillensis, M. queretarica, M. rosensis, M. tiegeliana, M. vonwyssiana.*

Mammillaria parrasensis Repp.
Körper bei 6 cm Höhe bis 10 cm Ø, im Alter sich verzweigend; 5–7 Randdornen, 2–10 mm lang; 1 Mitteldorn, 5–7 mm lang. 3 cm breite Blüten, weiß-rosa. Enge Verwandtschaft zu **M. grusonii**. [Repp1083/IP/Repp]
HEIMAT: Mexiko, Coahuila, Parras.

Mammillaria pectinifera (Ruempler) Web.
Einzeln, bis 7 cm hoch und 4 cm Ø. [CS/PM]
HEIMAT: Mexiko, Puebla, nahe Tehuacan.
ANDERE NAMEN: *Solisia pectinata.*

Mammillaria peninsularis (B. & R.) Orcutt
Flachkugelig, bis 5 cm Ø. [DHS]
HEIMAT: Mexiko, Baja California, Cabo San Lucas.

Mammillaria pennispinosa Krainz
Körper 4 cm Ø, mitunter gruppenbildend. [CS/PM]
HEIMAT: Mexiko, Südwest-Coahuila und Nord-Durango zwischen Bermejillo und Mapimi.
ANDERE NAMEN: *M. penn. v. nazasensis* = **M. nazasensis**.

Mammillaria perbella Hildm. ex Sch.
Köpfe bis 6 cm Ø, durch dichotomische Teilung kleine Gruppen bildend. [E]
HEIMAT: Mexiko; Hidalgo, Toliman und Queretaro, San Pablo.
ANDERE NAMEN: Möglicherweise *M. aljibensis.*

Mammillaria perezdelarosae Bravo & Scheinvar

Einzeln oder gruppenbildend, Köpfe bis 7,5 cm hoch bei 4,5 cm Ø. [HS/R]

HEIMAT: Mexiko, Jalisco.

Mammillaria petrophila K. Brandegee

Körper 15 cm hoch und breit, sehr wollige Axillen. [L052/CS/W]

HEIMAT: Mexiko, Baja California, Sierra de la Laguna und San Francisquito.

Mammillaria petterssonii Hildm.

Kugelförmig, bis 30 cm Ø, normalerweise einzeln, Farbe und Länge der Dornen variabel. [HS ex Lau/GC]

HEIMAT: Mexiko. Unlängst in der Nähe der Hauptstadt von Guanajuato gesammelt; Originalstandort gibt es nicht.

ANDERE NAMEN: Möglicherweise *M. obscura; M. pilensis.*

Mammillaria phitauiana (Baxter) Werd.

Zylindrische Triebe bis 25 cm hoch, mitunter gruppenbildend. [K311-1/IP/K]

HEIMAT: Mexiko, in den weniger trockenen Gebieten des Mittelteiles der Kap-Region von Baja California.

Mammillaria picta Meinshausen

Köpfe werden gestreckt bis 4 cm Ø, mitunter gruppenbildend. [CS/E]

HEIMAT: Mexiko, Tamaulipas, Rio Blanco.

ANDERE NAMEN: *M. aurisaeta, M. schieliana.*

Mammillaria pilcayensis Bravo

Triebe bis 50 cm Höhe bei 5 cm Ø, weißlich-gelbe Dornen, manchmal mit roter Spitze. Gehört in die Gruppe von **M. spinosissima**. [CS/PM]

HEIMAT: Mexiko. In dem Barranca von Pilcaya, Guerrero und im Barranca von Malinaltenango, Mexico.

ANDERE NAMEN: *M. pitcayensis.*

Mammillaria pilispina Purpus
Köpfe bis 4,5 cm ∅, bildet kleine Gruppen. [CS/W]
HEIMAT: Mexiko, San Luis Potosi, Minas de San Rafael.
ANDERE NAMEN: *M. sanluisensis, M. subtilis.*

Mammillaria plumosa Web.
Bildet vielköpfige Polster, Köpfe bis 7 cm ∅. Spärliche Blütenbildung. [IP/P]
HEIMAT: Mexiko: Coahuila, Mariposa und in Nuevo Leon, Huasteca Canyon.

Mammillaria polyedra Mart.
Triebe bis 10 cm hoch und breit, mitunter gruppenbildend. 2–4 Randdornen, die oberen 3–4 mm lang, die unteren 6–25 mm lang. [CS/W]
HEIMAT: Mexiko, Oaxaca, bei Tonala und Huajuapan.

Mammillaria polythele Mart.
Einzeln, zylindrisch bis 60 cm hoch bei 10 cm ∅. Eine sehr variable Art. [FO-059/CS/W]
HEIMAT: Mexiko, Hidalgo, zwischen Zimapan und Actopan.
ANDERE NAMEN: *M. affinis, M. neophaeacantha, M. hoffmanniana, M. kelleriana, M. kewensis, M. subdurispina, M. hidalgensis, M. ingens.*

Mammillaria pondii Greene
Zylindrische Triebe bis 30 cm hoch bei 4 cm ∅, wenig verzweigend. Fast 5 cm lange, scharlachrote Blüte. [F]
HEIMAT: Mexiko, Baja California, Insel Cedros.
ANDERE NAMEN: *Cochemiea pondii.*

Mammillaria poselgeri Hildm.
Lange und schlanke Triebe bis 2 m lang bei 4–5 cm ∅, von der Basis verzweigend und bald ausbreitend. [CS/PM]
HEIMAT: Mexiko, niedrigere Erhebungen der Kap-Region der Baja California.
ANDERE NAMEN: *Cochemiea poselgeri.*

Mammillaria pottsii Scheer ex S-D
Zylindrische Triebe, bei 15 cm Höhe bis 4 cm ⌀, gruppenbildend. **v. multicaulis** Repp.; sehr stark gruppenbildend, schlankere Triebe (Lerdo, Durango). **v. gigas** Repp.; größer, bis zu 25 cm lang und 7 cm ⌀ (La Cardona, Zacatecas). [CS/W]
HEIMAT: Von Süd-Texas durch Nord-Mexiko bis südlich von Zacatecas.
ANDERE NAMEN: *M. leona.*

Mammillaria priessnitzii Repp.
Einzeln, flachkugelig, 3–9 cm hoch bei 5–11 cm ⌀. 4–5 Randdornen, 2–7 mm lang, weiß mit brauner Spitze. 1–2 Mitteldornen, 4–15 mm lang, dicker, grau oder braun mit schwarzer Spitze. 16 mm breite Blüte. [K258/IP/K]
HEIMAT: Mexiko, Queretaro, Jalpan.

Mammillaria pringlei (Coulter) K. Brandegee
Triebe bis 20 cm Höhe bei 15 cm ⌀, einzeln oder dichotomisch teilend. 10 mm breite, purpurfarbene Blüte. [CS/W]
HEIMAT: Mexiko, San Luis Potosi, bei Toltenango und Jilotopec.
ANDERE NAMEN: *M. parensis.*

Mammillaria prolifera (Miller) Haw.
4,5 cm breite Köpfe, gruppenbildend. **v. arachnoidea** D. R. Hunt aus Tamaulipas und Hidalgo, **v. haitensis** (K. Schum.) Borg von Haiti und **v. texana** (Poselger) Borg aus Texas unterscheiden sich vor allem in der Bedornung und der Triebgröße. [SB713/CS/PM]
HEIMAT: Kuba.
ANDERE NAMEN: *M. multiceps, M. pusilla.*

Mammillaria pseudocrucigera Craig
Einzeln oder gruppenbildend, Köpfe bis 9 cm ⌀. [K86/IP/K]
HEIMAT: Mexiko, Queretaro, Bernal.

Mammillaria pseudoperbella Quehl
Normalerweise einzeln, bis 10 cm hoch und 8 cm ⌀. [IP/K]
HEIMAT: Mexiko. Originalbeschreibung ohne Standortangabe. Unlängst Fundbericht aus Queretaro, Higuerillas.

Mammillaria puberula Repp.
Einzeln oder an der Basis sprossend und kleine Gruppen bildend. Triebe 1–5 cm hoch bei 2–6 cm Ø; 14–19 Randdornen, 4–6 mm lang; 3–4 Mitteldornen, 7–11 mm lang, dicker als die Randdornen, der unterste hakig. 15–18 mm breite Blüte, weiß bis gelblich. [CS/PM]
HEIMAT: Mexiko, San Luis Potosi, Solis.

Mammillaria pullihamata Repp.
Körper einzeln, bei 6 cm Höhe bis 5 cm Ø. [IP/K]
HEIMAT: Mexiko, Oaxaca, Nejapa, nahe Portillo.

Mammillaria pygmaea (B. & R.) Berg.
Normalerweise gruppenbildend, Triebe bis 10 cm hoch bei 5,5 cm Ø. [CS/PM]
HEIMAT: Mexiko, Süd-Queretaro.
ANDERE NAMEN: *M. mollihamata, M. cadereytana, M. painteri?, M. pubispina.*

Mammillaria rectispina (Dawson) Repp.
Köpfe bis 6 cm hoch bei 5 cm Ø, später oft gruppenbildend. [CS/K]
HEIMAT: Mexiko, Baja California, Insel Cedros.
ANDERE NAMEN: *M. goodrichii v. rectispina.*

Mammillaria rekoi (B. & R.) Vaupel
Einzeln, bis 12 cm hoch bei 5–6 cm Ø. Unterer Mitteldorn hakig oder gerade. [FO-022/CS/PM]
HEIMAT: Mexiko, Oaxaca, Mitla.
ANDERE NAMEN: *M. mitlensis, M. pseudorekoi, 'M. rekoiana'.*

Mammillaria reppenhagenii D. R. Hunt
Normalerweise einzeln, bis 15 cm hoch und 6 cm Ø. [CS/P]
HEIMAT: Mexiko, Colima, Rancho Tecuan, Cerro Barrigon und dicht am Cerro de Carrizal.

Mammillaria rettigiana Boed.
Einzeln, kugelförmig, um 4 cm ∅. 1,5 cm breite, blaßrosafarbene Blüte. [CS/W]
HEIMAT: Mexiko. Originalstandort nicht zitiert; Pflanzen, die zur Beschreibung passen, wurden gesammelt zwischen der Hauptstadt von Guanajuato und Dolores, Hidalgo.
ANDERE NAMEN: *M. posseltiana.*

Mammillaria rhodantha Link & Otto
Normalerweise einzeln, Triebe bei 40 cm Höhe bis 12 cm ∅. 17–24 Randdornen, 4–9 mm lang, glasigweiß bis blasgelb; 4–9 Mitteldornen, bis 25 mm lang, gelblich bis rötlich-braun. [K248/IP/K]
HEIMAT: Berge im Osten und Norden des Tales von Mexico.
ANDERE NAMEN: *M. aureiceps, M. fuscata.*

Mammillaria ritteriana Boed.
Einzeln, kugelförmig, 6 cm ∅. Enge Verwandtschaft zu **M. chionocephala**, aber viel kleiner und mit längeren und feineren Dornen. [K286-1/IP/K]
HEIMAT: Higueras, zwischen Monterrey und Saltillo, Coahuila, Mexiko.

Mammillaria roseoalba Boed.
Einzeln, gedrückt-kugelig, bis 18 cm ∅, 6 cm hoch. [SB285/CS/PM]
HEIMAT: Mexiko, Tamaulipas, Progreso, nahe Victoria.

Mammillaria rubrograndis Repp. & Lau
Einzeln, 4–10 cm hoch bei 10–18 cm ∅. Blüht selten (zuletzt auf den Britischen Inseln), 4,5 cm breite, leuchtend karminrote Blüte. [CS/PM]
HEIMAT: Mexiko: Tamaulipas, zwischen Jaumave und Ciudad Victoria; Nuevo Leon, Dulces Nombres.

Mammillaria ruestii Quehl
Einzeln, bis 40 cm Höhe bis 7 cm ∅. [CS/W]
HEIMAT: Guatemala, Honduras.

Mammillaria saboae Glass

Gruppenbildend, Triebe 1–2 cm hoch und breit. 4 cm breite Blüte. **v. goldii** (G. & F.) Glass & Foster, (Abb.); wenig sprossend, Triebe bis 3 cm hoch und 3 cm ∅. 3,5 cm breite Blüte (Nacozari, Son.) **fa. haudeana** (Lau & Wagner) D. Hunt; gruppenbildend, Triebe bis 4 cm hoch. 6,5 cm breite Blüte (Yecora, Son.). [IP/P]

HEIMAT: Mexiko, Südwest-Chihuahua, nahe Terrero.

ANDERE NAMEN: **v. goldii**: *M. goldii.* **fa. haudeana**: *M. haudeana.*

Mammillaria saetigera Boed. & Tieg.

Einzeln, kugelförmig, bis 7 cm hoch. 2 cm breite Blüte, weiß mit rosafarbenem Mittelstreifen. Eine Pflanze mit zweifelhaftem Status; die Abbildung zeigt eine Pflanze am Heimatstandort, die unter diesem Namen im Handel ist. [H]

HEIMAT: Mexiko: Queretaro und San Luis Potosi.

Mammillaria sartorii Purpus

Triebe bis 12 cm hoch und 10 cm ∅, gruppenbildend. [CS/P]

HEIMAT: Mexiko, Vera Cruz, Barranca de Tenampa.

Mammillaria saxicola Repp.

Köpfe bei 10 cm Höhe bis 8 cm ∅, später sprossend und kleine Gruppen bildend. 6–8 Randdornen, 2–5 mm lang, glasig-gelb mit brauner Spitze; 1–2 Mitteldornen, 7–40 mm lang, der unterste am längsten, glasig-gelb oder braun mit dunkler Spitze. 20 mm lange Blüten. [Repp1139/CS/PM]

HEIMAT: Mexiko, Queretaro, Jalpan.

Mammillaria schiedeana Ehrenb.

Köpfe bei 10 cm Höhe bis 4 cm ∅, gruppenbildend, weiche Dornen; im Herbst blühend. [CS/W]

HEIMAT: Mexiko, Hidalgo, Puente de Dios und Barrancas um Metztitlan.

Mammillaria schumannii Hildm.

Köpfe bei 13 cm Höhe bis 4,5 cm ∅, stark sprossend. 4 cm breite Blüte. **v. globosa** Wolf wächst einzeln, kugelförmig, 4–5 cm ∅, mit kürzeren Dornen (Cabo San Lucas). [CS/W]

HEIMAT: Mexiko, Baja California, nahe San Jose del Cabo und zwischen Bahia de Las Palmas und Cabo San Lucas.

ANDERE NAMEN: *Bartschella schumannii.*

Mammillaria schwarzii Shurly
Köpfe 2–3 cm ∅, gruppenbildend. Glasig-weiße Dornen, oft mit rötlich-brauner Spitze. [CS/DHS]
HEIMAT: Mexiko, Nord-Guanajuato.

Mammillaria scrippsiana (B. & R.) Orcutt
Einzeln oder gruppenbildend, bei 29 cm Höhe bis 8,5 cm ∅, 6–10 Randdornen, 1–2 Mitteldornen. Rosafarbene Blüte. **v. pseudoscrippsiana** (Bkbg.) Repp. hat eine cremefarbene Blüte mit rötlich-braunem Mittelstreifen (Ahuacatlan, Nayarit). [K91/IP/K]
HEIMAT: Mexiko. Zahlreiche Fundorte bei Jalisco und Nayarit und bei Santa Rosa, Zacatecas.
ANDERE NAMEN: *M. ortegae, M. scrip. v. autlanensis.* **v. pseudoscrip.**: *M. pseudoscrippsiana.*

Mammillaria sempervivi DC.
Einzeln, später gruppenbildend, Köpfe mehr als 7 cm ∅, kugelförmig bis gestreckt. 2–4 Mitteldornen. Schmutzigweiße Blüte mit rosafarbenem Mittelstreifen. [CS/E]
HEIMAT: Mexiko, Hidalgo, Zimapan bis Venados.
ANDERE NAMEN: *M. semp. v. tetracantha, M. caputmedusae, M. semp. v. caput-med.*

Mammillaria senilis [attrib. to Lodd. by] S-D
Kugelförmige bis zylindrische Köpfe, bei 15 cm Höhe bis 10 cm ∅, bildet sehr große Gruppen. [CS/PM]
HEIMAT: Mexiko, von Chihuahua durch die hohe Sierra Madre, südlich nach Jalisco.
ANDERE NAMEN: *Mamillopsis senilis. M. diguetii* entspricht möglicherweise *Mamillopsis diguetii.*

Mammillaria setispina (Coulter) K. Brandegee
Köpfe bei 30 cm Höhe bis 6 cm ∅, stark sprossend. 7 cm lange, rote Blüten. [CS/PM]
HEIMAT: Mexiko, Baja California, San Julio Canyon, nahe San Borgia.
ANDERE NAMEN: *Cochemiea setispina.*

Mammillaria sheldonii (B. & R.) Boed.
Triebe bei 10 cm Höhe bis 3 cm ∅, gruppenbildend. [SB545/CS/PM]
HEIMAT: Mexiko, Sonora, Hermasillo bis Nord-Sinaloa.
ANDERE NAMEN: *M. gueldemanniana?, M. guirocobensis.*

Mammillaria silvatica Repp.
Körper bei 9 cm Höhe bis 6 cm ∅, einzeln oder gruppenbildend; 19–24 Randdornen, 3–8 mm lang, glasigweiß; 2–5 Mitteldornen, 6–20 mm lang, braun. 10–12 mm breite, karminfarbene Blüte. Gehört in die Gruppe von **M. spinosissima**. [Repp1603/IP/Repp]
HEIMAT: Mexiko, Jalisco, Los Cerritos.

Mammillaria sinistrohamata Boed.
Einzeln (in Kultur gruppenbildend), Köpfe bis 4,5 cm ∅, kugelig. Enge Verwandtschaft zu **M. mercadensis**. [CS/W]
HEIMAT: Mexiko, Nordost-Zacatecas.

Mammillaria solisioides Bkbg.
Am Heimatstandort einzeln, in Kultur gruppenbildend, Triebe bei 6 cm Höhe bis 5 cm ∅. [CS/GC]
HEIMAT: Mexiko, Puebla, südlich von Petlalzingo.
ANDERE NAMEN: *M. pectinifera fa. solisioides.*

Mammillaria sonorensis Craig
Kugelförmige Köpfe, bis 8 cm ∅, gruppenbildend. 8–15 Randdornen, 1–20 mm lang; 1–4 Mitteldornen, 5–45 mm lang. [K243/IP/K]
HEIMAT: Mexiko, in den Regionen von Sonora, Chihuahua und Sinaloa.
ANDERE NAMEN: *M. bellisiana.*

Mammillaria sphacelata Mart.
Zylindrische Triebe bei 20 cm Länge bis 3 cm ∅, gruppenbildend. [K226-1/IP/K]
HEIMAT: Mexiko, um Tehuacan, Puebla und südlich bis angrenzendes Oaxaca.

Mammillaria sphaerica Dietr.
Köpfe flachkugelig, bis 5 cm ∅, gruppenbildend. 6 cm breite Blüte. [CS/PM]
HEIMAT: Südost-Texas bis nach Tamaulipas hinein, Mexiko.
ANDERE NAMEN: *Dolichothele sphaerica.*

Mammillaria spinosissima Lem.
Gruppenbildend, Triebe bis 30 cm oder mehr hoch bei 10 cm ⌀, Bedornung sehr variabel in der Farbe, von weißlich über gelblich-braun, rosa oder rötlichbraun bis rubinrot. [Repp/772/CS/PM]
HEIMAT: Mexiko: Mexico; Morelos und südlich bis nach Guerrero in vereinzelten Vorkommen auf Felsen.
ANDERE NAMEN: *M. auricoma, M. flava, M. kladiwae.*

Mammillaria standleyi (B. & R.) Orcutt
Einzeln, bis 10 cm ⌀, gedrückt-kugelig. [W]
HEIMAT: Mexiko, Sonora, nahe Alamos.

Mammillaria subducta (Hunt) Repp.
Einzeln oder wenig sprossend, Köpfe bis 7 cm ⌀. Harte Dornen [CS/PM]
HEIMAT: Mexiko, Tamaulipas, zwischen Ciudad Victoria und Jaumave.
ANDERE NAMEN: *M. lauii fa. subducta.*

Mammillaria subducta v. dasyacantha (Hunt) Repp.
Köpfe bis 5 cm ⌀, in Kultur stark gruppenbildend. Relativ weiche Dornen. [E]
HEIMAT: Mexiko, Tamaulipas, zwischen Ciudad Victoria und Jaumave.
ANDERE NAMEN: *M. lauii fa. dasyacantha.*

Mammillaria supertexta Mart. ex Pfeiff.
Einzeln, bei 12,5 cm Höhe bis 9,5 cm ⌀. [K5/IP/K]
HEIMAT: Mexiko, Nord-Oaxaca und angrenzendes Puebla.
ANDERE NAMEN: *M. lanata, M. martinezii.*

Mammillaria surculosa Boed.
Köpfe bis zu 2 cm ⌀, stark sprossend bis rasenbildend. [CS/P]
HEIMAT: Mexiko: Tamaulipas, Miquihuana und San Luis Potosi, zwischen Huizache und Tula.
ANDERE NAMEN: *Dolichothele surculosa.*

Mammillaria swinglei (B. & R.) Boed.
Triebe bei 30 cm Höhe bis 5 cm ∅, wenig sprossend von der Basis aus. [L606/CS/PM]
HEIMAT: Mexiko, Sonora, Guaymas.
ANDERE NAMEN: *M. inaiae.*

Mammillaria tayloriorum Glass & Foster
Kugelförmige bis zylindrische Triebe, bei 25 cm Höhe bis 11 cm ∅, mitunter gruppenbildend. [K242/IP/K]
HEIMAT: Mexiko, Sonora, Insel San Pedro Nolasco.

Mammillaria tegelbergiana Gates ex Lindsay
Einzeln (in Kultur gruppenbildend), Triebe bei 9 cm Höhe bis 6 cm ∅. [IP/K]
HEIMAT: Mexiko, Ciapas, westlich von Ocozocautla und an anderen Orten; Süd-Oaxaca.

Mammillaria tesopacensis Craig
Einzeln, kugelig bis länglich, bei 18 cm Höhe bis 13 cm ∅. Creme- oder rosafarbene Blüte (*v. rubriflora*, Abb.). Möglicherweise nur eine Form von **M. sonorensis**. [K179/IP/K]
HEIMAT: Mexiko, Sonora, nahe Tesopaco.

Mammillaria tetrancistra Englm.
Triebe bei 25 cm Höhe bis 7,5 cm ∅, gruppenbildend. [CS/E]
HEIMAT: Kalifornien, nahe San Felipe, außerdem weit vertreten im Südwesten der USA und Nordwest-Mexiko.
ANDERE NAMEN: *Phellosperma tetrancistra.*

Mammillaria theresae Cutak
Triebe bei 4 cm Höhe bis 2 cm ∅, wenig sprossend. [IP/GC]
HEIMAT: Mexiko, Durango, Osthang des Coneto-Gebirges.
ANDERE NAMEN: *M. saboae v. theresae.*

Mammillaria thornberi Orcutt
Zylindrische Triebe, bei 10 cm Höhe bis 2,5 cm Ø; dichte Gruppen bildend. [CS/PM]
HEIMAT: Süd-Arizona und Mexiko, Nord-Sonora.
ANDERE NAMEN: *M. fasciculata.*

Mammillaria tlalocii Repp.
Einzeln, bei 20 cm Höhe bis 7 cm Ø. Blüte öffnet sich nicht weit, 8–10 mm breit, karminrot. [L1109/IP/K]
HEIMAT: Mexiko, Oaxaca, Barranca Ixatlan.

Mammillaria tonalensis D. R. Hunt
Schlankzylindrisch, bis 12 cm und mehr lang und 3 cm Ø. 12 cm breite Blüte, karminfarbene Petalen mit weißlichen Rändern. [IP/W]
HEIMAT: Mexiko, Oaxaca, Puente de Tonala.

Mammillaria tropica Repp.
Triebe bei 10 cm Höhe bis 8 cm Ø, bildet große Gruppen; 4(–5) Dornen, gläsern-gelb mit brauner Spitze. 1,5 cm breite, gelbliche Blüte. Enge Verwandtschaft zu **M. knippeliana**. [Repp677/H]
HEIMAT: Mexiko, Jalisco, Tomatlan.

Mammillaria uncinata Zuc. ex Pfeiff.
Gedrückt-kugelige Triebe, bis 10 cm Ø, mitunter an der Basis wenig sprossend. [PM26/HS/PM]
HEIMAT: Mexiko, Hidalgo, nahe Pachuca und weit verbreitet im mittleren und südlichen Mexico.

Mammillaria vallensis Repp.
Gruppenbildend, Körper bei 6 cm Höhe bis 8 cm Ø, 2–3 Randdornen, 1–3 mm lang; 1 Mitteldorn, 1–4,5 cm lang. **v. brevispina** Repp. (untere Abb. [Repp1119/CS/PM]) einzeln; 4–6 Randdornen, 1 Mitteldorn, 5–20 mm lang (Tamaulipas, Abra Celeya). [Repp1117/IP/Repp]
HEIMAT: Mexiko, San Luis Potosi, Abra/Valles.

Mammillaria variabilis Repp.
Triebe bei 8 cm Höhe bis 4 cm ∅, gruppenbildend; 14–19 Randdornen, 6–10 mm lang, weiß; 4–9 Mitteldornen, 7–10 mm lang, der unterste am längsten und hakig, alle glasig-weiß bis rötlich- oder dunkelbraun. 12–16 mm breite, weißliche, gelbliche oder rosafarbene Blüte. [Repp1393/IP/Repp]
HEIMAT: Mexiko, Guanajuato, Absylon.

Mammillaria varieaculeata Buchenau
Triebe bei 13 cm Höhe bis 9 cm ∅, bildet große Gruppen. 17–18 mm lange, rötlich-purpurfarbene Blüte. [K145-1/IP/K]
HEIMAT: Mexiko, Puebla, südlich von Chilac.

Mammillaria vetula Mart.
Triebe bis 4 cm ∅, gruppenbildend. 12 mm breite Blüte, schmutziges gelblich-creme. [W]
HEIMAT: Mexiko, Hidalgo, San Jose del Oro.
ANDERE NAMEN: *M. kuentziana, M. magneticola.*

Mammillaria viereckii Boed.
Triebe bei 5 cm Höhe bis 4 cm ∅, wenig sprossend. Verwandt mit **M. picta**. (CS/PM]
HEIMAT: Mexiko, Tamaulipas, nahe Nogales.

Mammillaria viperina Purpus
Schlankzylindrische Triebe, bis 2 cm ∅. 11 mm lange Blüte, hellkarminrot öffnet sich nicht weit. Möglicherweise eine extrem südliche Form von **M. sphacelata**. [HS/PM]
HEIMAT: Mexiko, Puebla, Rio de Zapotitlan.

Mammillaria virginis Fittkau & Kladiwa
Normalerweise einzeln, bei 25 cm Höhe bis 8 cm ∅. Gehört in die Gruppe von **M. spinosissima**. [CS/W]
HEIMAT: Mexiko, Guerrero, nahe Ancon.

Mammillaria viridiflora (B. & R.) Boed.
Triebe normalerweise einzeln, nur manchmal gruppenbildend, Köpfe bei 10 cm Höhe bis 7,5 cm ⌀. [CS/W]
HEIMAT: Arizona, nahe Boundary-Monument.
ANDERE NAMEN: *M. chavezii, M. orestera, M. wilcoxii v. viridiflora, M. wrightii v. viridiflora.*

Mammillaria voburnensis Scheer
Köpfe bei 20 cm Höhe bis 8 cm ⌀, reich sprossend. 2 cm lange Blüte, gelb mit bräunlichen rückseitigen Streifen. **v. eichlamii** (Quehl) Repp., **v. collinsii** (B. & R.) Repp. und **v. quetzalcoatl** Repp. unterscheiden sich in kleineren Details. [CS/W]
HEIMAT: Guatemala. Mexiko, Oaxaca, Tehuantepec (**v. collinsii**); Oaxaca, Mixtequilla (**v. quetz.**); Chiapas, Rio Grijalva, Tuxtla Gutierrez. (**v. eichl.**).
ANDERE NAMEN: *M. collinsii, M. eichlamii.*

Mammillaria wagneriana Boed.
Einzeln, gedrückt-kugelig bis 10 cm ⌀. 1,5 cm breite Blüte, schmutzig-weiß mit blaßrosafarbenem Mittelstreifen. [Repp1508/CS/W]
HEIMAT: Mexiko, Zacatecas.

Mammillaria weingartiana Boed.
Kugelförmige Triebe, 4–5 cm ⌀, normalerweise einzeln, im Alter manchmal sprossend. Blaßgrüngelbe Blüte mit rosa-braunem Mittelstreifen. [CS/E]
HEIMAT: Mexiko, Nuevo Leon, Ascension.
ANDERE NAMEN: *M. unihamata.*

Mammillaria wiesingeri Boed.
Einzeln, gedrückt-kugelig, bei 4 cm Höhe bis 8 cm ⌀. [K247-1/IP/K]
HEIMAT: Mexiko, Hidalgo, nahe Metzquititlan.

Mammillaria wilcoxii Toumey ex Sch.
Kugelförmige bis gestreckte Triebe, bei 10 cm Höhe bis 5 cm ⌀, einzeln oder gruppenbildend. 4 cm breite Blüte. [L778/CS/PM]
HEIMAT: Südwestliches New Mexico, Süd-Arizona. Nord-Sonora und angrenzendes Chihuahua, Mexiko.
ANDERE NAMEN: *M. wrightii v. wilcoxii, M. meridiorosei.*

Mammillaria wildii A. Dietrich

Am Heimatstandort klein, in Kultur bis 15 cm hoch bei 6 cm ∅, gruppenbildend. [SB144/CS/PM]

HEIMAT: Mexiko, Hidalgo, Barranca des Rio Grande, östlich von Metztitlan.

ANDERE NAMEN: *M. calleana.*

Mammillaria winterae Boed.

Einzeln, gedrückt-kugelig, bis 30 cm ∅. [K289/IP/K]

HEIMAT: Mexiko, Coahuila, um Saltillo und in Nuevo Leon, nahe Monterrey.

ANDERE NAMEN: *M. zahniana.*

Mammillaria wohlschlageri Repp.

Einzeln, Körper flach-kugelig, bei 3 cm Höhe bis 6 cm ∅. 26–36 Dornen, 2–6 mm lang. Blüte öffnet sich nicht weit, 18–20 mm lang, schmutzig-weiß. [K291/IP/K]

HEIMAT: Mexiko, Zacatecas, La Cardona.

Mammillaria wrightii Englm. & Bigelow

Normalerweise einzeln, kugelförmig bis kurzsäulig, bis 8 cm ∅. 2,5 cm breite Blüte, tiefrosa. **v. wolfii** (Hunt) Repp. (Abb.) aus Santa Clara Canyon, Chihuahua, Mexiko, hat weiße Blüten. [CS/E]

HEIMAT: Arizona und New Mexico.

ANDERE NAMEN: **v. wolfii**: *M. wrightii fa. wolfii, 'M. wolfii'.*

Mammillaria xaltianguensis
Sanchez-Mejorada

Triebe bei 20 cm Höhe bis 8 cm ∅, einzeln oder gelegentlich sprossend. Kleine Blüte, gelblich mit purpurfarbenen Streifen auf den äußeren Petalen. [CS/W]

HEIMAT: Mexiko: Guerrero, nahe Xaltianguis und andere Orte; Michacan, nahe Aguililla und zwischen Playa Azul und Arteaga.

Mammillaria xochipilli Repp.

Einzeln, bei 20 cm Höhe bis 9 cm ∅, 4–6 Dornen, 3–20 mm lang, braun bis schwarz. 12–15 mm breite, karminrote Blüte. Enge Verwandtschaft zu **M. magnimamma**. [Repp1709/H]

HEIMAT: Mexiko, Hidalgo, San Jose del Oro.

Mammillaria yaquensis Craig
Glieder bis 7 cm lang und 1,5 cm ∅, seitlich stark sprossend. Möglicherweise eine südliche Varietät von **M. thornberi**. [CS/PM]
HEIMAT: Mexiko, Sonora, Rio Yaqui und südlich von Guaymas.

Mammillaria yucatanensis (B. & R.) Orcutt
Triebe bei 15 cm Höhe bis 6 cm ∅. [IP/K]
HEIMAT: Mexiko, Yucatan, Progreso, möglicherweise nicht mehr existierend.

Mammillaria zacatecasensis Shurly
Einzeln, bei 12 cm Höhe bis 7 cm ∅. [CS/PM]
HEIMAT: Mexiko, Berge nahe der Hauptstadt von Zacatecas.

Mammillaria zeilmanniana Boed.
In Kultur Köpfe bis 12 cm Höhe und 8 cm ∅, einzeln oder gruppenbildend. [CS/P]
HEIMAT: Mexiko, Guanajuato, nahe San Miguel Allende.

Mammillaria zephyranthoides Scheidw.
Einzeln, bei 8 cm Höhe bis 10 cm ∅. 4 cm breite Blüte. [CS/P]
HEIMAT: Mexiko: Oaxaca; Puebla; Hidalgo und Queretaro.
ANDERE NAMEN: *Dolichothele zephyranthoides*.

Mammillaria zeyeriana Haage ex Sch.
Einzeln, bis 10 cm und mehr ∅, flach-kugelig. [CS/PM]
HEIMAT: Mexiko, Coahuila, Viesca.

Mammillaria zubleri Repp.

Körper bei 5 cm Höhe bis 4,5 cm Ø, gruppenbildend; 20–24 Randdornen, 4–7 mm lang, weiß mit gelben Spitzen; 5–6 Mitteldornen, 5–9 mm lang, glasig-gelb. 14–16 mm breite, leuchtend gelbe Blüte. Enge Verwandtschaft zu **M. picta**. [IP/Repp]

HEIMAT: Mexiko, Tamaulipas, Ocampo.

Mammillaria zuccariniana Mart.

Einzeln, bei 20 cm Höhe bis 10 cm oder mehr Ø; 3–4 Randdornen, 2–6 mm lang; 2 Mitteldornen, der obere 25 mm lang, der untere etwas länger. 25 mm lange Blüte, rosa-purpur. Die abgebildete Pflanze paßt gegenwärtig am besten zur Originalbeschreibung. [CS/W]

HEIMAT: Mexiko, Hidalgo, Originalfundort in Ixmiquilpan; unlängst gesammelt zwischen Zimapan und Encarnacion.

Matucana aurantiaca (Vpl.) Ritt.

Normalerweise einzeln, bis zu 15 cm hoch und breit. Bis zu 9 cm lange Blüte. [CS/PM]

HEIMAT: Peru: Cajamarca zwischen Chota und Hualgayoc; Huancabamba nahe Sondor.

ANDERE NAMEN: *Borzicactus aurantiacus, B. calvescens, M. calvescens, Submatucana aurantiaca, 'S. bagalaensis', 'S. calmada', S. calvescens, 'S. grandiflora', 'S. nivosa'.*

Matucana aureiflora Ritt.

Flach-kugelig, bis 13 cm Ø. Bis zu 4,5 cm lange Blüte. [L104/IP/GC]

HEIMAT: Peru, Cajamarca, Banos del Inca.

ANDERE NAMEN: *Submatucana aureiflora, Borzicactus aureiflorus.*

Matucana comacephala Ritt.

Einzeln, wird säulig, normalerweise bis 75 cm hoch bei 8 cm Ø. Blüte rosa bis karminrot (L103, L185) oder rosa-orange (L173). [L185/IP/DHS]

HEIMAT: Peru; Berge oberhalb des Rio Maranon, von Balsas bis Llamellin und Huari *(M. huarinensis n.n.).*

ANDERE NAMEN: *M. calocephala, M. winteri.*

Matucana crinifera Ritt.

Kugelig bis gestreckt, 30 cm hoch bei 10 cm Ø. 6–7 cm lange Blüte. Möglicherweise nur eine Form der vorhergehenden Art. [IP/F]

HEIMAT: Peru, Dept. Ancash, Machac.

Matucana formosa Ritt.
Kugelförmig, bis 15 cm Ø. 9–10 cm lange, karminrote Blüte.
HEIMAT: Peru, Dept. Cajamarca, Balsas.
ANDERE NAMEN: *Submatucana formosa, Borzicactus formosus.*

Matucana haynei (Otto) B. & R.
Normalerweise einzeln, bei 60 cm Höhe bis 15 cm Ø. 5–7 cm lange, rote Blüte. **'v. breviflora'** (*M. breviflora* Rauh & Bkbg.) ist kugelförmig, 15 cm hoch und breit; Blüte nur 4 cm lang (westlich von Incuio). [IP/GC]
HEIMAT: Peru, mehrere Täler und an das Meer angrenzendes Gebiet, Pisco Valley, Fortaleza Valley.
ANDERE NAMEN: *M. blancii, M. cereoides, M. elongata, M. herzogiana, M. hystrix* und Varietäten, *M. multicolor, M. supertexta, M. variabilis, M. yanganucensis, Borzicactus haynei, B. variabilis.*

Matucana huagalensis (Don. & Lau) Bregman et al
Einzeln, kurzzylindrisch. In der Originalbeschreibung ist die Blüte blaßrosa, aber in allen nachträglichen Funden blüht sie wie abgebildet. [CS/PM]
HEIMAT: Peru, Hacienda Huagal, nahe der Verbindung des Rio Crisnejas mit dem Rio Maranon.
ANDERE NAMEN: *Borzicactus huagalensis.*

Matucana intertexta Ritt.
Einzeln, bei 36 cm Höhe bis 7–18 cm Ø. 7,5–10,5 cm lange Blüte, goldgelbe Petalen, oben blutrot. [KK/IP/GC]
HEIMAT: Peru, Puente Crisnejas, nördlich von Cajamarca.
ANDERE NAMEN: *Borzicactus inter., Submatucana inter.*

Matucana intertexta v. celendinensis (Ritt.) Bregman et al.
Einzeln, bis 12 cm Ø. 7,5 cm lange Blüte. [IP/GC]
HEIMAT: Peru, zwischen Celendin und Balsas.
ANDERE NAMEN: *Borzicactus intertextus v. celendinensis, M. celen.*

Matucana krahnii (Don.) Bregman
Köpfe 5–6 cm Ø, flach-kugelig, einzeln. Bis zu 8,5 cm lange Blüte. [KK758/IP/GC]
HEIMAT: Peru, Dept. Amazonas, östlich von Balsas.
ANDERE NAMEN: *M. calliantha, Borzicactus krahnii.*

Matucana madisoniorum (Hutch.) Rowley
Kugelig, später gestreckt, bis 7 cm ∅. 8–10 cm lange Blüte. [HS/GC]
HEIMAT: Peru, Dept. Amazonas, nahe des Rio Maranon.
ANDERE NAMEN: *Submatucana mad., Borzicactus mad.*

Matucana myriacantha (Vpl.) Bux.
Normalerweise einzeln, Körper kugelförmig bis kurzzylindrisch, 8 cm ∅; weiße, blaßgelbe oder hellbraune Randdornen; ingwerfarbene Mitteldornen mit dunklen Spitzen. [CS/GC]
HEIMAT: Peru, 20 km nordöstlich von Balsas.
ANDERE NAMEN: *M. purpureoalba, M. roseoalba.*

Matucana oreodoxa (Ritt.) Slaba
Flach-kugelig, bis 8 cm ∅, einzeln, 4–6 cm lange Blüte. [CS/PM]
HEIMAT: Peru, Dept. Ancash, Rahuapampa Gorge.
ANDERE NAMEN: *Borzicactus oreodoxus.*

Matucana pallarensis Ritt.
Kugelig, bis 20 cm ∅. Wahrscheinlich nur eine Form von **M. aurantiaca**. [CS/PM]
HEIMAT: Peru, Dept. La Libertad, El Pallar.
ANDERE NAMEN: *Borzicactus weberbaueri v. pall.*

Matucana paucicostata Ritt.
Körper bei 14 cm Höhe bis 7 cm ∅, großzügig sprossend. 6 cm lange Blüte. [L187a/IP/GC]
HEIMAT: Peru, Dept. Ancash, Rahuapampa.
ANDERE NAMEN: *Borzicactus pauc., Submatucana pauc., 'M. caespitosa', 'M. eriodisca', 'M. huaricensis', 'M. paucispina', 'M. senile', 'M. senilis', 'M. turbiniformis'.*

Matucana polzii Diers, Don. & Zecher
Stark sprossend, Köpfe bei 5 cm Höhe bis 8 cm ∅. 7 cm lange, rote Blüte. [IP/DHS]
HEIMAT: Peru, über dem Rio Maranon im Südwesten des Dept. Huanuco.

Matucana pujupatii
(Don. & Lau) Bregman
Ähnlich wie **M. madisoniorum**, aber warzenförmigere Rippen, Körper grüner, immer vorhandene Dornen. [LAU/IP/GC]
HEIMAT: Peru, Dept. Amazonas, nahe Puente Julio 24 an der Straße von Chamaya nach Bagua.
ANDERE NAMEN: *Borzicactus mad. v. pujupatii.*

Matucana ritteri Buin.
Gedrückt-kugelig, bis 14 cm ⌀, mitunter gruppenbildend. 9 cm lange Blüte. [IP/GC]
HEIMAT: Peru, Dept. La Libertad, Otuzco.
ANDERE NAMEN: *Submatucana ritteri, Borzicactus ritteri.*

Matucana tuberculosa Ritt.
Triebe 4–6 cm ⌀, kugelförmig bis gestreckt, gruppenbildend. 5,5 cm lange Blüte. [IP/F]
HEIMAT: Peru, Dept. La Libertad, El Chagual.

Matucana weberbaueri (Vpl.) Bkbg.
Körper bei 7 cm Höhe bis 15 cm ⌀, manchmal sprossend. 5,5 cm lange, zitronengelbe Blüte. **'v. flammeus'** hat orange-gelbe Blüten. [IP ex Lau/GC]
HEIMAT: Peru, Dept. Amazonas, Balsas.
ANDERE NAMEN: *Borzicactus weberbaueri.* **'v. flammeus'**: *M. weber. fa. flam.*

Melocactus azureus Buin. & Bred.
Einzeln, bei 17 cm Höhe bis 14 cm ⌀. [IP/Hovens]
HEIMAT: Brasilien, Bahia, Serro de Espinhaco über dem Rio Jacare.

Melocactus caesius Wendl.
Einzeln. [PM137/H]
HEIMAT: Weitverbreitet entlang der Küste von Venezuela und im Landesinneren, auch in trockeneren Gebieten.

Melocactus glaucescens Buin. & Bred.
Einzeln, bis 14 cm hoch und breit. [H]
HEIMAT: Brasilien, Mittel-Bahia, im Westen von Serro do Espinhaco.

Melocactus matanzanus Leon
Bis zu 8 cm hoch und 9 cm ∅. [IP/Hovens]
HEIMAT: Kuba, Matanzas.

Melocactus oreas Miqu.
Bis zu 12 cm oder mehr hoch, bemerkenswert lange Bedornung. [PM123/H]
HEIMAT: Brasilien, Bahia, Hauptvorkommen um Jequie am Rio do Contas.
ANDERE NAMEN: *M. cremnophilus, M. erythracanthus, M. longispinus, M. rubrisaetosus.*

Melocactus oreas subsp. ernestii (Vpl.) Braun
Längere und stärker gedrehte Dornen als bei der Art, bräunlich bis gelblich. [PM130/H]
HEIMAT: Brasilien, Bahia, Rio das Contas-Tal.
ANDERE NAMEN: *M. azulensis, M. ernestii, M. nitidus.*

Melocactus peruvianus Vpl.
HEIMAT: Weitverbreitet in Peru.
ANDERE NAMEN: *'M. alpestris', M. amstutziae, M. chalensis, M. huallancaensis, M. jansenianus, M. trujilloensis, M. unguispinus.*

Melocactus salvadorensis Werd.
Einzeln, halbkugelig, bis 12 cm ∅.
HEIMAT: Brasilien, Bahia.

Mila caespitosa B. & R.

Triebe bei 30 cm Länge bis 3 cm ⌀, Bedornung in Farbe und Länge sehr variabel. 2 cm breite Blüte. [PM61/H]

HEIMAT: Peru, in mehreren Flußtälern, z. B. Rimac, Lurin, Santa und Pisco.

ANDERE NAMEN: Einige andere **Milas** werden nun auch zu dieser Art gezählt.

Neolloydia conoidea (DC.) B. & R.

Triebe normalerweise sprossend, bei 15 cm Höhe bis 5 cm ⌀. Bis zu 6 cm breite Blüte. [PM54/HS/PM]

HEIMAT: Von Texas und durch ein großes Gebiet in Tamaulipas und San Luis Potosi in Mexiko, mit vielen örtlichen Formen.

ANDERE NAMEN: *N. ceratites, N. grandiflora, N. matehualensis, N. texensis.*

Neoporteria aspillagai (Sohr.) Bkbg.

Triebe bis 15 cm ⌀, flach, wenig sprossend. Wahrscheinlich eine Varietät von **N. horrida**. 4 cm lange Blüte. [L880/IP/F]

HEIMAT: Chile, Hacienda Tanume.

ANDERE NAMEN: *Neochilenia aspill., Pyrrhocactus aspill.*

Neoporteria atroviridis (Ritt.) R.M. Ferryman.

Einzeln, bis 10 cm ⌀, wird länglich. 4-5 cm breite Blüte, rosafarbene Petalen mit gelben Ecken. [PM234/H]

HEIMAT: Chile, um Vallenar.

ANDERE NAMEN: *Horridocactus atrov., Neop. tuberisulcata v. atrov., Pyrrhocactus atrov.*

Neoporteria calderana (Ritt.) Don. & Rowley

Einzeln, 5-8 cm ⌀, kugelig bis gestreckt; 8-10 Randdornen, 1-3,5 cm lang, 3-5 Mitteldornen, 2-4 cm lang. 3,5 cm breite, weiße bis rosafarbene Blüte. [RMF171/IP/F]

HEIMAT: Nord-Chile, Caldera bis Chanaral.

ANDERE NAMEN: *Neochilenia cald., Pyrrhocactus cald., Noec. intermedia, Neop. int., Pyrrh. int., Neoc. pilispinas, Pyrrho. pil., Pyrrho. pygmaeus., Neop. pilispina* und *fa. pygm., Horridocactus scoparius, Neoc. scoparia, Neop. scop., Pyrrh. scop., Neoc. gracilis, Neop. cald. fa. grac., Pyrrho. grac.*

Neoporteria chilensis (Hildm.) Don. & Rowley

Einzeln oder gruppenbildend, bei 30 cm Höhe bis 10 cm ⌀. 5 cm breite, rosafarbene oder weiße Blüte. [PM258/H]

HEIMAT: Chilenische Küste bis nördlich und südlich von Pichidangui.

ANDERE NAMEN: *Neochilenia chilensis, Pyrrhocactus chilensis, P. chilensis v. albidiflorus.*

Neoporteria chorosensis (Ritt.) Don. & Rowley
Einzeln, flach-kugelig, bis 6 cm ⌀. 4 cm breite, hellgelbe Blüte. [RMF7/IP/F]
HEIMAT: Chile, Choros bis Trapiche.
ANDERE NAMEN: *Neochilenia choro., Neoc. deherdtiana, Neoc. subikii* n.n., *Neoc. minima* n.n., *Pyrrhocactus choro., P. trapichensis.*

Neoporteria clavata (Sohr.) Werd.
Anfangs kugelförmig, dann bei 1,50 m Höhe bis 15 cm ⌀. 5 cm lange Blüte. **v. procera** Ritt. hat kleinere Blüten und ist weniger bedornt. [RMF117/IP/F]
HEIMAT: Chile, Elqui-Tal.

Neoporteria coimasensis Ritt.
Einzeln, bei 30 cm und mehr hoch bis 12 cm ⌀. 5–7,5 cm lange Blüte, 4 cm breit, weit öffnend. **v. robusta** (Ritt.) Ritt. (oben, [RM182/IP/F]) hat eine dickere und dunklere Bedornung; 8 cm lange Blüte (östlich von Montenegro). [RMF105/IP/F]
HEIMAT: Chile, Las Coimas und von Las Chilcas im Süden bis nördlich von Illapel.
ANDERE NAMEN: **v. robusta**: *Neoporteria robusta.*

Neoporteria confinis (Ritt.) Don. & Rowley
Einzeln, Körper grün oder schwarz, kugelförmig, später gestreckt, 6–8 cm ⌀. 3 cm breite Blüte. [RMF173/IP/F]
HEIMAT: Chile, Monte Amargo.
ANDERE NAMEN: *Neochilenia confinis, Pyrrhocactus confinis.*

Neoporteria crispa (Ritt.) Don. & Rowley
Einzeln, flach-kugelig, bis 7 cm ⌀, haarartige Bedornung. 3,5 cm breite Blüte, blaßgelb mit einem schmalen, purpurfarbigen Mittelstreifen. [IP/F]
HEIMAT: Chile, Freirina.
ANDERE NAMEN: *Pyrrhocactus crispus, Horridocactus crispus, Neochilenia nigriscoparia.*

Neoporteria curvispina (Bert.) Don. & Rowley
Einzeln, kugelförmig, mehr als 15 cm ⌀, sehr variable Bedornung. 3,5 cm breite Blüte, strohgelb (oft mit einem roten Mittelstreifen). [RMF221/IP/F]
HEIMAT: Chile. Eine sehr variable Art, weitverbreitet in den Bergen um Santiago und an der langen Verbindung zwischen Norden und Süden.
ANDERE NAMEN: *Horridocactus curvisp., H. andicolus* und Varietäten, *H. lissocarpus* und *v. gracilis*, (= *H. engleri v. krausii* und *Neop. eng. v. kr.*) *Neop. curv. v. acon., N. curv. v. and., N. curv. v. liss., Pyrrhocactus curvisp., P. coliguayensis.*

Neoporteria curvispina v. grandiflora (Ritt.) Don. & Rowley
Einzeln, kugelförmig, bis 15 cm ∅. Bis zu 7 cm breite Blüte. [PM192/H]
HEIMAT: Chile, Cerro Ramon, über 2000 m.
ANDERE NAMEN: *Horridocactus grandifl., Pyrrhocactus grandifl.*

Neoporteria echinus (Ritt.) R. M. Ferryman.
Einzeln, kugelig bis gestreckt, 6–9 cm ∅, 8–14 Randdornen, 1–8 Mitteldornen. Bis zu 3 cm lange, 2 cm breite Blüte, weiß mit einem rosafarbenen Mittelstreifen, manchmal gelb durchzogen. [RMF42/IP/F]
HEIMAT: Chile, Cerro Coloso und El Cobre, nahe Antofagasta.
ANDERE NAMEN: *Horridocactus echinus, N. curvispina v. echinus, N. eriocephala v. glaucescens, Neoc. glaucescens, Pyrrhocactus echinus, P. glaucescens.*

Neoporteria echinus v. floccosa (Ritt.) R. M. Ferryman.
Unterscheidet sich hauptsächlich von der Art durch die generell dichtere Behaarung, die im Scheitel sehr dicht sein kann, aber oft auch völlig fehlt. [CS/PM]
HEIMAT: Chile, Küstengebirge in der Provinz Antofagasta.
ANDERE NAMEN: *Neochilenia flocc., Pyrrhocactus flocc., Neop. eriocephala* (Bkbg.) Don. & Rowley fälschlicherweise hier verwendet (= **Neop. odieri v. malleolata**).

Neoporteria engleri (Ritt.) Don. & Rowley
Einzeln, bei 30 cm Höhe bis 18 cm ∅, Bedornung weiß, gelb oder braun mit schwarzen Spitzen. 4,5 cm breite Blüte, gelb, normalerweise mit rosafarbenem Mittelstreifen. [IP/F]
HEIMAT: Chile, Berge zwischen Santiago und Valparaiso.
ANDERE NAMEN: *Horridocactus engleri, Pyrrhocactus engleri.*

Neoporteria eriosyzoides (Ritt.) Don. & Rowley
Einzeln, grün, kugelig bis gestreckt, 9–12 cm ∅. 3 cm breite Blüte, bräunlich-gelb mit rot-braunem Mittelstreifen. **v. domeykoensis** (Ritt.) R.M. Ferryman comb. nov. (*Pyrrhocactus eriosyoides v. domeykoensis* Ritt. 1980, Kak. in Südam. 3: 938.); Körper mit dunklem Ton, blassere Dornen, mehr Randdornen. Größere Blüte (Domeyko). [RMF123/IP/F]
HEIMAT: Chile, Elqui Valley, Huanta.
ANDERE NAMEN: *Pyrrhocactus erios., Horridocactus erios., Neochil. erios.*

Neoporteria esmeraldana (Ritt.) Don. & Rowley
Einzeln oder sprossend, flach, Köpfe bis 4 cm ∅. Bis zu 5 cm lange, blaß grün-gelbe Blüte. [RMF159/IP/F]
HEIMAT: Nord-Chile, Esmeralda.
ANDERE NAMEN: *'Neochilenia esmer.', 'Chileorebutia esmer.', 'Thelocephala esmer.'*

Neoporteria garaventai (Ritt.) R. M. Ferryman.
Einzeln oder wenig sprossend, Köpfe bei 25 cm Höhe bis 12 cm ∅. 4 cm breite, blaßgelbe Blüte, oft mit einem rötlichen Mittelstreifen. [RMF232/IP/F]
HEIMAT: Chile, Cerro La Campana.
ANDERE NAMEN: *Horridocactus garav., Pyrrhocactus subaianus, N. curvispina v. garav., N. subaiana.*

Neoporteria heinrichiana (Bkbg.) R. M. Ferryman.
Einzeln, kugelig, bis 6 cm und mehr ∅. 4 cm breite Blüte mit roten Spitzen. [RMF266/IP/F]
HEIMAT: Chile, Chaniaral de Aceitunas.
ANDERE NAMEN: *Horridocactus hein., Pyrrhocactus heinr., Neop. curvispina v. hein., Pyrrho. chaniarensis.*

Neoporteria horrida (Remy ex Gay) D. Hunt
Normalerweise einzeln, bis 20 cm hoch und breit, es kommen auch kleinwüchsigere Gruppen vor. Bedornung sehr variabel in Anzahl, Länge und Durchmesser der Dornen. Einige Populationen ähneln **N. curvispina**. Es sind wahrscheinlich Hybriden zwischen beiden. [FK208/IP/F]
HEIMAT: Weitverbreitet in Mittel-Chile.
ANDERE NAMEN: Siehe Anhang 4.

Neoporteria huascensis (Ritt.) Don. & Rowley
Einzeln, halbkugelig bis länglich, bis 8 cm ∅. Blüte bis 4,5 cm lang. [CS/PM]
HEIMAT: Nord-Chile, nahe Huasco.
ANDERE NAMEN: *Neochilenia huascensis, Pyrrhocactus huasc.*

Neoporteria iquiquensis (Ritt.) Don. & Rowley
Einzeln, kugelig bis gestreckt, 5–6 cm ∅, 8–10 Randdornen, 2–4 Mitteldornen (–6). 2 cm große Blüte. [RMF36/IP/F]
HEIMAT: Nord-Chile, Arica bis Pisagua.
ANDERE NAMEN: *Neochilenia aricensis, Neoc. iquiquensis, Neop. aricensis, Neop. reichei fa. floribunda, Pyrrhocactus florib., P. aricensis, P. saxifragus, 'Reicheocactus flori'.*

Neoporteria islayensis (Foerst.) Don. & Rowley
Einzeln, 5–7 cm ∅, länglich. 2 cm lange Blüte. [IP/F]
HEIMAT: Süd-Peru, Islay.
ANDERE NAMEN: *Islaya copiapoides, I. flavida, I. islayensis, I. longicarpa, I. maritima, I. minuscula, I. mollendensis, I. minor, I. grandiflorens, Neop. islayensis v. islayensis fa. brevicylindrica, fa. grandiflorens, fa. minor, fa. mollendensis, fa. spinosior.*

Neoporteria islayensis v. divaricatiflora (Ritt.) Don. & Rowley
Einzeln, kugelig, bis 7 cm ∅; 2–3 cm breite Blüte, grünlich-gelb oder rötlich. [IP/GC]
HEIMAT: Peru, Camana.
ANDERE NAMEN: *Islaya divaricatiflora.*

Neoporteria jussieui (Monv.) B. & R.
Einzeln, kurzzylindrisch, bei 7 cm Höhe bis 4 cm ∅. [RMF115/IP/F]
HEIMAT: Chile, Elqui-Tal, über Vicuna, Las Rojas, usw.
ANDERE NAMEN: *Neochilenia juss., N. neofusca, N. vanbaelii, Pyrrhocactus juss.*

Neoporteria jussieui v. wagenknechtii (Ritt.) Hoffmann.
Normalerweise einzeln, kugelig bis gestreckt bei 9 cm ∅. 3,5 cm breite Blüte, schmutziges Gelb bis rötlich. **v. dimorpha** (Ritt.) Hoffmann ist in der Jugendform fast ohne Dornen und ausgewachsen dann bedornt. [RMF308/IP/F]
HEIMAT: Chile, von Coquimbo bis La Serena.
ANDERE NAMEN: *Neochilenia wagenknechtii, Pyrrhocactus wagen., Neop. ritteri.* **v. dim.**: *Neoc. dimorpha, Pyrrho. dimorphus.*

Neoporteria krainziana (Ritt.) Don. & Rowley
Einzeln, in Kultur kurzzylindrisch. 3 cm breite, duftende Blüte. [IP/F]
HEIMAT: Nord-Chile, nahe Poconchile bis zur Peruvianischen Küste.
ANDERE NAMEN: *Islaya krainziana, I. unguispina.*

Neoporteria kunzei (Foerst.) Bkbg.
Einzeln, bis zu 12 cm ∅, wird kurzzylindrisch. 3–3,5 cm breite Blüte. Unter diesem Namen werden auch oft Exemplare von **N. eriosyzoides** angeboten.
HEIMAT: Chile, um Copiapo.
ANDERE NAMEN: *Neochilenia kunzei, Pyrrhocactus kunzei.*

Neoporteria limariensis (Ritt.) R. M. Ferryman.
Einzeln, kugelig, wird leicht gestreckt, 5–15 cm ∅. 4,5–5,5 cm lange Blüte. [RMF260/IP/F]
HEIMAT: Chile, auf halbem Wege zwischen Frai Jorge und dem Pan American Highway; von Ovalle (kleinere Blüten) bis nach Incienso.
ANDERE NAMEN: *Pyrrhocactus limariensis, P. pamaensis.*

Neoporteria marksiana (Ritt.) Don. & Rowley
Kugelförmig, bis 24 cm ∅. 4 cm breite, zitronen- oder rötlich-gelbe Blüte. Enge Verwandtschaft mit N. curvispina. [PM251/H]
HEIMAT: Chile, Vila Prat bis San Fernando.
ANDERE NAMEN: *Horridocactus marksianus* und *v. tunensis, Neop. marksiana v. tunensis, Pyrrhocactus marks. v. tunensis, P. truncatipetalus.*

Neoporteria microsperma Ritt.
Einzeln, bis 50 cm hoch und 10 cm ∅, manchmal gruppenbildend. 2,5 cm lange Blüte. [RMF366/IP/F]
HEIMAT: Chile, Elqui-Tal.
ANDERE NAMEN: *Neop. subgibbosa v. microsperma, N. micros. v. serenana* und *v. graciana.*

Neoporteria napina (Phil.) Bkbg.
Einzeln, mit kinnartigen Höckern, bis 3,5 cm ∅, in Kultur gestreckt. 4 cm breite Blüte, weiß bis rosa, gelb oder bräunlich. [RMF184/IP/F]
HEIMAT: Chile, Dept. Copiapo, in einigen Gebieten nahe der Küste, und nördlich bis Carrizal Bajo, Dept. Freirina.
ANDERE NAMEN: *Neochilenia napina* und *v. spinosior, Neoc. glabrescens, Neoc. mitis; Neop. napina v. mitis* und *fa. glabrescens, Neop. napina v. spinosior; Chileorebutia napina; Thelocephala napina, T. nuda, T. tenebrica.*

Neoporteria napina v. fankhauseri (Ritt.) Hoffmann.
Normalerweise einzeln, flach, bis 7 cm ∅. 4 cm lange Blüte. [RMF79/HS/GC]
HEIMAT: Chile, nahe Domeyko.
ANDERE NAMEN: *Thelocephala fankhauseri, N. napina v. laniger* n.n.

Neoporteria neohankeana (Ritt.) R. M. Ferryman.
Einzeln, kugelförmig bis länglich, 4–7 cm ∅, entweder grün oder schwarz. 3,5 cm lange, blaßgelbe oder rötliche Blüte. [RMF149/IP/F]
HEIMAT: Chile, verschiedene Canyons nördlich von Taltal.
ANDERE NAMEN: *Neochilenia hankeana* und Varietäten, *Pyrrhocactus neohankeanus, Neoc. taltalensis v. flaviflora, 'Delaetia woutersiana'.*

Neoporteria nidus (Sohr.) B. & R.
Einzeln, kugelförmig, wird in Kultur zylindrisch, bei 12 cm Höhe bis 7 cm ∅, Bedornung extrem variabel, weich und wellig oder härter und gebogen. Dornenfarbe: weiß, gold, braun oder schwarz. 4–5 cm lange Blüte. [RMF251/IP/F]
HEIMAT: Chile, um Ovalle.
ANDERE NAMEN: *Neop. senilis, Neop. nidus v. matancillana, Neop. nidus v. senilis.*

Neoporteria nidus v. gerocephala (Ito) Ritt.
Unterscheidet sich von der Art durch die geringere Größe und weichere Bedornung. Weiße, graue oder schwarze Dornen. [RMF302/IP/F]
HEIMAT: Chile, Elqui-Tal.
ANDERE NAMEN: *Neop. gerocephala.*

Neoporteria nidus v. multicolor (Ritt.) Hoffmann.
Einzeln, bei 20 cm Höhe bis 8 cm ∅. Bedornung wie bei der Art. 6–8 cm lange Blüte. [RMF248, links; RMF249, rechts/IP/F]
HEIMAT: Chile, östlich von Salamanca und in den Bergen östlich von Illapel.
ANDERE NAMEN: *N. multicolor.*

Neoporteria nigrihorrida (Bkbg.) Bkbg.
Einzeln, bei 20 cm Höhe bis 10 cm ∅. 4–7 cm lange Blüte. [RMF192/IP/F]
HEIMAT: Chile, entlang der Küste, auf beiden Seiten des Coquimbo.
ANDERE NAMEN: *Neop. subgibbosa v. nigri.* Alle Varietäten gehören zu dieser Art.

Neoporteria occulta (Sch.) B. & R.
Flacher Körper, bis 4,5 cm ∅, manchmal gruppenbildend. 2,5 cm lange, blaßgelbe Blüte. [CS/PM]
HEIMAT: Nord-Chile, Taltal bis Paposo.
ANDERE NAMEN: *Neochilenia occulta, Pyrrhocactus occultus.*

Neoporteria odieri (Lem.) Berg.
Einzeln, flach, bis 6 cm ∅, 6–10 Randdornen, 3 cm breite Blüte, weiß bis rosa. **v. malleolata** (Ritt.) R.M. Ferryman comb. nov. *(Chileorebutia malleolata* Ritt. 1963, Taxon 12(3): 123.) oft gruppenbildend, 4–8 Randdornen, blasse bräunlich-gelbe Blüte bis blaß orange-rot (Chanaral). [RMF338/IP/F]
HEIMAT: Chile, an den Küsten nördlich und südlich von Copiapo.
ANDERE NAMEN: Siehe Anhang 5.

Neoporteria odieri v. monte-amargensis
(Bkbg.) R. M. Ferryman comb. nov. *Basionym Neochilenia monte-amargensis* Bkbg. 1963, Cact. Nov. III: Holotype Das Kakteen-Lexikon, 1965 p. 632 Ill. 259.
Triebe, gedrückt-kugelig, bis 5 cm ∅, Dornen oftmals länger als bei der abgebildeten Pflanze, bildet durch Sprossen kleine Gruppen. [RMF339/IP/F]
HEIMAT: Chile, Monte Amargo.
ANDERE NAMEN: *'Neop. monte-amargensis'.*

Neoporteria omasensis (Ostolaza & Mischler) R. M. Ferryman.

Einzeln, bei 30 cm Höhe bis 14 cm ∅. 1,7 cm breite Blüte. [IP/GC]

HEIMAT: Peru: Omas-Tal, 90 km südlich von Lima; Pacoto und Topara Gorges; Huatiana Gorge nach Chincha Alta. Das Neoporteria-Vorkommen dehnt sich aus bis 400 km nördlich.

ANDERE NAMEN: *Islaya omasensis.*

Neoporteria paucicostata (Ritt.) Don. & Rowley

Einzeln, bei 30 cm Höhe bis 8 cm ∅, Körper bläulichgrau oder grün. 5 cm breite Blüte. [RMF57/IP/F]

HEIMAT: Chile, entlang der Küste im Norden und Süden von Paposo.

ANDERE NAMEN: *Horridocactus pauc., Neochilenia pauc., Pyrrhocactus pauc.* und *var. viridis* sowie alle anderen.

Neoporteria pulchella (Ritt.) R. M. Ferryman.

Einzeln, kugelig, später etwas gestreckt, bis 7 cm ∅. 2,5 cm breite Blüte, weiß mit einem rötlichen Mittelstreifen. [H]

HEIMAT: Selten, an verstreuten Standorten von Cifuncho bis Barquito, Chile.

ANDERE NAMEN: *Neochilenia pulchella, Pyrrhocactus pulchellus.*

Neoporteria recondita (Ritt.) Don. & Rowley

Einzeln, zwergig, 2,5–4,5 cm ∅. 1–2 Mitteldornen, 1–1,5 cm lang. 3,5 cm breite, weiße oder gelbliche Blüte. **v. residua** (Ritt.) Hoffmann ist bis zu 8 cm ∅, 2–5(–8) Mitteldornen, 1–3 cm lang (Antofagasta bis Tocopilla). [IP ex Ritt./F]

HEIMAT: Chile, Berge nördlich von Antofagasta.

ANDERE NAMEN: *Neochilenia recond., Pyrrhocactus recond.* **v. residua**: *Neoc. residua, Pyrrho. residuus.*

Neoporteria recondita v. vexata (Ritt.) Hoffmann

Einzeln, flach-kugelig, bis 3 cm ∅ (selten bis 5 cm ∅). 3 cm lange Blüte. [RMF40/IP/F]

HEIMAT: Chile, Morro Moreno, nordwestlich von Antofagasta.

ANDERE NAMEN: *Pyrrhocactus vexatus.*

Neoporteria reichei (Sch.) Bkbg.

Normalerweise einzeln, wird in Kultur oftmals unnatürlich lang, bei 10 cm und mehr lang bis 3–4,5 cm ∅. 2,5 cm breite Blüte. **v. aerocarpa** (Ritt.) R. M. Ferryman comb. nov. *(Chileorebutia aerocarpa* Ritt. 'Cactus' 64, 1 Suppl. Aug. 1959). Normalerweise gruppenbildend und hat eine größere karminfarbene Blüte (Carrizal Alto bis Totoral). [RMF176/IP/F]

HEIMAT: Chile, Vallenar bis Huasco.

ANDERE NAMEN: Siehe Anhang 6.

Neoporteria setosiflora (Ritt.) Don. & Rowley
Körper flach bis kugelförmig, bis 6 cm ∅, manchmal sprossend. 4–6 cm breite, gelbliche bis ziegelrote Blüte. Eng verwandt mit **v. jussieui** und möglicherweise nur eine Varietät davon. [RMF98/IP/F]
HEIMAT: Mittelchilenische Küstenregion.
ANDERE NAMEN: *Neochilenia setosif.* und *v. intermedia, Pyrrhocactus setoif.* und *v. intermedius.*

Neoporteria simulans (Ritt.) Don. & Rowley
Einzeln, bei 20 cm Länge bis 8 cm ∅. 4 cm breite Blüte. [RMF187/IP/F]
HEIMAT: Chile, nahe Choros.
ANDERE NAMEN: *Neochilenia simulans, Pyrrhocactus simulans.*

Neoporteria sociabilis Ritt.
Einzeln oder wenig sprossend, Köpfe bis 40 cm hoch und 8 cm ∅. 2,2–3,3 cm lange Blüte, rosa. [RMF267/IP/F]
HEIMAT: Chile, Totoral Bajo bis Huasco.
ANDERE NAMEN: *N. sociabilis v. napina.*

Neoporteria subgibbosa (Haw.) B. & R.
Normalerweise einzeln, anfangs kugelig, später bis zu 1 m und mehr lang bei 10 cm ∅. 4 cm lange Blüte. [RMF199/IP/F]
HEIMAT: Chile, von Coquimbo südlich entlang der Küste.
ANDERE NAMEN: *Neop. subgib. v. orientalis, N. litoralis* und *v. intermedia, N. subgib. fa. litoralis.*

Neoporteria subgibbosa v. castanea (Ritt.) R.M. Ferryman.
Einzeln, kugelig, wird gestreckt, bis 15 cm ∅; dunkle, ingwerbraune oder glasig weißlich-graue Dornen. 6–7 cm lange Blüte. [PM260/IP/F]
HEIMAT: Chile, nahe Vila Prat.
ANDERE NAMEN: *Neop. castanea, N. subgib. v. subgib. fa. castanea.*

Neoporteria taltalensis Hutch.
Einzeln, bei 12 cm Höhe bis 8 cm ∅, Körper schwarz oder grün, 2,5–3 cm breite Blüte, rosa-purpur. [RMF163/IP/F]
HEIMAT: Chile, in der Umgebung von Paposo und nördlich von Chanaral.
ANDERE NAMEN: *Neochilenia taltal., Pyrrhocactus taltal., Neoc. rupicola, Pyrrho. rupic, Neop. rupic., Neoc. violaciflora* n.n., *Pyrrho. tenuis.*

Neoporteria totoralensis (Ritt.) Don. & Rowley
Einzeln oder wenig sprossend, flach bis kugelig, bis 5 cm ⌀; 6–8 Randdornen, 10–15 mm lang; 0–1 Mitteldorn, (selten 2–3), 2–3 cm lang. 4 cm breite Blüte. [RMF292/IP/F]
HEIMAT: Chile, Totoral Bajo.
ANDERE NAMEN: *Neochilenia totoral., Pyrrhocactus totoral.*

Neoporteria totoralensis v. carrizalensis (Ritt.) R.M. Ferryman comb. nov. *Pyrrhocactus carrizalensis* Ritt. 1963, Taxon 12(1): 33.
Einzeln, 13 cm hoch und 7 cm ⌀; 12–18 Randdornen, 10–25 mm lang; 4–8 Mitteldornen, 2–4 cm lang. 4,5–7 cm breite Blüte. [RMF281/IP/F]
HEIMAT: Chile, um Carrizal Bajo.
ANDERE NAMEN: *Horridocactus carrizal., Pyrr. carriz.*

Neoporteria transiens (Ritt.) R.M. Ferryman.
Einzeln, kugelig, 5–7 cm ⌀. 2,5–3 cm lange Blüte. [RMF134/IP/F]
HEIMAT: Chile, nördlich von Caldera.
ANDERE NAMEN: *Pyrrhocactus transiens.*

Neoporteria transitensis (Ritt.) R.M. Ferryman.
Einzeln, bei 16 cm Höhe bis 11 cm ⌀. 3 cm breite Blüte. [RMF354/IP/F]
HEIMAT: Chile, um Transito.
ANDERE NAMEN: *Neochilenia transitensis, Neop. curvispina v. transitensis, Pyrrhocactus transitensis.*

Neoporteria vallenarensis (Ritt.) Hoffmann
Einzeln, kugelig bis gestreckt, bis 10 cm ⌀. 3,5–5,5 cm breite Blüte, gelb, grünlich-gelb oder orange-gelb, oftmals mit einem rötlichen Mittelstreifen. [RMF122/IP/F]
HEIMAT: Chile, Elqui-Tal ober- und unterhalb von Vicuna.
ANDERE NAMEN: *Horridocactus vallen., Neop. curvispina v. vallen., Pyrrhocactus vallen.*

Neoporteria villosa (Monv.) Berg.
Einzeln, anfangs kugelig, dann zylindrisch, bei 15 cm Höhe bis 8 cm ⌀. 2 cm lange Blüte. [RMF185/IP/F]
HEIMAT: Chile, um Huasco und bis nach Carrizal Bajo.
ANDERE NAMEN: *Neop. atrispinosa, N. cephalophora, N. laniceps, N. polyrhaphis?*

Neoporteria wagenknechtii Ritt.
Einzeln, bei 30 cm Höhe bis 11 cm ∅. 2,2 cm lange Blüte. [RMF191/IP/F]
HEIMAT: Chile, nördlich von La Serena, Juan Soldado Gorge.
ANDERE NAMEN: *N. wagen. v. napina, N. rapifera.*

Neoporteria wagenknechtii v. vallenarensis (Ritt.) Hoffmann
Einzeln, anfangs kugelig, später gestreckt, bis 6 cm ∅. 11–12 Rippen. 3,5 cm lange Blüte. [RMF177/IP/F]
HEIMAT: Chile, zwischen Vallenar und Freirina. Selten, aufgrund der grasenden und trampelnden Ziegen.
ANDERE NAMEN: *Neoporteria vallenarensis.*

Neowerdermannia chilensis Bkbg.
Einzeln, 3–4 cm ∅. [IP/F]
HEIMAT: Nord-Chile, Ticnamar.
ANDERE NAMEN: *Weingartia chilensis.*

'Neowerdermannia chilensis v. putrensis' n. n.
Viel größer und mit dünneren Dornen als die Art. Blüten rosa überhaucht. [RMF/IP/F]
HEIMAT: Chile, Putre.

Neowerdermannia vorwerkii Fric
Einzeln, flach (wird in Kultur kugelig-gestreckt). [IP ex Lau/F]
HEIMAT: Über ein weites Gebiet in den Hochanden verbreitet, von Nord-Argentinien bis Nord-Bolivien.
ANDERE NAMEN: *Weingartia vorwerkii.*

Notocactus buenekeri (Buin.) Bux.
Einzeln, von 5 cm Höhe bis 6 cm ∅. 4 cm breite, gelbe Blüte. [RM]
HEIMAT: Alle aus Süd-Brasilien, Rio Grande do Sul.
ANDERE NAMEN: *Brasiliparodia buenek.*, Parodia buenek. Größer, bis 8 cm ∅ ist **N. alacriportanus** (Bkbg. & Voll) Bux.
ANDERE NAMEN: *Brasilip. alac., Par., alac.* Dornen mit nur 4 mm Länge hat **N. brevihamatus** (W. Hge.) Bux.
ANDERE NAMEN: *Brasilip. brev., Par. brev.*

Notocactus buiningii Bux.
Einzeln, bei 8 cm Höhe bis 12 cm ⌀. 5–8 cm breite Blüte. [CS/PM]
HEIMAT: Uruguay, nahe Livramento, selten.

Notocactus caespitosus Speg.
Gruppenbildend, bei 8 cm Höhe bis 3 cm ⌀. 4 cm lange Blüte. [IP/GC]
HEIMAT: Brasilien, Rio Grande do Sul, nahe Alegrete und in Nord-Uruguay.
ANDERE NAMEN: *N. minimus, N. tenuicylindricus.*

Notocactus concinnus (Monv.) Berg.
Einzeln, 6 cm hoch und 10 cm ⌀. Sehr variable Bedornung, von sehr kurz und exakt bis durcheinander und verschlungen. 7 cm lange, kanariengelbe Blüte. [DV9c/IP/G]
HEIMAT: Süd-Brasilien und Uruguay.
ANDERE NAMEN: *N. agnetae, N. apricus, N. blauuwianus, N. bommelje, N. eremeticus, N. multicostatus, N. tabularis.*

Notocactus crassigibbus Ritt.
Einzeln, flach, bis zu 10 cm ⌀. Blüte bis zu 10 cm lang. [CS/PM]
HEIMAT: Brasilien, Rio Grande do Sul, Lavras.
ANDERE NAMEN: *N. arachnites.*

Notocactus erinaceus (Haw.) Krainz
Kugelförmig, bis zu 15 cm hoch und breit. 7 cm breite, kanariengelbe Blüte. [CS/PM]
HEIMAT: Süd-Brasilien, Uruguay und Argentinien.
ANDERE NAMEN: *Malacocarpus corynodes, Wigginsia cory., Noto. cory., M. courantii, W. cour., M. erinaceus, W. erinacea, N. erinaceus v. spinosior, M. fricii, N. fricii, W. fricii, M. hennisii, M. kovaricii, N. kov., W. longispina, M. sellowi, N. sell., W. sell., M. sessiflorus, N. sess., M. stegmannii, N. steg., W. steg., W. sess., M. tephracanthus, Wig. teph., M. turbinatus, W. turb., M. vorwerckiana, W. vorw.*

Notocactus fuscus Ritt.
Einzeln, 4–7 cm ⌀. 3 cm und mehr lange Blüte. [HU29/CS/PM]
HEIMAT: Brasilien, Rio Grande do Sul, 15 km westlich von Sao Francisco de Assis.

Notocactus graessneri (Sch.) Berg.
Normalerweise einzeln, bei 10 cm Höhe bis 15 cm ⌀; Dornen normalerweise hart und gelb, aber blasser und weicher bei *'v. albisetus'*. Grünliche oder gelbe Blüte. **fa. microdasys** P. J. Braun hat extrem kurze Dornen. [IP/G]
HEIMAT: Brasilien, Rio Grande do Sul, Jaquerana.
ANDERE NAMEN: *Brasilicactus graessneri.*

Notocactus haselbergii (F. Hge.) Berg.
Einzeln, bei 10 cm Höhe bis 15 cm ⌀, weiße oder gelbliche Dornen (*'v. stellatus'*). [GC]
HEIMAT: Brasilien, Rio Grande do Sul.
ANDERE NAMEN: *Brasilicactus haselbergii.*

Notocactus herteri Werd.
Kugelig bis gestreckt, 15 cm oder mehr ⌀, einzeln. **fa. pseudoherteri** (Buin.) Herm. hat gelbe Blüten. [Schl162/CS/PM]
HEIMAT: Uruguay, Cerro Galgo.
ANDERE NAMEN: **fa. pseudoherteri**: *N. pseudoherteri.*

Notocactus horstii Ritt.
Normalerweise einzeln, bei 30 cm Höhe bis 14 cm ⌀. Blüte orange bis purpur. [CS/PM]
HEIMAT: Brasilien, Rio Grande do Sul, Serra Geral.
ANDERE NAMEN: *Noto. purpureus, 'N. muegelianus'.*

Notocactus leninghausii (Hge. jr.) Berg.
Gruppenbildend, Köpfe bei 1 m Höhe bis 10 cm ⌀. 5 cm breite Blüte. Verwandt ist **N. nigrispinus** (Sch.) Buin.; gruppenbildend, bei 40 cm Höhe bis 16 cm ⌀, 24 Rippen, dickere und geringere Bedornung (zwischen Carepegua und Acaay). [CS/PM]
HEIMAT: Brasilien, Rio Grande do Sul, bis Paraguay, Cerro Santo Thomas und cerro Acaay.
ANDERE NAMEN: *Eriocactus leninghausii.*

Notocactus magnificus (Ritt.) Krainz
Gruppenbildend, Körper bis 20 cm ⌀, kugelförmig, wird später gestreckt. 5–6 cm breite Blüte. [E]
HEIMAT: Brasilien, Rio Grande do Sul, Serra Geral, Julio de Castilho.
ANDERE NAMEN: *Eriocactus magnificus.*

Notocactus mammulosus (Lem.) Berg.
Einzeln, bei 10 cm Höhe bis 6 cm ∅. 4 cm lange Blüte. Ähnlich, aber nicht so offen blühend ist **N. allosiphon** Marchesi (Uruguay, Rivera, Valle Ar. Platon). [R346/1G]
HEIMAT: Argentinien und Uruguay.
ANDERE NAMEN: *N. erythracanthus, N. floricomus, 'N. orthacanthus', N. pampeanus, N. submammulosus* und *v. pampeanus*. **N. megalanthus** Schl. & Bred. aus Cerro Mosquitos, Uruguay, scheint zwischen **N. mammulosus** und **N. concinnus** zu liegen.

Notocactus mueller-melchersii Fric ex Bkbg.
Einzeln, bei 8 cm Höhe bis 6 cm ∅. 5 cm breite, blaß gold-gelbe Blüte. [SCHL151/IP/G]
HEIMAT: Uruguay, Sierra de Los Animos.

Notocactus muricatus (Otto) Berg.
Gruppenbildend, Köpfe bis 20 cm und mehr hoch. 3 cm lange Blüte. [HU19/CS/PM]
HEIMAT: Süd-Brasilien, Rio Grande do Sul, nahe Taquarichim.

Notocactus neoarechavaletai (Sch. ex Speg.) Elsner
Einzeln, kugelig bis gestreckt, Mitteldornen dunkelbraun oder schwarz. 5 cm breite Blüte. [CS/PM]
HEIMAT: Uruguay, nahe Maldonado.
ANDERE NAMEN: *Malacocarpus arechavaletai, Wigginsia arech.*

Notocactus neohorstii (Ritt.) Theun.
Einzeln, kugelig bis gestreckt. 3,5 cm breite Blüte. **v. juveniliformis** Ritt. scheint eine Jugendform dieser Art zu sein (Cacapava).
HEIMAT: Brasilien, Rio Grande do Sul, Mine Camaqua.
ANDERE NAMEN: *Wigginsia horstii.*

Notocactus ottonis (Lehm.) Berg.
Extrem variabel, sehr bemerkenswert diese Aufnahme, weil die offensichtlichen Hauptmerkmale erkennbar sind. 6 cm und mehr breite Blüte. Die auffälligsten Formen haben scharfe Rippen (z.B. *Noto. securituberculatus*). [CS/PM]
HEIMAT: Süd-Brasilien, Uruguay, Paraguay und Nordost-Argentinien.
ANDERE NAMEN: Siehe Anhang 7.

Notocactus ottonis v. tortuosus
(Link & Otto) Berg.
Kleinere Blüte, 3–4 cm breit, tieferes Zitronengelb als bei der Art. [HU22/G]
HEIMAT: Brasilien, Rio Grande do Sul.
ANDERE NAMEN: *N. carambeiensis, N. linkii, N. megapotamicus.*

Notocactus rauschii van Vliet
Einzeln, kugelig bis 7 cm Ø, später gestreckt bis ungefähr 10 cm Höhe. 5–6 cm breite Blüte. [CS/PM]
HEIMAT: Uruguay, Cuchilla Negra.

Notocactus rechensis Buin.
Bildet kleine Gruppen, Köpfe bis zu 7 cm hoch und 5 cm Ø. 3–3,5 cm breite Blüte. [CS/PM]
HEIMAT: Brasilien, Rio Grande do Sul, nahe Ana Reche.
ANDERE NAMEN: *Brasiliparodia rechensis.*

Notocactus roseiflorus Schl. & Bred.
Einzeln, bei 12 cm Höhe bis 6,5 cm Ø. 3,5 cm breite Blüte. [CS/GC]
HEIMAT: Uruguay, Prov. Artigas, Cuchilla Yacare.

Notocactus roseoluteus van Vliet
Einzeln, kugeliger Körper, bis zu 18 cm hoch und breit. 8 cm breite Blüte. [CS/PM]
HEIMAT: Uruguay, nahe Tranqueras.

Notocactus rutilans Daen. & Krainz
Einzeln, leicht gestreckt, bei 5 cm Höhe bis 4 cm Ø. 6 cm breite Blüte. [CS/PM]
HEIMAT: Uruguay, Cerro Largo.

Notocactus schlosseri van Vliet
Einzeln, kurzzylindrisch, bei 18 cm Höhe bis 11 cm Ø. 5 cm breite Blüte. [Schl157/G]
HEIMAT: Uruguay, nahe Garzon.

Notocactus schumannianus (Sch.) Berg. emend. Buin.
Körper säulig, bis zu 30 cm Ø. 4 cm breite, blaßgoldgelbe Blüte. [R]
HEIMAT: Paraguay, Cerro Santo Thomas und Cerro Acaay.
ANDERE NAMEN: *Eriocactus ampliocostatus, E. claviceps, E. grossei, Noto. claviceps.*

Notocactus scopa (Spreng.) Berg.
Einzeln, bis 25 cm und mehr hoch bei 10 cm. Braune bis weiße Mitteldornen. 4 cm breite Blüte. Viele Varietäten – richtigerweise Formen –; sehr auffällig ist **v. marchesii** Abraham: stark gruppenbildend, Köpfe bei 10 cm Höhe bis 4 cm Ø. Mitteldornen weiß bis orange. 5 cm breite Blüte. (Dept. Treinta y Tres, Uruguay). [CS/P]
HEIMAT: Süd-Brasilien und Urugay.
ANDERE NAMEN: *N. rudibuenekeri?*

Notocactus sucineus Ritt.
Einzeln, kugelig bis länglich, 3–7 cm Ø. 3,5 cm lange Blüte. [FR1399/CS/PM]
HEIMAT: Brasilien, Rio Grande do Sul, Sao Gabriel.
ANDERE NAMEN: *N. neobuenekeri.*

Notocactus uebelmannianus Buin.
Einzeln, bei 12 cm Höhe bis 17 cm Ø. 5 cm breite, purpurfarbene oder gelbe Blüte. [CS/PM]
HEIMAT: Brasilien, Rio Grande do Sul, nahe Cacapava.
ANDERE NAMEN: *N. uebelman. v. flaviflorus.*

Notocactus vanvlietii Rausch
Einzeln, bei 10 cm Höhe bis 6 cm Ø. 5,5 cm breite Blüte. **v. gracilion** Rausch ist kleiner, mit gedrehten Dornen und gelben oder orange-gelben Blüten (zwischen Minas de Corales und Ansina. [DV18/G]
HEIMAT: Uruguay, Cuchilla de los Once Cerros.

Notocactus veenianus van Vliet
Einzeln, bei 20 cm Höhe bis 8 cm ∅. 5 cm breite Blüte. [CS/PM]
HEIMAT: Uruguay, Tacuarembo.
ANDERE NAMEN: *'N. erizo', N. eugeniae, N. paulus, N. winkleri.*

Notocactus warasii Ritt.
Einzeln, bei 50 cm Höhe bis 20 cm ∅ und mehr. 6 cm breite Blüte. [CS/PM]
HEIMAT: Brasilien, Rio Grande do Sul.
ANDERE NAMEN: *Eriocactus warasii.*

Notocactus werdermannianus Herter
Einzeln, bei 13 cm Höhe bis 10 cm ∅. Blüte mehr als 7 cm breit. [G]
HEIMAT: Uruguay, Tacuarembo.

Obregonia denegrii Fric
Einzeln, bis 12 cm ∅. 2,5 cm breite Blüte. [CS/P]
HEIMAT: Mexiko, Tamaulipas, San Vicente nahe Ciudad Victoria.
ANDERE NAMEN: *Ariocarpus denegrii, Strombocactus denegrii.*

Oroya borchersii (Boed.) Bkbg.
Einzeln, mehr als 20 cm hoch und breit, Dornen braun oder gelb. 1 cm breite Blüten. [L114a/IP]
HEIMAT: Nord-Peru, Cordillera Blanca und Cordillera Negra.

Oroya peruviana (Sch.) B. & R.
Einzeln, gedrückt-kugelig, bis 14 cm ∅. 2,2 cm breite Blüte, rosa und gelb, zitronengelb *('O. citriflora)* oder karmin. [IP/F]
HEIMAT: Mittel-Peru, um Oroya.
ANDERE NAMEN: *'O. acollana', 'O. baumannii', O. gibbosa* und Varietäten, *O. laxiareolata* und Varietäten, *O. neoperuviana* und Varietäten, *O. suboccu-lata* und Varietäten, Varietäten von *O. peruviana.*

Ortegocactus macdougallii Alex.
Kugelförmige Köpfe, bis 4 cm ∅, gruppenbildend, 2,5 cm breite Blüte. [GC]
HEIMAT: Mexiko, Oaxaca, nahe San Jose Lacheguiri.

Parodia argerichiana Wesk.
Einzeln, 6 cm ∅. 5 cm breite, rote Blüte. [DH108/CS/DHS]
HEIMAT: Nord-Argentinien, Salta, Sierra del Muerto, zwischen Santa Barbara und Santa Rosa.

Parodia aureicentra Bkbg.
Wird länglich, bis zu 15 cm ∅, normalerweise gruppenbildend, Bedornung sehr variabel. 4 cm breite, hell-blutrote Blüte. [P252/CS/DHS]
HEIMAT: Nord-Argentinien, Salta, Cachipampa.
ANDERE NAMEN: *P. aureic. v. omniaurea* und *rubrispina, P. muhrii, P. rauschii, P. uhligiana, P. variicolor.*

Parodia aureispina Bkbg.
Einzeln, kugelförmig, bis 6,5 cm ∅. Ebenfalls rote Blüte. Pflanzen sind erhältlich unter *P. mutabilis*; entsprechen dieser Art. [WR707b/CS/DH]
HEIMAT: Nord-Argentinien, Salta.
ANDERE NAMEN: *'P. aurihamata', P. mutabilis, P. scapaoides.*

Parodia ayopayana Card.
Triebe bei 8 cm Höhe bis 9 cm ∅, gruppenbildend. [CS/PM]
HEIMAT: Bolivien, Puente Pilatos.
ANDERE NAMEN: *P. cotacajensis, P. elata, P. pseudoayopayana.*

Parodia campestrae Brandt
Einzeln, bei 11 cm Höhe bis 7 cm ∅, gerade Dornen. [CS/PM]
HEIMAT: Argentinien, Fundort bei Salta, Tucuman und Santiago del Estero Provinces an der Straße östlich von Antilla.

Parodia chrysacanthion (Sch.) Bkbg.
Einzeln, kugelförmig, kleine, gelbe Blüte. [CS/PM]
HEIMAT: Nord-Argentinien, Jujuy.

Parodia columnaris Card.
Einzeln, bei 30 cm Höhe bis 7 cm ∅. 3 cm breite, hellgelbe Blüte. [Donald IP/DHS]
HEIMAT: Bolivien, Dept. Cochabamba, Angosto de Perez.
ANDERE NAMEN: *P. legitima.*

Parodia comarapana Card.
Einzeln, bei 5 cm Höhe bis 8 cm ∅. 2 cm breite, orangegelbe Blüten. [KK1462/IP/DHS]
HEIMAT: Bolivien, Comarapa.
ANDERE NAMEN: *P. neglecta, P. neglectoides.*

Parodia commutans Ritt.
Einzeln, bei 30 cm Höhe bis 16 cm ∅. 3,5 cm lange, gelbe Blüte.
HEIMAT: Bolivien, nahe Impora.
ANDERE NAMEN: *P. maassii v. commutans, P. obtusa.*
Abgebildet, aber wahrscheinlich nur eine Varietät ist **Parodia maxima** Ritt., einzeln, zylindrisch, bis 25 cm hoch. Mitteldornen sind bei Jungpflanzen hakig und bei ausgewachsenen Pflanzen gerade. 4 cm breite Blüte. [L928/IP/DHS]
HEIMAT: Bolivien, Cieneguellas.
ANDERE NAMEN: *P. maassii v. commutans fa. maxima.*

'Parodia dextrohamata' Bkbg.
Einzeln, bei 5 cm Höhe bis 3,5 cm ∅. 2 cm breite, gelbe Blüte. [P44a/CS/DHS]
HEIMAT: Nord-Argentinien.

Parodia dichroacantha Brandt & Wesk.
Halbkugelig oder später gestreckt. 6 cm breite, leuchtendrote Blüte. [B53/IP/DHS]
HEIMAT: Nord-Argentinien, nördlich von Salta und Tucuman.
ANDERE NAMEN: *P. rigida.*

Parodia echinopsoides Brandt
Einzeln, bei 40 cm Höhe bis 10 cm ∅, immer 13 Rippen. 3,5–4 cm lange, gelbe Blüte. [CS/DHS]
HEIMAT: Bolivien, Prov. Mendez, Colpana am Rio Pilaya.
ANDERE NAMEN: *P. separata, P. tredecimcostata.*

Parodia faustiana Bkbg.
Einzeln, bis 6 cm ∅. Blüte außen scharlachrot, innen goldgelb. [B160/IP/DHS]
HEIMAT: Nord-Argentinien, Salta, Quebrada del Toro.
ANDERE NAMEN: *P. cruci-nigricentra* n.n.

'Parodia fechseri' Bkbg.
Einzeln, bei 8 cm Höhe bis 4 cm ∅. 4 cm breite, gelbe Blüte. [IP ex Fechser/DHS]
HEIMAT: Nord-Argentinien
ANDERE NAMEN: *P. mesembrina.*

Parodia formosa Ritt.
Einzeln, kugelig bis gestreckt, bis 8 cm ∅. Variable Bedornung. 4 cm lange, schwefelgelbe Blüte. [CS/DHS]
HEIMAT: Weitverbreitet in Mittel- und Süd-Bolivien.
ANDERE NAMEN: *P. carapariana, P. cardenasii, P. chaetocarpa, P. chirimoyarana, P. pachysa, P. parvula, P. purpureo-aurea, P. pusilla, P. setispina, P. tillii.*

'Parodia fuscato-viridis' Bkbg.
Einzeln, kugelig bis 4,5 cm ∅. 3,5–6 cm breite, gelbe Blüte. [P239/CS/DHS]
HEIMAT: Nord-Argentinien, Quebrada de Belen.

Parodia gibbulosoides Brandt
Breitkugelig, bis 10 cm ∅. 1 cm breite Blüte. [CS/DHS]
HEIMAT: Bolivien, Dept. Cochabamba in den Bergen nördlich des Rio Grande.
ANDERE NAMEN: *P. gibbulosa.*

Parodia hausteiniana Rausch
Einzeln, kurzzylindrisch, bis 5 cm ∅. 10 mm breite, gelbe Blüte. [CS/PM]
HEIMAT: Bolivien, nahe Mizque.

Parodia herzogii Rausch
Einzeln, bei 6 cm Höhe bis 9 cm ∅. 4 cm breite, goldgelbe bis orangefarbene Blüte. [WR707a/CS/DHS]
HEIMAT: Argentinien, Salta, östlich von Cafayate.

Parodia heteracantha Ritt. & Wesk.
Einzeln, bei 9,5 cm Höhe bis 5,5 cm ∅. Blüte gelblichorange. [P62/CS/DHS]
HEIMAT: Nord-Argentinien, Salta, nahe Cachi.

Parodia horrida Brandt
Einzeln, schlank-zylindrisch, bis 9 cm und mehr hoch. Gelbe Blüte. [Muhr IP/DHS]
HEIMAT: Nord-Argentinien, Salta, Rio Calchaqui.
ANDERE NAMEN: *P. piltziorum.*

Parodia hummeliana Lau & Wesk.
Einzeln, bei 6 cm Höhe bis 7 cm ∅. Verwandt mit **P. microsperma**. [L567/CS/DHS]
HEIMAT: Argentinien, Salta, Amblayo.

Parodia krahnii Wesk.
Einzeln oder gruppenbildend, bei 30 cm Höhe bis 8 cm ∅. Gelbe Blüte. [CS/DHS]
HEIMAT: Bolivien, Prov. Tarata, La Vina am Rio Caine.

Parodia lauii Brandt

Einzeln, bei 7 cm Höhe bis 9 cm ∅. 4 cm breite, lachsfarbene bis rote Blüte. [CS/PM]

HEIMAT: Bolivien, zwischen Mizque und Mine Asientos, über dem Rio Caine.

Parodia maassii (Heese) Berg.

Sehr variabel, einzeln oder gruppenbildend, Körper groß oder klein, lange oder relativ kurze Dornen, weiß bis braun oder schwarz. Blüte mit verschiedenen Rotschattierungen. [H]

HEIMAT: In weiten Gebieten von Mittel- und Süd-Bolivien und Nord-Argentinien.

ANDERE NAMEN: *P. belliata, P. bermejoensis, P. camargensis, P. castanea, P. cintiensis, P. escayachensis, P. fulvispina, P. haageana, P. knizei, P. lamprospina, P. mendezana, P. otaviana, P. perplexa, P. ritteri* und *v. cintiensis, P. rostrumsperma, P. rubida, P. suprema, P. thieleana, P. tojoensis.*

Parodia macrancistra (Sch.) Wesk.

Einzeln, bei 8 cm Höhe bis 6,5 cm ∅, Mitteldornen bis 3,7 cm lang. Zweifellos eine langdornige Form von **P. microsperma**. [B24/IP/DHS]

HEIMAT: Nord-Argentinien, Tucuman, am Fuße der Sierra Medina.

ANDERE NAMEN: *P. talaensis.*

Parodia mairanana Crad.

Breitkugelig, bis mehr als 5 cm ∅, grau-grün bis glänzendes dunkelgrün. 3,5 cm breite Blüte, orange bis gold-gelb. Pflanzen, die unter dem Namen *'P. mairanana v. atra'* vertrieben werden, haben mit dieser Art oftmals nichts gemeinsam. [FR744/HS/DHS]

HEIMAT: Bolivien, Mairana.

ANDERE NAMEN: *'P. mairanana v. atra'.*

Parodia malyana Rausch

Einzeln, bei 6 cm Höhe bis 5 cm ∅, gerade Mitteldornen, 4 cm breite, gelbe oder rote Blüte. [CS/DHS]

HEIMAT: Argentinien, Catamarca, nahe Ancasti.

Parodia mercedesiana Wesk.

Einzeln, bei 5,5 cm Höhe bis 6,5 cm ∅. 6 cm breite, rote oder gelbe Blüte. [DH116/CS/DHS]

HEIMAT: Nord-Argentinien, Salta, nordwestlich von Las Curtiembres.

Parodia microsperma (Web.) Speg.
Einzeln, bei 20 cm Höhe bis 10 cm ∅. Gelbe bis rote Blüte und 4 cm breit. [B155/IP/DHS]

HEIMAT: Nord-Argentinien, Tucuman.

ANDERE NAMEN: *P. amblayensis, P. betaniana, P. catamarcensis, P. chlorocarpa, P. glischrocarpa, P. rubellihamata, P. sanagasta, P. setifera, P. spanisa, P. thionantha, P. tuberculosi-costata, P. weskampiana.*

Parodia miguillensis Card.
Einzeln, bei 6 cm Höhe bis 4 cm ∅. Nur 7 mm breite, blaßgelbe Blüte. [L1001/IP/DHS]

HEIMAT: Weitverbreitet in Flußtälern in Mittel- und Nord-Bolivien.

ANDERE NAMEN: *P. borealis, P. comosa, P. echinus, P. macednosa.*

Parodia minuscula Rausch
Einzeln, kugelig, bis 4 cm ∅, Mitteldornen hakig. Enge Verwandtschaft zu **P. malyana**. [WR757/CS/DHS]

HEIMAT: Argentinien, Catamarca, entlang des Rio Guayamba.

ANDERE NAMEN: *P. minima* Rausch non Brandt.

Parodia nivosa Fric ex Bkbg.
Einzeln, bei 15 cm Höhe bis 8 cm ∅. 5 cm breite, rote Blüte. [B41/IP/DHS]

HEIMAT: Nord-Argentinien, Salta.

Parodia ocampoi Card.
Triebe bei 7 cm Höhe bis 6 cm ∅, bildet zu 40 cm breite Polster, 3 cm lange, gold-gelbe Blüte. *P. compressa* Ritt. (Abb.) scheint nur eine rotblühende, geringer bedornte Form zu sein, die einige Meilen entfernt wächst. [H]

HEIMAT: Bolivien, Puente Arce.

ANDERE NAMEN: *P. caineana?, P. compressa, P. ignorata.*

Parodia occulta Ritt.
Einzeln, flach, bis 2,5(-5) cm ∅. Blüte bis 2–4 cm breit, rot, rötlich-orange oder gelb. Die kleinste aller Parodias. [H]

HEIMAT: Bolivien, zwischen Camargo und Culpina.

Parodia otuyensis Ritt.
Einzeln, flach-kugelig, bis 11 cm ∅. [H]
HEIMAT: Bolivien, Dept. Potosi, nahe Otuyo.
ANDERE NAMEN: *P. backebergiana, P. firmissima, P. idiosa, P. quechua, P. sotomayorensis?, P. stereospina, P. yamparaezi.*

Parodia penicillata Fechs & v.d. Steeg
Einzeln, bis 70 cm lang bei 12 cm ∅, (bei kultivierten Pflanzen) sind die Dornen normalerweise glasig-strohfarben, können aber auch rötlich-gelb sein. Rote Blüte. **v. nivosa** Fechser; Dornen dicker und weiß. Blüte eher orange. [CS/PM]
HEIMAT: Nord-Argentinien, Salta.

Parodia pluricentralis Bkbg. & Brandt
Einzeln, bei 12 cm Höhe bis 5 cm ∅. 5 cm breite, gelbe Blüte. [P169/CS/DHS]
HEIMAT: Argentinien, Salta, nahe Amblayo.

Parodia prestoensis Brandt
Einzeln, bei 8 cm Höhe bis 10 cm ∅. 3 cm breite, goldgelbe Blüte. [L384/IP/DHS]
HEIMAT: Bolivien, Presto.

Parodia procera Ritt.
Einzeln, bei 30 cm Höhe bis 5 cm ∅. Bis 3 cm lange Blüte. [IP/DHS]
HEIMAT: Bolivien, Dept. Chuquisaca, Mündungsgebiet des Rio Challamarca.
ANDERE NAMEN: *P. challamarcana, P. pseudoprocera.*

Parodia punae Card.
Einzeln, bei 8 cm Höhe bis 7 cm ∅. 2 cm breite Blüte, dunkelorange bis rot. [Lau IP/DHS]
HEIMAT: Bolivien, Dept. Cochabamba, nahe Mine Asientos.
ANDERE NAMEN: *P. eleachista, P. zecheri.*

Parodia riojensis Ritt. & Wesk.
Gruppenbildend. 4 cm breite, gelbe Blüte. [P27/DHS]
HEIMAT: Argentinien, Grenzgebiet zwischen Catamarca und La Rioja.
ANDERE NAMEN: *P. mazanensis n. n.*

Parodia roseoalba Ritt.
Einzeln oder Bildung von großen Gruppen, Köpfe bis 15 cm Ø. 3,5 cm lange Blüte. Wahrscheinlich nur eine weißbedornte Form von **P. maassii**. [H]
HEIMAT: Bolivien, nahe Tupiza bis nahe Camargo.
ANDERE NAMEN: *P. agasta, P. roseo. v. australis.*

Parodia rubristaminea Ritt.
Einzeln, bis 5 cm Ø. 3–4 cm breite, duftende Blüte. [MLV59/HS/PM]
HEIMAT: Argentinien, Salta, südwestlich von Alemania.

Parodia saint-pieana Bkbg.
Gruppenbildend, Triebe bis 6 cm Ø. 2,5 cm lange, gelbe Blüte. Am Heimatstandort nicht wieder erfolgreich gefunden. [Sproß stammt aus Sammlung mit Originalmaterial. IP/DHS]
HEIMAT: Nord-Argentinien, Jujuy.

Parodia sanguiniflora Fric ex Bkbg.
Einzeln, kugelig bis gestreckt, mehr als 5 cm Ø. 4 cm breite Blüte. Möglicherweise nur eine Form von **P. microsperma**. [CS/PM]
HEIMAT: Nord-Argentinien, Salta.
ANDERE NAMEN: *P. rubriflora.*

Parodia sanguiniflora v. comata Ritt.
Einzeln, kugelig, 4 cm breite Blüte. [B168/IP/DHS]
HEIMAT: Nord-Argentinien, Tucuman, Tafi del Valle.
ANDERE NAMEN: *P. tafiensis.*

Parodia schwebsiana (Werd.) Bkbg.
Einzeln, bei 11 cm Höhe bis 7 cm ∅. 2 cm breite Blüte, wein- bis rostrot. [KK1663/IP/DHS]
HEIMAT: Bolivien, Cochabamba, kommen auch innerhalb der Stadtgrenzen vor.
ANDERE NAMEN: *P. applanata, 'P. eriodesa', P. minima, P. schweb. v. applanata.*

'Parodia setosa' Bkbg.
Einzeln, bei 25 cm Höhe bis 12 cm ∅. Rote Blüte. [P171/CS/DHS]
HEIMAT: Argentinien, Tumbaya.

Parodia spegazziniana Brandt
Einzeln, bei 9 cm Höhe bis 7 cm ∅. 5 cm breite, rote Blüte. [P51/CS/DHS]
HEIMAT: Argentinien, Jujuy.
ANDERE NAMEN: *P. capillitaensis, 'P. gigantea v. jujuyana'.*

Parodia stuemeri (Werd.) Bkbg.
Normalerweise einzeln, bei 20 cm Höhe bis 15 cm ∅, bis zu 25 dünne Randdornen. 4 cm lange, gelbe bis orangefarbene Blüte. **v. robustior** Bkbg., dickere Dornen; 12–13 Randdornen. 2–5 cm breite, rote Blüte (Maimara). [B91/IP/DHS]
HEIMAT: Nord-Argentinien.
ANDERE NAMEN: *P. friciana, P. gigantea, P. gokrauseana, P. pseudostuemeri, P. rigidispina, P. rubricentra, P. scoparia, P. tilcarensis.*

Parodia subterranea Ritt.
Am Heimatstandort klein und flach, in Kultur größer und länglich, 6 cm ∅, hakige oder gerade Mitteldornen. 3 cm lange Blüte. [CS/PM]
HEIMAT: Bolivien, nahe Culpina.
ANDERE NAMEN: *P. culpinensis, P. maassii subterranea, P. nigresca, P. salitrensis, P. zaletaewana.*

Parodia taratensis Card.
In Kultur zylindrisch und gruppenbildend. 1,5 cm breite, gelbe Blüte. [L979/IP/DHS]
HEIMAT: Bolivien, an der Straße von Tarata bis nach Rio Caine.
ANDERE NAMEN: *P. bilbaoensis.*

Parodia tuberculata Card.
Einzeln, bei 5 cm Höhe bis 7 cm ∅. Bis zu 1,8 cm lange, gelblich-rote Blüte. [KK874/IP/DHS]
HEIMAT: Bolivien, Oropeza, Hacienda Ressini und um Sucre.
ANDERE NAMEN: *P. krasuckana, P. sucrensis.*

Parodia uebelmanniana Ritt.
Einzeln, kugelig bis gestreckt, bis 8 cm ∅. 3,5 cm breite, gold-gelbe Blüte. [P153/CS/DHS]
HEIMAT: Argentinien, Salta, Lumbreras.
ANDERE NAMEN: *P. rubellihamata* Ritt. *n. n., P. rufidihamata n. n.*

Parodia weberiana Brandt
Einzeln, bei 7 cm Höhe bis 10 cm ∅. Gelbe Blüte. [P247/CS/DHS]
HEIMAT: Nord-Argentinien, Tal des Rio Grande de Sauce.

Pediocactus knowltonii Benson
Triebe 0,7–5,5 cm hoch, 1–3 cm ∅, gruppenbildend. 1–2,5 cm breite Blüte. [Withers coll.]
HEIMAT: Nahe des Los Pinos River in Colorado und New Mexico, USA.
ANDERE NAMEN: *P. bradyi v. knowltonii.*

Pediocactus papyracanthus (Englm.) Benson
Einzeln, bei 10 cm Höhe bis 2,5 cm ∅. 1,25 cm breite, weiße Blüte. [H]
HEIMAT: New Mexico und Nord-Arizona, selten.
ANDERE NAMEN: *Toumeya papyracantha.*

Pediocactus peeblesianus (Croiz.) Benson
Einzeln, bei 6 cm Höhe bis 4 cm ∅; 0 Mitteldornen. Bis 17 mm lange Blüte, creme bis gelb. [GC]
HEIMAT: Nord-Arizona, zwischen Holbrook und Joseph City. **v. fickeisenii** (Bkbg.) Benson ist dichter bedornt; 1 Mitteldorn.
HEIMAT: Nord-Arizona, Grand Canyon-Gebiet.
ANDERE NAMEN: *Navajoa peeblesianus.*
v. fickeisenii: *N. fickeisenii.*

Pediocactus simpsonii (Englm.) B. & R.
Kugelig, einzeln bis gruppenbildend. Blüte gelblich, grünlich-rosa, rosa oder weiß. [H]
HEIMAT: Washington und Oregon, Süd-Idaho, Montana, Wyoming bis Mittel-Nevada, Colorado, Nord-Arizona, Utah, West-Kansas, New Mexico.

Pelecyphora aselliformis Ehrenbg.
Bis zu 10 cm Höhe und 5,5 cm ⌀, gruppenbildend. 3 cm breite Blüte. [IP/GC]
HEIMAT: Mexiko, San Luis Potosi.

Pelecyphora strobiliformis (Werd.) Kreuz.
Kugelförmig. 3 cm lange Blüte. [IP/F]
HEIMAT: Mexiko, Nuevo Leon, nahe Dr. Arroyo.
ANDERE NAMEN: *Encephalocarpus strobil.*

'Pyrrhocactus andreaeanus' (Bkbg.) Ritt.
Einzeln, bei 15 cm Höhe bis 5 cm ⌀. 3-4 cm breite Blüte, hell-scharlachrot bis kupferrot. [GC]
HEIMAT: Argentinien, La Rioja, Famatina Massif.
ANDERE NAMEN: *Neochilenia andreaeana.*

Pyrrhocactus bulbocalyx (Werd.) Bkbg.
Einzeln, kugelförmig bis gestreckt. Bis 4 cm lange Blüte. [L504/IP/F]
HEIMAT: Nord-Argentinien.
ANDERE NAMEN: *P. sanjuanensis.*

Pyrrhocactus megliolii Rausch
Einzeln, 45 cm hoch und 12 cm ⌀. 2,5 cm breite Blüte. [WR559/IP/GC]
HEIMAT: Argentinien, San Juan, nahe Marayes.

Pyrrhocactus strausianus (Sch.) Berg.
Einzeln, bei 16 cm Höhe bis 9 cm ⌀. [IP/F]
HEIMAT: Argentinien.
ANDERE NAMEN: *P. atrospinosus (= Neoporteria backebergii* Don. & Rowley), *N. catamarcensis, P. catamarc., P. dubius, P. pachacoensis, P. platyacanthus, P. setiflora, P. setif.*

Pyrrhocactus umadaeve (Fric) Bkbg.
Einzeln, bei 10 cm Höhe bis 11 cm ⌀. Bis 3,5 cm lange, blaßgelbe Blüte. [IP/F]
HEIMAT: Nord-Argentinien.

Rebutia albiflora Ritt. & Buin.
Köpfe sehr klein, wächst rasenförmig. [PM]
HEIMAT: Bolivien, Nordost-Tarija, Rio Pilaya.
ANDERE NAMEN: *Aylostera albiflora.*

Rebutia albipilosa Ritt.
Wenig sprossend. 3 cm breite Blüte, orange bis rot. [IP/P]
HEIMAT: Bolivien, Narvaez.
ANDERE NAMEN: *Aylostera albipilosa.*

Rebutia albopectinata Rausch
Bedornungsdichte ziemlich variabel. [CS/PM]
HEIMAT: Bolivien, Culpina.

Rebutia archibuiningiana Ritt.
Stark sprossend, 2,5 cm breite Blüte. [L404/CS/PM]
HEIMAT: Bolivien, Padcaya.

Rebutia brunescens Rausch
3 cm Ø. [L383/IP/DHS]
HEIMAT: Bolivien, Tarabuco.

Rebutia buiningiana Rausch
3 cm Ø. [KK860/IP/DHS]
HEIMAT: Argentinien, Jujuy, nahe Iruya.

Rebutia deminuta (Web.) B. & R.
Eine sehr variable Art. (siehe Anhang 8). [DHS]
HEIMAT: Nord-Argentinien und Süd-Bolivien, weitverbreitet.
ANDERE NAMEN: *Aylostera deminuta, R. albiareolata, 'R. boliviensis', R. cajasensis, R. maxima, R. nitida, R. nogalesensis, R. patericalyx, R. pseudominuscula, R. rubiginosa, R. tamboensis, R. tuberosa.*

Rebutia donaldiana Lau & Rowley
2,5 cm Ø. [CS/PM]
HEIMAT: Bolivien, Pucara.

Rebutia einsteinii Fric
Zylindrische Triebe, bis 2 cm oder mehr Ø, extrem variable Länge der Dornen. 3,5 cm breite Blüte. [WR159/IP/DHS]
HEIMAT: Nord-Argentinien, Salta, Volcan Chani.
ANDERE NAMEN: *Cylindrorebutia einst., Mediolobivia schmiedcheniana* und Varietäten, *Lobivia einst.*

'Rebutia einsteinii v. aureiflora'
published as *R. aureiflora* Bkbg.
Kugelförmige Köpfe, bis 3 cm Ø. 4 cm breite Blüte, gelb, violett-rosa oder orange-rot. [CS/PM]
HEIMAT: Argentinien, Salta, Quebrada del Toro.
ANDERE NAMEN: *R. sarothroides, Mediolobivia aureif* und Varietäten, *M. duursmaiana, M. rubelliflora, M. rubriflora, 'Reb. albilongiseta', 'R. longiseta', Lobivia einst. v. aureiflora.*

Rebutia einsteinii v. gonjianii (Kies.) Don.
Triebe nur 1 cm ∅, kurze Bedornung. [WR578/IP/DHS]
HEIMAT: Argentinien, Salta, von Purmamarca bis Tilcara.
ANDERE NAMEN: *R. gonjianii, Lobivia einst. v. gonj.*

Rebutia euanthema (Bkbg.) Buin. & Don.
[CS/PM]
HEIMAT: Argentinien, Volcan und Tumbaya.
ANDERE NAMEN: *Digitorebutia euanth., Mediolobivia euanth., R. oculata.*

Rebutia fabrisii
Rausch & **v. aureiflora** Rausch
Kleine Köpfe, nur 2 cm ∅, rote Blüte. Die Varietät hat eine kleinere, gelbe Blüte. [WR688 oben; WR 687 unten/F]
HEIMAT: Argentinien, Jujuy, zwischen Santa Ana und Valle Colorado.

Rebutia fiebrigii (Guerke) B. & R.
Einige Pflanzen haben viel längere, gerade, goldene Dornen, als auf dieser Abbildung. [CS/PM]
HEIMAT: Bolivien, weitverbreitet und sehr variabel.
ANDERE NAMEN: *Aylostera fiebr.* und *v. densiseta, A. spinosissima, 'R. aureispina', R. cintiensis, R. fiebr. v. densiseta, R. spinosissima.*

Rebutia flavistyla Ritt.
3 cm lange Blüte. [CS/PM]
HEIMAT: Bolivien, nahe Cajas.

Rebutia fulviseta Rausch
Körper dunkel-schwärzlich-grün. 2,5 cm breite Blüte. [CS/PM]
HEIMAT: Bolivien, Arce, nahe Padcaya.
ANDERE NAMEN: *Aylostera fulviseta.*

Rebutia heliosa Rausch
Blüte: orange. [CS/PM]
HEIMAT: Bolivien, an der Straße nach Narvaez.
ANDERE NAMEN: *Aylostera heliosa.*

Rebutia heliosa v. condorensis Don.
Längere Bedornung und nicht so auffallend wie die Art, in Kultur größere Gruppen bildend.
Blüte: orange oder rot. [L405/CS/PM]
HEIMAT: Bolivien, Condor Paß und Cajas Paß.
ANDERE NAMEN: *R. heliosa v. cajasensis.*

Rebutia hoffmannii Diers & Rausch
Möglicherweise nur eine Form von **R. fiebrigii.**
4,5 cm breite Blüte. [Hoff2018/IP/DHS]
HEIMAT: Argentinien, Salta, nahe Santa Viktoria.

Rebutia huasiensis Rausch
Bis zu 3,5 cm breite Blüte. [WR313a/IP/DHS]
HEIMAT: Bolivien, nahe Inca Huasi.

Rebutia ithyacantha (Card.) Diers
Dornenlänge sehr variabel. 2,5 cm breite Blüte. [L350/IP/DHS]
HEIMAT: Bolivien, nahe Comarapa.
ANDERE NAMEN: *Mediolobivia ithyacantha.*

Rebutia jujuyana Rausch
[WR220/CS/PM]
HEIMAT: Argentinien, weitverbreitet in der Provinz Jujuy.
ANDERE NAMEN: *Aylostera jujuyana.*

Rebutia kieslingii Rausch
Blüte: orange oder rot. [CS/PM]
HEIMAT: Argentinien, Salta, Caspala.

Rebutia krainziana Kessel.
Eine Zuchtform, nicht in der Natur bekannt. [CS/PM]

Rebutia kupperiana Boed.
3,5 cm breite Blüte. [CS/PM]
HEIMAT: Bolivien, nahe Tarija.
ANDERE NAMEN: *Aylostera kupperiana.*

Rebutia leucanthema Rausch
2,5 cm breite Blüte, weiß oder rosa. **v. cocciniflora** Ritt. hat längere, dichtere Bedornung und eine scharlachrote Blüte. [WR305/IP/DHS]
HEIMAT: Bolivien, Cana Cruz.

Rebutia mamillosa Rausch
4 cm breite Blüte. Die abgebildete Pflanze ist möglicherweise eine Zuchtform, da Wildpflanzen normalerweise rein orangerot blühen. [CS/PM]
HEIMAT: Bolivien, nahe Camargo.
ANDERE NAMEN: *R. graciliflora* und Varietäten.

Rebutia margarethae Rausch
Variable Bedornung, von kurz und weich bis lang und nadelartig. Blüte: orange bis rot. [L530/IP/DHS]
HEIMAT: Argentinien, Salta, nahe Santa Victoria.

Rebutia marsoneri Werd.
Einzeln oder nur wenig sprossend. Köpfe bis 5 cm oder mehr ∅. Blüte normalerweise gelb, aber auch rot. [DHS]
HEIMAT: Nord-Argentinien, Jujuy.

Rebutia minuscula Sch.
Bis zu 4 cm lange Blüte. [DHS]
HEIMAT: Argentinien, Tucuman.
Rebutia minuscula v. grandiflora (Bkbg.) Buin & Don. Bis zu 6,5 cm lange Blüte.
HEIMAT: Argentinien, Salta, Quebrada Escoipe.
ANDERE NAMEN: *R. grandiflora.*

Rebutia muscula Ritt. & Thiele.
Sehr weiche Bedornung. [CS/PM]
HEIMAT: Bolivien, Narvaez.
ANDERE NAMEN: *Aylostera muscula.*

Rebutia narvaecensis (Card.) Don.
Blasse bis tiefrosafarbene Blüte. [KK1518/IP/DHS]
HEIMAT: Bolivien, nahe Narvaez.
ANDERE NAMEN: *Aylostera narvaecensis, 'R. esponisae'.*

Rebutia padcayensis Rausch
3,5 cm breite Blüte. [CS/PM]
HEIMAT: Bolivien, westlich von Padcaya.
ANDERE NAMEN: *Aylostera padcay, R. singularis.*

Rebutia perplexa Don.
Kleine Köpfe, bis zu 1,5 cm ∅. Unter dem Namen **R. narvaecensis** verbreitet. [L329a/IP/F]
HEIMAT: Bolivien, Mine Asientos.

Rebutia pseudodeminuta Bkbg.
Gruppenbildend, bis 10 cm lange Triebe. [R642/DHS]
HEIMAT: Nord-Argentinien, Salta. (Siehe auch Anhang 8.)

Rebutia pulchella Rausch
Eine besonders kurzdornige Form des **fiebrigii**-Komplexes. [DHS]
HEIMAT: Bolivien, nördliche von Padilla.
ANDERE NAMEN: *Aylostera pulchella.*

Rebutia pulvinosa Ritt. & Buin.
Bildet rasenförmige Gruppen von kleinen Köpfen. 1,5 cm breite Blüte. [DHS]
HEIMAT: Bolivien, Narvaez.
ANDERE NAMEN: *Aylostera pulvinosa.*

Rebutia pygmaea (Fries) B. & R.
2,5 cm breite Blüte, hellrot bis dunkelpurpurrot (*fide* Rausch). [IP/DHS]
HEIMAT: Nord-Argentinien, Jujuy, Yavi.
ANDERE NAMEN: *Lobivia digitiformis, L. pygmaea, R. gracilispina, 'R. oligitiformis', R. pauciareolata, R. pectinata, R. torquata.*

'Rebutia pygmaea v. colorea'
publiziert als *Rebutia colorea* Ritt.
Unterscheidet sich von der Art durch seinen dunklen Körper und die braune Bedornung. [CS/PM]
HEIMAT: Bolivien, Iscayache, Abra de Sama.
ANDERE NAMEN: *Lobivia pygmaea v. colorea.*

'Rebutia pygmaea v. diersiana'
publiziert als *Rebutia diersiana* Rausch
Leuchtend graugrüner Körper, weiße Dornen. Gelbe Blüte. Eine kleinbleibende Form ebenso aus Yuquina wird gehandelt als *R. diersiana v. minor* (= *Lobivia pygmaea v. minor* (Rausch) Rausch.) [CS/PM]
HEIMAT: Bolivien, Yuquina nahe Culpina.
ANDERE NAMEN: *Digitorebutia diersiana, Lobivia pygmaea v. diersiana, R. rutiliflora.*

'Rebutia pygmaea v. eos'
publiziert als *Rebutia eos* Rausch
'v. canacruzensis' pub. als *Rebutia canacruzensis* Rausch ist wahrscheinlich identisch (Cana Cruz). [CS/PM]
HEIMAT: Süd-Bolivien, Talina und Tafna.
ANDERE NAMEN: *Lobivia haagei v. eos, R. rosalbiflora, R. mixta.* **'v. canacruzensis'**: *L. haagei v. can.*

'Rebutia pygmaea v. friedrichiana'
publiziert als *Rebutia friedrichiana* Rausch
Größerer Körper als bei den anderen Varietäten, bei 5 cm Höhe bis 3 cm ∅, 3 cm breite Blüte. [CS/PM]
HEIMAT: Bolivien, La Cueva.
ANDERE NAMEN: *Lobivia pygmaea v. friedrichiana, R. odontopetala.*

'Rebutia pygmaea v. haagei'
publiziert als *Rebutia haagei* Fric & Schelle.
4 cm breite Blüte. [RK84-4/IP]
HEIMAT: Argentinien, Jujuy.
ANDERE NAMEN: *Mediolobivia pygmaea* Bkbg; *Lobivia haagei.*

'Rebutia pygmaea v. iscayachensis'
publiziert als *Rebutia iscayachensis* Rausch
Breiterer Körper, geducktes Aussehen, blasseres Grün als der nahe Verwandte von **v. colorea.** Größere und weniger glänzende Blüten als der letztgenannte. [CS/PM]
HEIMAT: Bolivien, Iscayache, Abra de Sama.
ANDERE NAMEN: *Lobivia pygmaea v. iscayachensis.* Siehe Anhang 9 für die anderen Varietäten.

Rebutia ritteri (Wessn.) Don.
4,5 cm breite Blüte, feuerrot bis karmesinrot. **Rebutia raulii** Rausch, ähnlich, aber größere Triebe, bis 4 cm ∅ und kleinere, rote Blüte (Rio Honda). Ähnlich: **R. yuquinensis** Rausch mit grünerer Epidermis und rauchroter Blüte (Culpina). [WR650/IP/DHS]
HEIMAT: Bolivien, nahe Iscayache.
ANDERE NAMEN: *Lobivia atrovirens v. ritteri, Mediolobivia ritteri, R. nigricans. 'R. sphaerica', R. tarijensis, R. zecheri. Lobivia atrovirens v. raulii. L. atrov. v. yuquin.*

Rebutia schatzliana Rausch
Enge Verwandtschaft zu **Rebutia albopectinata,** aber mit borstigeren Dornen. [DHS]
HEIMAT: Bolivien, Nord-Cinti, Pucara.

Rebutia senilis Bkbg.
Körper bis zu 8 cm hoch und 7 cm ⌀, relativ lange und dichte, glasig-weiße Dornen. 3,5 cm breite Blüte. **'v. breviseta'** Bkbg. ist hier abgebildet. Andere Varietäten finden Sie in Anhang 10. [Oben p181/CS/PM] [Unten CS/PM]
HEIMAT: Nord-Argentinien, Salta, über Quebrada Escoipe.

Rebutia spegazziniana Bkbg.
4 cm breite Blüte. [L547/CS/PM]
HEIMAT: Nord-Argentinien, Salta.
ANDERE NAMEN: *Aylostera speg., R. fusca, R. poecilantha, R. sanguinea, R. speg. v. atroviridis, R. robustispina, R. theresae, R. vulpina, R. wahliana.*

Rebutia steinmannii (Solms-Laubach) B. & R.
Körper 2 cm hoch bei 1,5–2,5 cm ⌀. 8–11 Dornen. 2 cm lange, rote Blüte. Andere Varietäten finden Sie in Anhang 11. [L421/IP/P]
HEIMAT: Bolivien, zwischen Oruro und Cochabamba, Eucaliptos.
ANDERE NAMEN: *Aylostera steinmannii, Mediolobivia eucaliptana, R. iridescens?, R. lanosiflora?, R. potosina?, R. salpingantha.*

'Rebutia steinmannii v. christinae' publiziert als *Rebutia christinae* Rausch
Mit einer klaren, harten, ineinander verschlungenen Bedornung. [CS/PM]
HEIMAT: Nord-Argentinien, Salta, Nazareno und Rodeo.
ANDERE NAMEN: *Rebutia christinae.*

Rebutia sumayana Rausch
2,5 cm breite Blüte. [WR738/IP/DHS]
HEIMAT: Bolivien, Süd-Cinti, Sumaya.

Rebutia supthutiana Rausch
4 cm breite Blüte. [WR629/IP/DHS]
HEIMAT: Bolivien, nördlich von Culpina und Inca Huasi.

Rebutia tarvitaensis Ritt.
Diese Blüte ist eine der größten innerhalb dieser Gattung, bis 5 cm oder mehr ∅. [CS/PM]
HEIMAT: Bolivien, Tarvita.

Rebutia tropaeolipicta Ritt.
3,5 cm lange Blüte. [CS/DHS]
HEIMAT: Bolivien, Mal Paso.

Rebutia violaciflora Bkbg.
Einzeln am Heimatstandort, in Kultur später gruppenbildend. [CS/PM]
HEIMAT: Nord-Argentinien.
ANDERE NAMEN: *R. karusiana?, R. minuscula fa. violaciflora.*

Rebutia violascens Ritt.
3–4 cm ∅. [CS/PM]
HEIMAT: Bolivien, nahe Camargo, nördlich von Llallagua.
ANDERE NAMEN: *Lobivia haagei v. viol.*

Rebutia walteri Diers
Enge Verwandtschaft zu *R. hoffmannii.* [WR784/DHS]
HEIMAT: Argentinien, Salta, Santa Viktoria.

Rebutia wessneriana Bew.
Charakteristisch durch seine dichte Bedornung. 5,5 cm breite Blüte. **v. calliantha** (Bew.) Don. hat eine flammenfarbige Blüte. [Holotype/DHS]
HEIMAT: Nord-Argentinien.
ANDERE NAMEN: *R. hyalacantha,* **v. calliantha:** *R. calliantha.*

Rebutia wessneriana v. beryllioides (Buin. & Don.) Don.
Flacher, glänzend-grüner Körper. Scharlachrote Blüte.
HEIMAT: Nord-Argentinien.
ANDERE NAMEN: *R. call v. beryllioides, 'R. beryllioides'.*

Rebutia xanthocarpa Bkbg.
Nur 2 cm breite Blüte. **fa. dasyphrissa** (Card.) Buin. & Don.; längere Dornen, bläulich-rote Blüte. **fa. salmonea** (Bkbg.) Buin. & Don.; lachsrote Blüte. **fa. violaciflora** (Bkbg.) Buin. & Don.; leuchtend violette Blüte. **fa. graciliflora** (Bkbg.) Don.; Blüte nur 1,7 cm breit, leuchtend rot mit gelblichem Schimmer. [WR1/IP/DHS]
HEIMAT: Nord-Argentinien, Salta, Quebrada del Toro.
ANDERE NAMEN: **fa. dasy.**: *R. dasy.* **fa. gracil.**: *R. graciliflora* Bkbg.

Sclerocactus parviflorus Clover & Jotter
Einzeln oder 2–3 Köpfe; die oberen Mitteldornen rosa. Blüten durchschnittlich 4–4,5 cm breit. **v. intermedius** (Peeb) Woodruff & Benson (Abb.); obere Mitteldornen weiß; Blüten durchschnittlich 3 cm breit (höher gelegene Wacholder-Pinien-Wälder in Colorado, Utah, Nord-Arizona und New Mexiko). [H]
HEIMAT: Tiefere Gebiete der Navajoa-Wüste, Arizona.

Sclerocactus whipplei (Englm. & Big.) B. & R.
Einzeln, bei 7,5 cm Höhe bis 9 cm ∅. Blüte 2,5–3,5 cm breit. [H]
HEIMAT: Tiefere Gebiete der Navajoa-Wüste, Arizona.

Sclerocactus wrightiae Benson
Einzeln. 2 cm breite Blüte. [H]
HEIMAT: Utah.

Stenocactus albatus (Dietr.) A. W. Hill
Die abgebildete Pflanze ist im allgemeinen als die Art bekannt; sie entspricht jedoch nicht der Originalbeschreibung und ist von unbekannter Herkunft. [CS/P]

Stenocactus coptonogonus (Lem.) A. W. Hill

Das einzige Mitglied innerhalb dieser Gattung, das sich leicht und schnell artspezifisch erkennen läßt. Charakteristisch die nicht gewellten Rippen. [CS/PM]

HEIMAT: Mexiko, Staat San Luis Potosi.

Stenocactus crispatus (DC) A. W. Hill

So variabel, daß wir mehrere Abbildungen der unterschiedlichsten Formen zeigen, die unter Sammelnummern besser erhältlich sind als unter Namen. Blüte mit purpurnem Mittelstreifen (L1377; große Blüte, purpur!). Die abgebildete Pflanze, Lau738, ist eine durchschnittliche Form. [L738/CS/PM]

HEIMAT: Mexiko, von Puebla und Oaxaca nordwärts bis nördlich San Luis Potosi und Zacatecas.

ANDERE NAMEN: Angabe nicht möglich.

Stenocactus crispatus 'lloydii'

In Kultur eine der unterschiedlichsten Formen dieses Komplexes, mit seinen langen, gebogenen Mitteldornen. Die abgebildete Plfanze, Lau1008, unterscheidet sich sehr von der **'lloydii'**-Form im Handel. [L1008/CS/PM]

ANDERE NAMEN: *Echinofossulocactus lloydii.*

Stenocactus crispatus 'Huizache-Form'

Eine der zahlreichen Formen aus weitverstreuten Standorten, bemerkenswert wegen der langen Mitteldornen. Diese Pflanze ist im Handel unter PM49 und SB437. [PM49/HS/PM]

Stenocactus multicostatus (Hildman ex Sch.) A. W. Hill

Zahlreiche Rippen, bis zu 100 und mehr, niemals breiter als 1 mm. 2,5 cm lange Blüte, weiß mit purpurnem Mittelstreifen. [P288/CS/PM]

HEIMAT: Verstreute Vorkommen in Zacatecas, Coahuila, Nuevo Leon und Durango, Mexiko.

Stenocactus multicostatus 'zacatecasensis'

Einzeln, kugelig, bis 10 cm ⌀. 3–4 cm breite Blüte. [SB7/HS/PM]

HEIMAT: Mexiko, Nord-Zacatecas.

ANDERE NAMEN: *Echinofossulocactus zacatecasensis.*

Stenocactus ochoterenaus Tiegel
Kugelig, 7 cm hoch und 10 cm ∅; oberer Mitteldorn bis 6 cm lang und 2 mm breit. Blüte weißlich-rosa. [H]
HEIMAT: Mexiko, Sierra Madre Occidental.

Stenocactus phyllacanthus (Dietr. & Otto) A. W. Hill
Normalerweise einzeln, 4–10 cm ∅. Bis zu 2 cm lange Blüte, weiß bis blaßgelb, manchmal mit einem dünnen, braunen Mittelstreifen. [PM28/HS/PM]
HEIMAT: Mexiko: Hidalgo; Guanajuato; San Luis Potosi und Zacatecas.
ANDERE NAMEN: *E. tricuspidatus.*

Stenocactus vaupelianus (Werd.) A. W. Hill
Einzeln, flachkugelig, bis 10 cm ∅. Bis 22 mm breite, sehr blaßgelbe Blüte. [H]
HEIMAT: Mexiko, die abgebildete Pflanze wuchs wenige Meilen nördlich von Zimapan, Hidalgo.

Strombocactus disciformis (DC.) B. & R.
Langsam wachsend. 4 cm breite Blüte. [IP/DHS]
HEIMAT: Mexiko, Hidalgo.

Sulcorebutia alba Rausch
Nur rote Blüten. [WR472/IP/DHS]
HEIMAT: Bolivien, an der Straße von Sucre nach Los Alamos.
ANDERE NAMEN: *S. verticillacantha v. chatajillensis.*

Sulcorebutia albissima (Brandt) Pilbeam
Farbe der Dornen und deren Anordnung sehr variabel.
[Oben HS24/IP/DHS: Unten KK1567/IP/DHS]
HEIMAT: Bolivien, Provinz Mizque.
ANDERE NAMEN: *Weingartia albissima, S. albida* n. n.

Sulcorebutia arenacea (Card.) Ritt.
Nur wenig sprossend, variable Dornenlänge. [Card.4400/IP/DHS]
HEIMAT: Bolivien, Provinz Ayopaya, nahe Tiquipaya.
ANDERE NAMEN: *Rebutia arenacea.*

Sulcorebutia augustinii G. Hentzschel
[HS152/IP/DHS]
HEIMAT: Bolivien, Provinz Campero, bei Vana Kunichico.

Sulcorebutia breviflora Bkbg.
Blütengröße und -länge variabel. Blüten normalerweise gelb, aber ebenso weiß, rosenfarbig, rosa und rosa mit weiß. [Oben Card.IP/DHS: Unten L315/IP/DHS]
HEIMAT: Bolivien, Provinz Tarata, am Rio Caine, La Vina.
ANDERE NAMEN: *S. caineana, S. haseltonii.*

Sulcorebutia candiae (Card.) Buin. & Don.
Dornenlänge sehr variabel. [WR245/IP/DHS]
HEIMAT: Bolivien, Provinz Ayopaya, nahe Tiquipaya.
ANDERE NAMEN: *Rebutia candiae, S. xanthoantha.*

Sulcorebutia canigueralii (Card.) Buin. & Don.
[KR217-2/IP/DHS]
HEIMAT: Bolivien, Sucre.
ANDERE NAMEN: *Rebutia canig.*

Sulcorebutia canigueralii v. applanata Don. & Krahn
Bemerkenswert sind die flachen Triebe und die tiefmagentafarbene Blüte. [KR217a/IP/DHS]
HEIMAT: Bolivien, Sucre, an der Straße in das Rio-Chico-Tal.
ANDERE NAMEN: *S. verticillacantha v. applanata.*

Sulcorebutia caracarensis sensu Rausch
Nicht in irgend einer Sammlung ist diese Pflanze entstanden, sondern die hier abgebildete Pflanze ist Rausch's Vorstellung von der Art, WR598. [WR598/IP/DHS]

HEIMAT: Bolivien, Original-Fundort in der Provinz Zudanez, Caracara-Berge.

ANDERE NAMEN: *Rebutia caracarensis.*

Sulcorebutia cardenasiana Vasq.
[WR609/IP/DHS]

HEIMAT: Bolivien, Provinz Campero, nahe Pasorapa.

Sulcorebutia cochabambina Rausch
Ziemlich variabel, lange oder kurze Dornen, grüne oder bronzene Epidermis. Blütenfarbe immer magenta. [WR611-7/IP/DHS]

HEIMAT: Bolivien, Dept. Cochabamba, um Cliza und Arani und nahe Arque.

ANDERE NAMEN: *S. clizensis nom. prov.*

Sulcorebutia crispata Rausch
Dornen und Blütenfarbe variabel (siehe Abb.). [L390/IP/DHS]

HEIMAT: Bolivien, Dept. Chuquisaca, Tomina.

Sulcorebutia cylindrica Don. & Lau
Die aus der Lau-Sammlung stammende, abgebildete Pflanze hat einen schlanken, zylindrischen Körper und eine gelbe Blüte, obwohl weiße Blüten ebenfalls auftauchen. Später gesammelte Pflanzen von anderen Standorten sind breiter mit magentafarbenen Blüten. z. B. *'v. crucensis',* n. n. [L335/IP/DHS]

HEIMAT: Bolivien, zwischen Vila Vila und Cruce.

Sulcorebutia fischeriana Augustin
[HS79/IP/DHS]

HEIMAT: Bolivien, Dept. Chuquisaca, Cerro Kaspichancha.

Sulcorebutia flavissima Rausch
Blüte: rosa oder weiß. Diese Art ist höchstwahrscheinlich eine gelbbedornte Form von **S. mentosa.** [L338/IP/DHS]
HEIMAT: Bolivien, zwischen Aiquile und Mizque, nahe Orkho Abuelo.
ANDERE NAMEN: *S. cupreata* n. n., *S. flavida.*

Sulcorebutia frankiana Rausch
[HS75/IP/DHS]
HEIMAT: Bolivien, Sucre, an der Straße nach Los Alamos.

Sulcorebutia glomeriseta (Card.) Ritt.
Obwohl sie sich in Kultur unterscheidet, scheint sie eine Form von **S. menesesii** zu sein. [Card. IP/DHS]
HEIMAT: Bolivien, Provinz Ayopaya, nahe Naranjito.
ANDERE NAMEN: *Rebutia glomeriseta.*

Sulcorbutia glomerispina (Card.) Buin. & Don.
Zweifelhafte Unterschiede zu **S. steinbachii,** die oftmals als **S. glomerispina** im Handel ist. [WER249/IP/DHS]
HEIMAT: Bolivien, Huakani.
ANDERE NAMEN: *Rebutia glomerispina.*

Sulcorebutia inflexiseta (Card.) Don.
[Card.6308/IP/DHS]
HEIMAT: Bolivien, Dept. Chuquisaca.
ANDERE NAMEN: *Rebutia inflexiseta.*

Sulcorebutia jolantana nom. nud.
Lediglich eine gelbbedornte Population der sehr variablen **S. purpurea.** [HS68a/IP/DHS]
HEIMAT: Bolivien, nahe Laguna.

Sulcorebutia krahnii Rausch
[HS33/IP/DHS]
HEIMAT: Bolivien, Dept. Santa Cruz, nördlich von Comarapa, Cerro Tukiphalla.

Sulcorebutia kruegeri (Card.) Ritt.
Gelbe oder rötliche Blüte. [Card.5495/IP/DHS]
HEIMAT: Bolivien, nahe Cochabamba.

Sulcorebutia kruegeri v. hoffmanniana (Bkbg.) Don.
Dornen sehr variabel in Dichte und Farbe, die von gelblich-weiß bis zu verschiedenen Braun-Schattierungen reicht. [DHS]
HEIMAT: Bolivien, Cuchu Punata, La Villa und Tacachi.
ANDERE NAMEN: *Lobivia hoffmanniana, S. seinoiana, S. vanbaelii, S. hoffmanniana.*

Sulcorebutia langeri Neumann & Falkenburg nom. prov. [Langer IP/DHS]
HEIMAT: Bolivien, Dept. Santa Cruz, nahe Pampa Grande, am Rio Chico.
ANDERE NAMEN: *'S. koehresii'.*

Sulcorebutia losenickyana Rausch
Triebe einzeln, bis 7 cm ⌀, im Alter nur wenig sprossend. Leuchtend rote Blüte. Die rosa-magenta blühenden Pflanzen, die häufig unter diesem Namen verkauft werden, gehören nicht zu dieser Art. [WR477/IP/DHS]
HEIMAT: Bolivien, nahe der Straße von Sucre nach Ravelo.
ANDERE NAMEN: *S. sucrensis* Ritt. n. n.

Sulcorebutia mariana Swoboda
Wahrscheinlich nur eine Form von **S. totorensis.** [HS15/IP/DHS]
HEIMAT: Bolivien, Dept. Cochabamba, westlich von Mizque.

Sulcorebutia markusii Rausch
Bedornung sehr variabel in Farbe und Dichte (siehe Abb.). 3,5 cm breite Blüte, tief magenta oder scharlachrot. [Oben: WR1985/IP/DHS; Unten: HS64/IP/DHS]
HEIMAT: Bolivien, Prov. Mizque, nahe Vila Vila.

'Sulcorebutia markusii v. cuprea'
publiziert als *S. verticillacantha v. cuprea* Rausch
Längere Dornen als bei der Art. 4,5 cm breite Blüte, rot mit orangefarbenem Schlund. [WR476/IP/DHS]
HEIMAT: Bolivien.

Sulcorebutia menesesii (Card.) Buin. & Don.
Viele Pflanzen, die in den Sammlungen unkorrekt als **S. haseltonii** ausgezeichnet sind, entsprechen der hier abgebildeten Art. [IP/DHS]
HEIMAT: Bolivien, Prov. Ayopaya, nahe Naranjito.
ANDERE NAMEN: *S. menesesii v. kamiensis.*

Sulcorebutia menesesii v. muschii (Vasqu.) Don.
[WR607/IP/DHS]
HEIMAT: Bolivien, Prov. Ayopaya, Chicote Grande.

Sulcorebutia mentosa Ritt.
[HS104/IP/DHS]
HEIMAT: Bolivien, Aiquile.

Sulcorebutia mizquensis Rausch
[WR194/IP/DHS]
HEIMAT: Bolivien, Dept. Cochabamba, nahe Mizque.

Sulcorebutia oenantha Rausch
Einzeln, bis zu 10 cm ∅, [KK/IP/DHS]
HEIMAT: Bolivien, Dept. Cochabamba, südlich von Totora.

Sulcorebutia pampagrandensis Rausch
Einzeln, 7–8 cm ∅. Wächst nur einige Meilen von der vorhergehenden Art entfernt. [WR466/IP/DHS]
HEIMAT: Bolivien, Dept. Cochabamba, südlich von Totora, Hacienda Pampagrande.
ANDERE NAMEN: *'S. weingartioides'.*

Sulcorebutia perplexiflora Brandt
Sammler sind vielleicht vertrauter mit dieser Pflanze, die fälschlicherweise auch als **S. pulchra** angeboten wird (siehe nächster Beitrag). [L387/IP/DHS]
HEIMAT: Bolivien, Presto-Pasopaya.

Sulcorebutia pulchra (Card.) Don.
Pflanzen, die exakt zu der Originalbeschreibung passen, müssen noch gefunden werden. Pflanzen, unter diesem Namen erhältlich, sind oft Rausch's 593 und 599. Wie dem auch sei, die abgebildete Pflanze, HS78a, kommt der Originalbeschreibung sehr nahe. [HS78a/IP/DHS]
HEIMAT: Bolivien, Dept. Chuquisaca, zwischen Rio Grande und Presto.
ANDERE NAMEN: Irrtümlich publiziert als *S. pulchera.*

Sulcorebutia purpurea Don.
Normalerweise einzeln, bis zu 9 cm oder mehr ∅, sehr variabel. [Oben: HS67/IP/DHS; Unten: L336/IP/DHS]
HEIMAT: Bolivien, Dept. Cochabamba, Lagunillas bis innerhalb 12 km von Aiquile, nahe Novillero und fast überall westlich von Cauta.
ANDERE NAMEN: *S. unguispina, Weingartia rubriflora.*

Sulcorebutia rauschii Frank
Körper grün bis purpur, schwarze oder goldene Dornen. [CS/PM]
HEIMAT: Bolivien, Dept. Chuquisaca, nahe Zudanez.

Sulcorebutia santiaginiensis Rausch
Ein kleines Mitglied des **S. purpurea**-Komplexes. [JD178a/IP/DHS]
HEIMAT: Bolivien, Aiquile.

Sulcorebutia steinbachii (Werd.) Bkbg.
Eine derart variable Art, daß es nicht zu vertreten ist, eine der unten aufgeführten Varietäten aufrecht zu erhalten. Innerhalb einer einzigen Population können die Blüten von gold bis goldorange, flammenorange, magenta oder scharlachrot variieren; die Bedornung kann kammartig bis lang und dolchartig sein. [Card. IP/DHS]
HEIMAT: Bolivien, weitverbreitet um Cochabamba.
ANDERE NAMEN: *S. stein, v. australis, v. gracilior, v. horrida, v. violaciflora, 'S. bicolor', S. tuberculato-chrysantha, Weingartia clavata.*

Sulcorebutia steinbachii v. polymorpha (Card.) Pilbeam
Eine Population mit den beiden in dieser Abbildung gezeigten Blütenfarben und eher frischgrünen Körpern.
[Oben: KK875/IP/DHS; Unten: KK869/IP/DHS]
HEIMAT: Bolivien, Kayrani.
ANDERE NAMEN: *S. polymorpha.*

Sulcorebutia swobodae Augustin
Helle oder dunkle Dornen. Eng verwandt mit **S. mentosa** und möglicherweise als Varietät dieser Art zu behandeln. [HS27a/IP/DHS]
HEIMAT: Bolivien, Dept. Cochabamba, zwischen Aiquile und Mizque.

Sulcorebutia tarabucoensis Rausch
Bedornung normalerweise eher unordentlich und zum Körper gebogen. Rote Blüte. Eng verwandt mit **S. canigueralii.** [L382/IP/DHS]
HEIMAT: Bolivien, Dept. Chiquisaca, nahe Tarabuco.

'Sulcorebutia tarabucoensis v. aureiflora' Publiziert als *S. verticillacantha v. aureiflora* Rausch.
Kleinere und schmalere Köpfe als bei der Art. Gelbe Blüte. [L389/IP/DHS]
HEIMAT: Bolivien, Dept. von Chuquisaca, nahe Tarabuco.
ANDERE NAMEN: Siehe Überschrift. Auch *Weingartia callecallensis, W. rubro-aurea.*

Sulcorebutia taratensis (Card.) Bkbg.
Typisch für diese Pflanze ist der dunkelgrüne Körper. [Vasqez IP ex Krahn/DHS]
HEIMAT: Bolivien, um Tarata.

Sulcorebutia tarijensis Ritt.
Der Körper kann noch viel dunkler als bei der abgebildeten Pflanze sein. [KK864/IP/DHS]
HEIMAT: Bolivien, Cuesta de Sama.
ANDERE NAMEN: *Weingartia tarijensis, W. oligacantha. W. sanguineo-tarijensis.*

Sulcorebutia tiraquensis (Card.) Ritt.
Dunkelgelbe bis dunkelbraune Dornen; Blüte: purpur bis rot. **'v. bicolorispina'** Knize nom. prov.; (Abb.), Blüte: magenta, manchmal rot. [KK1770/IP/DHS]
HEIMAT: Bolivien, nahe Monte Puncu.
ANDERE NAMEN: *S. tiragu. v. spinosior. Weingartia nigrofuscata.* **v. bicolorispina:** *Weingartia aglaia, S. 'camachoi', S. 'senilis'.*

'Sulcorebutia tiraquensis v. electracantha' Bkbg.
Weiße bis gelbe Dornen, Blüte: orange bis rot. Keine wirklich einwandfreie Varietät, weil sie sich teilweise mit anderen Arten überschneidet. [KK1801/IP/DHS]
HEIMAT: Wie bei der Art.

Sulcorebutia tiraquensis v. longiseta (Card.) Don.
Beschrieben als langdornig, aber kurzdornige Formen existieren ebenso. [Krahn IP/DHS]
HEIMAT: Bolivien, Cochabamba, nahe Lopez Mendoza.

Sulcorebutia torotorensis (Card.) Bred. & Don.
Die größte aller Sulcorebutien, bis 15 cm Ø. [KK1771/IP/GC]
HEIMAT: Bolivien, Dept. Potosi, nahe Toro-Toro.
ANDERE NAMEN: *Weingartia torotorensis.*

Sulcorebutia totorensis (Card.) Ritt.
Dunkelgrüner Körper, 3–6 bis 2 cm lange Mitteldornen. Dunkle, rötlich-purpurfarbene, 3,5 cm lange Blüte. **v. lepida** (Ritt.) Pilbeam ex Don. (Abb.); Körper tief dunkelgrün oder purpurbraun, normalerweise 0(–6), 5–8 mm lange Mitteldornen. Dunkelrote, 3 cm lange Blüte. (50 km östlich von Copachuncho.) [WR190a/IP/DHS]

HEIMAT: Bolivien, Dept. Cochabamba, von Copachuncho südwärts nach Lagunillas.

ANDERE NAMEN: *Rebutia totorensis.* **v. lepida:** *S. lepida.*

Sulcorebutia tunariensis (Card.) Buin. & Don.
[L971/IP/DHS]

HEIMAT: Bolivien, Dept. Cochabamba, um Tunari.

ANDERE NAMEN: *Rebutia tunariensis.*

Sulcorebutia vasqueziana Rausch
Farbe der Dornen variabel (siehe Abb.). **v. albispina** Rausch hat weiße Dornen. [Oben: HS72/IP/DHS; Unten: WR474/IP/DHS]

HEIMAT: Bolivien, Dept. Chuquisaca, Sucre, nahe der Straße nach Los Alamos.

ANDERE NAMEN: **v. albispina:** *S. ritteri, 'S. sucrensis', S. verticillacantha v. albispina.*

Sulcorebutia verticillacantha Ritt.
Blüte: blaß violett-purpur oder zinnoberrot mit orangefarbenem Schlund. **v. minima** Pilbeam ex Rausch hat kleinere Triebe und magenta-rosafarbene Blüten (Prov. Arque, bei Anzaldo). [IP/DHS]

HEIMAT: Bolivien, Dept. Cochabamba, nahe Arque und nahe Izata.

Thelocactus bicolor (Gal. ex Pfeiff.) B. & R.
Eine derart variable Bedornung, daß die meisten Varietäten in der Art enthalten sind. **v. flavidispinus** Bkbg., eine zwergige Pflanze, die auf einen bestimmten Bodentyp in der Nähe von Marathon, Texas, beschränkt ist. [CS/PM]

HEIMAT: Weit verbreitet im Südwesten von Texas und Nord-Mexiko.

ANDERE NAMEN: *T. bicolor v. schottii, v. texensis, v. tricolor* und *v. wagnerianus, T. wagnerianus; Ferocactus bicolor.*
v. flavidispinus: *Fero. bicolor v. flavid, T. flavid.*

Thelocactus bicolor v. bolaensis (Runge) Knuth
Bekannt für seine herrliche, dichte, blaßgelblichweiße Bedornung. Der Blüte fehlt das arttypische rote Zentrum. [CS/W]

HEIMAT: Mexiko, Coahuila, Sierra Bola.

ANDERE NAMEN: *Ferocactus bicolor v. bolaensis.*

Thelocactus bicolor v. schwarzii (Bkbg.) Anderson

Normalerweise ohne Mitteldornen. [CS/PM]

HEIMAT: Mexiko, Tamaulipas, südlich von Llera.

ANDERE NAMEN: *T. schwarzii, Ferocactus bicolor v. schwarzii.*

Thelocactus conothelos (Regel & Klein) Bkbg. & Knuth

Einzeln, Blüte: magenta, rosa oder weiß. **v. aurantiacus** Glass & Foster (Abb.), ist sehr ähnlich, aber mit gelber Blüte. In manchen Populationen wachsen rosa- und gelbblühende Formen zusammen, so daß echte Varietäten fraglich werden (Nuevo Leon, nahe Aramberri). [CS/PM]

HEIMAT: Mexiko: Nuevo Leon; Tamaulipas und San Luis Potosi.

ANDERE NAMEN: *T. saussieri.*

Thelocactus conothelos v. argenteus Glass & Foster

Einzeln, glasartige, silbrige, grauweiße Dornen. [CS/PM]

HEIMAT: Unter Pinien nahe La Ascension, Nuevo Leon, Mexiko.

Thelocactus hastifer (Werd. & Boed.) Knuth

Einzelne, langzylindrische Triebe. 3,5–5 cm ⌀. [IP/K]

HEIMAT: Mexiko, Queretaro.

ANDERE NAMEN: *Ferocactus hastifer.*

Thelocactus heterochromus (Web.) van Oosten

Liegt zwischen **T. bicolor** und **T. hexaedrophorus.** Bis zu 10 cm breite Blüte, leuchtend violett mit dunklem Zentrum. [NPT499/H]

HEIMAT: Mexiko, Chihuahua bis Coahuila.

ANDERE NAMEN: *Ferocactus heterochromus*

Thelocactus hexaedrophorus (Lem.) B. & R.

Bedornung und Körperform eher variabel. Weiße Blüte. **v. lloydii** (B. & R.) Kladiwa & Fittkau hat sehr ausgeprägte Warzen und eine rosafarbene Blüte (Zacatecas, z. B. nahe Fresnillo). [CS/PM]

HEIMAT: Mexiko, weitverbreitet in San Luis Potosi, Tamaulipas und Nuevo Leon.

ANDERE NAMEN: *T. fossulatus, T. hex. v. foss.*
v. lloydii: *T. lloydii.*

Thelocactus leucacanthus (Zucc. ex Pfeiff.) B. & R.
Mitunter basal sprossend. 4,5 cm breite Blüte, gelb oder rosa-violett bis karmin bei *'v. schmollii'* und *'v. sanchezmejoradai'.* [CS/PM]
HEIMAT: Mexiko: Hidalgo und Queretaro.
ANDERE NAMEN: *Ferocactus leucacanthus, T. ehrenbergii.*

Thelocactus macdowellii (Rebut ex Quehl) Glass
Einzeln oder gruppenbildend, 5 cm breite, rosafarbene Blüte. [CS/PM]
HEIMAT: Mexiko: Coahuila und Nuevo Leon, besonders zwischen Monterrey und Saltillo.
ANDERE NAMEN: *T. conothelos v. macdow.*

Thelocactus rinconensis (Poselg.) B. & R.
Einzeln, bis 20 cm ∅, Dornen variabel in der Länge von kurz bei *'v. phymatothelos'* bis mehr als 6 cm bei *'v. nidulans'.* [CS/PM]
HEIMAT: Mexiko: Coahuila und Nuevo Leon.
ANDERE NAMEN: *T. lophothele, v. nidulans, T. nidulans, T. phymatothelos.*

Thelocactus setispinus (Englm.) Anderson
Einzeln, bis zu 12 cm Höhe bei 9 cm ∅. 3–4,2 cm breite Blüte.
[SB858/CS/PM]
HEIMAT: Süd-Texas und Mexiko bei Coahuila, Nuevo Leon und Tamaulipas.
ANDERE NAMEN: *Ferocactus set., Hamatocactus set.*

Thelocactus tulensis (Poselger) B. & R.
Einzeln oder gruppenbildend, gestreckt. 3,5–4,2 cm breite Blüte, weiß mit blaß-rosafarbenem Mittelstreifen. Gelbblühende Pflanzen, genannt *v. nova,* stehen in Sammlungen. **v. bueckii** (Klein) Anderson; geduckte Körper, gehöckerte Warzen, geringere Bedornung (Nuevo Leon, z. B. Aramberri). [IP/W]
HEIMAT: Mexiko: Tamaulipas und San Luis Potosi.
ANDERE NAMEN: **v. bueckii:** *T. bueckii.*

Thelocactus tulensis v. matudae (Sanchez-Mej. & Lau) Anderson
Einzeln, bis 15 cm ∅. 7,5–8 cm breite Blüte.
[L744/CS/PM]
HEIMAT: Mexiko, Nueo Leon, Tal von Rayones.
ANDERE NAMEN: *T. matudae.*

Turbinicarpus laui Glass & Foster
Einzeln, kugelig, bis 3,5 cm ∅. 3–3,5 cm breite Blüte. [CS/PM]
HEIMAT: Mexiko, San Luis Potosi, nahe Villa Juarez.
ANDERE NAMEN: *Neolloydia laui.*

Turbinicarpus lophophoroides (Werd.) Bux. & Bkbg.
Einzeln, bis zu 3,5 cm Höhe bei 4,7 cm ∅. 3,5 cm breite Blüte. [CS/PM]
HEIMAT: Mexiko, San Luis Potosi, Las Tablas.
ANDERE NAMEN: *Neolloydia loph.*

Turbinicarpus pseudomacrochele (Bkbg.) Bux. & Bkbg.
Normalerweise einzeln, bis zu 4 cm Höhe bei 3,5 cm ∅. 3–3,5 cm breite Blüte. [CS/PM]
HEIMAT: Mexiko; Hidalgo und Queretaro.
ANDERE NAMEN: *Neolloydia pseudomac.*

Turbinicarpus pseudomacrochele v. krainzianus (Frank) Glass & Foster
In Kultur fast ausnahmslos sprossend, bis zu 4 cm Höhe bei 3 cm ∅. Gelbe Blüte. Diese Form wurde am Heimatstandort nicht wieder gefunden, dafür wurde aber eine kleinbleibende, rosablühende Form erst kürzlich in Hidalgo gesammelt. [CS/PM]
HEIMAT: Mexiko, Queretaro.
ANDERE NAMEN: *Turbinicarpus krainz., Toumeya pseudomac. v. krainz., Strombocactus pseudomac. v. krainz.*

Turbinicarpus pseudopectinatus (Bkbg.) Glass & Foster
Einzeln, bis zu 5 cm Höhe bei 2–3,5 cm ∅. 'v. rubriflora' hat rötlich-rosafarbene Blüten. [CS/PM]
HEIMAT: Mexiko: Tamaulipas und Nuevo Leon.
ANDERE NAMEN: *Neolloydia pseudo., Normanbokea pseudo., Pelecyphora pseudo.*

Turbinicarpus schmiedickeanus (Berg.) Bux. & Bkbg.
Einzeln, bis zu 2,5 cm Höhe und ∅. Blüte: 1,8–2,5 cm breit, weiß bis rosa mit hellen, magentafarbenen Mittelstreifen. [IP/P]
HEIMAT: Mexiko, Tamaulipas, nahe Miquihuana.
ANDERE NAMEN: *Neolloydia schmied.*

Turbinicarpus schmiedickeanus v. dickisoniae Glass & Foster
Einzeln, bis zu 2,5 cm Höhe bei 3,5 cm ∅. 1,7 cm breite Blüte. [CS/P]
HEIMAT: Mexiko, Nuevo Leon, nahe Aramberri.
ANDERE NAMEN: *Neolloydia schmied. v. dick., 'Turbinicarpus dick.', 'T. gracilis. v. dick.'*

Turbinicarpus schmiedickeanus v. flaviflorus (Frank & Lau) Glass & Foster
Einzeln, bis zu 3 cm Höhe bei 2 cm ∅. 1–1,5 cm breite Blüte. [IP/GC]
HEIMAT: Mexiko, San Luis Potosi, nahe Santa Rita.
ANDERE NAMEN: *Neolloydia schmied. v. flav., Turbinicarpus flav.*

Turbinicarpus schmiedickeanus v. gracilis Glass & Foster
Einzeln, bis zu 2,5 cm Höhe bei 3 cm ∅. 1,5 cm breite Blüte. [CS/P]
HEIMAT: Mexiko, Nuevo Leon, nahe Aramberri.
ANDERE NAMEN: *Neolloydia schmied. v. gracilis, T. gracilis.*

Turbinicarpus schmiedickeanus v. klinkerianus (Bkbg. & Jacobs.) Glass & Foster
Einzeln, bis zu 3 cm Höhe bei 5 cm ∅. [IP/DHS]
HEIMAT: Mexiko, San Luis Potosi.
ANDERE NAMEN: *Neolloydia schmied. v. klink., T. klinkerianus.*

Turbinicarpus schmiedickeanus v. macrochele (Werd.) Glass & Foster
Einzeln, bis zu 3 cm Höhe bei 4 cm ∅. Bis zu 3,2 cm breite Blüte. [IP/GC]
HEIMAT: Mexiko, San Luis Potosi, Matehuala.
ANDERE NAMEN: *Neolloydia schmied. v. macro., T. macro.*

Turbinicarpus schmiedickeanus v. schwarzii (Shurly) Glass & Foster
Einzeln, bis zu 3 cm Höhe bei 4 cm ∅. 2,5–3,2 cm breite Blüte. [IP/DHS]
HEIMAT: Mexiko, östlich von San Luis Potosi.
ANDERE NAMEN: *Neolloydia schmied. v. schwarzii, Thelocactus macrochele v. schwarzii, Toumeya mac. v. schw., T. schw., 'T. polaskii'.*

Turbinicarpus valdezianus (Moell.) Glass & Foster
Einzeln, bis zu 2,5 cm Höhe. [CS/PM]
HEIMAT: Mexiko, Coahuila, Saltillo.
ANDERE NAMEN: *Gymnocactus vald.* und *v. albiflorus, Neolloydia vald., Normanbokea vald., Pelecyphora vald., Thelocactus vald.*

Uebelmannia buiningii Don.
Einzeln, kurzzylindrisch, bis 8 cm ∅. 2 cm breite, gelbe Blüten. [CS/GC]
HEIMAT: Brasilien, Minas Gerais, Serra Negra.

Uebelmannia flavispina Buin. & Bred.
Einzeln, bis zu 35 cm hoch und 11 cm ∅. 7 mm breite, hellgelbe Blüte. [CS/GC]
HEIMAT: Brasilien, Minas Gerais, westlich von Diamantina.

Uebelmannia gummifera (Bkbg. & Vol.) Buin.
Einzeln, bis zu 10 cm hoch bei 6 cm ∅. 1,5 cm breite, gelbe Blüte. [H]
HEIMAT: Brasilien, Minas Gerais, Serra de Ambrosia.
ANDERE NAMEN: *Parodia gummifera.*

Uebelmannia meninensis Buin.
Einzeln, bis zu 50 cm lang bei 10 cm ∅. 3 cm breite, blaß-gelbe Blüte. [CS/GC]
HEIMAT: Brasilien, Minas Gerais, nahe Pedra Menina.

Uebelmannia pectinifera Buin.
Einzeln, bis zu 50 cm hoch bei 15 cm ∅. Grünlichgelbe Blüte. **v. pseudo-pectinifera** Buin. ist kleiner, die Dornen stehen kammartig seitlich ab. [GC]
HEIMAT: Brasilien, Minas Gerais, nahe Diamantina.
ANDERE NAMEN: *U. ammatrophus, U. multicostatus.*

Weingartia buiningiana Ritt.
Einzeln, 5–10 cm ∅, wird länglich. [FR816/GC]
HEIMAT: Bolivien, Capadala am Rio Pilcomayo.

Weingartia cintiensis Card.
[KK722/IP/DHS]
HEIMAT: Bolivien, nördlich Cinti.
ANDERE NAMEN: *W. fidaiana subsp. cintiensis.*

Weingartia fidaiana (Bkbg.) Werd.
Normalerweise einzeln, bis zu 12 cm oder mehr ∅. Bis zu 3 cm lange, gelbe Blüte. [IP ex Lau/GC]
HEIMAT: Süd-Bolivien, Tupiza.

Weingartia kargliana Rausch
Einzeln, kugelig, bis 5 cm ∅. 3,5 cm breite, gelbe Blüte. [WR677/IP/GC]
HEIMAT: Bolivien, nördlich von Tupiza an der Pampa Mochara.
ANDERE NAMEN: *W. pygmaea.*

Weingartia lanata Ritt
Normalerweise einzeln, kugelig, bis 17 cm ∅. Bis zu 3 cm breite, gelbe Blüte. *W. riograndensis* ist eher eine kleinbleibende, gruppenbildende Form dieser Art. [IP/GC]
HEIMAT: Bolivien, nahe Chuquichuqui.
ANDERE NAMEN: *'W. chuquichuquinensis', W. corroana* (Cardenas 1971), W. longigibba.

Weingartia neocumingii Bkbg.
Einzeln, bis zu 20 cm Höhe bei 10 cm ∅. Blüte: orange bis gold-gelb. **subsp. pulquinensis** (Card.) Don.; kugelförmig, bewollt, dünnere Dornen, gelbe Blüten. [KK1201/IP/GC]
HEIMAT: Bolivien, weitverbreitet in Nord- und Mittel-Bolivien.
ANDERE NAMEN: *W. brachygraphisa.* **subsp. pulquinensis:** *W. multispina, W. pulquinensis, W. knizei, W. corroanus, W. erinacea* und *v. catarirensis.*

Weingartia neocumingii subsp. pulquinensis v. mairanensis Don.
Eine recht attraktive Form mit seinen orangefarbenen bis roten Dornen. [L958/GC]
HEIMAT: Bolivien, nahe Mairana.
ANDERE NAMEN: *'W. hajekiana'.*

Weingartia neocumingii subsp. sucrensis (Ritt.) Don.
Einzeln, gedrückt-kugelig, bis 15 cm ∅. 3 cm breite, gelbe Blüte. **v. trollii** (Oeser) Don. (Abb.); Blüte: gelb bis rot. [GC]
HEIMAT: Bolivien, östlich von Sucre, Questa del Desmeador.
ANDERE NAMEN: *W. gracilispina, W. hediniana, W. neocumin gii subsp. sucrensis v. hediniana, W. sucrensis,* **v. trollii:** *W. trollii.*

Weingartia neumanniana (Bkbg.) Werd.
Einzeln, bis zu 7 cm Höhe bei 5 cm ∅. 2,5 cm breite Blüte, gelb bis rötlich-orange. [IP/GC]
HEIMAT: Nord-Argentinien, nördlich von Humahuaca.

Weingartia pilcomayoensis Card.
Einzeln, bis zu 13 cm Höhe bei 12 cm ∅. 4 cm lange, gelbe Blüte. Die abgebildete Pflanze ist eine kleinbleibende Form dieser Art von Millares, bekannt als *W. platygona.* [KK829/IP/GC]
HEIMAT: Bolivien, Dept. Potosi, zwischen Puente Pilcomayo und Otuyo.

Weingartia westii Hutch.
Einzeln, bis zu 20 cm Höhe bei 8 cm ∅. 3,5 cm breite, gelbe Blüte. [West 6367, Typpflanze/DHS]
HEIMAT: Bolivien, Cuchu Ingenio.
ANDERE NAMEN: *W. lecoriensis, W. vilcayensis.*

Anhang 1–11

Anhang 1

Echinopsis obrepanda (S-D) Sch.
Die enorm weite Verbreitung dieser Art im Hochland von Mittel- und Süd-Bolivien hat naturgemäß zu zahlreichen Variationen geführt. Das wiederum hat zur Folge, daß einige der eng umgrenzten Populationen eigene Charaktermerkmale morphologischer Art sowie in Bedornung und Blütenfarbe aufweisen, die zu einer Art- bzw. Varietätsbenennung geführt haben. Ein Teil dieser Namensgebungen basiert in der Tat primär auf der Blütenfarbe. Wenn aber mittlerweile einige Populationen bekannt sind, bei denen unterschiedliche Farben – von weiß über rosa und magenta bis hin zu rot und scharlachrot – bei unmittelbar angrenzenden Pflanzen gefunden wurden, so scheint diese Form der Namensgebung unhaltbar. Nur wenn sich bestimmte Details von Körper und Bedornung innerhalb einer Population kontinuierlich und stets unterscheiden während nur eine einzige Blütenfarbe auftreten darf, wird ein eigener Name beibehalten, wenn auch eher auf dem Niveau einer Varietät.

Hier folgt eine generelle Beschreibung dieser Art: Körper gedrückt-kugelig, glänzend dunkelgrün. Um Cochabamba und bei Zudanez können Köpfe 30 cm ∅ erreichen, um dann auch etwas zu sprossen. In einigen dieser Populationen tritt nur eine Blütenfarbe auf, d. h. weiß oder magenta, während in anderen Populationen die oben beschriebene Farbenvielfalt vorkommt. Normalerweise 9–11 bis zu 1 cm lange Randdornen, 1–3 bis zu 5 cm lange Mitteldornen, weißlich bis dunkelbraun, oftmals mit einem hakigen Mitteldorn; 20 cm lange Blüte. Bei Culpina wächst eine besonders große Form mit eher kugeligen Körpern von 50 cm ∅ oder mehr bei etwa 30 cm Höhe. Die Dornen sind länger als normal, strohfarben; weiße Blüte.
ANDERE NAMEN: *E. calliantholilacina, E. callichroma, E. carmineoflora, E. coronata, E. cristata, E. fiebrigii, Pseudolobivia frankii, E. mataranensis, E. pseudomamillosa, E. riviere de caraltii, E. rojasii, E. roseo-lilacina* und *E. toralapana; E. obrepanda v. purpurea.*

Anhang 2

Escobaria albicolumnaria Hester
Einzeln oder sehr mäßig sprossend; 25–30 Randdornen; 11–15 Mitteldornen, bis zu 18 mm lang. Bis zu 1,8 cm breite, rosafarbene Blüte.
HEIMAT: West-Texas.

Escobaria orcuttii Boed.
Triebe bis zu 15 cm hoch bei 6 cm ∅, einzeln oder gruppenbildend, 30–41 Randdornen; 15–18 Mitteldornen; 12 mm breite, rosafarbene Blüte. **v. macraxina** Castetter et al. und **v. koenigii** Castetter et al.; höhere Dornenzahl, Samen größer, sonst ähnlich (südwestliches New Mexico).
HEIMAT: südöstliches Arizona und südwestliches New Mexico.
ANDERE NAMEN: *Coryphantha orcuttii, C. strobiliformis v. orcuttii.*

Escobaria sandbergii Castetter et al.
Triebe bis zu 7 cm ∅. Bis zu 2,5 cm breite Blüte, hellrosa bis purpur.
HEIMAT: New Mexico, San-Andreas-Berge.

Anhang 3

Lobivia aurea
Lobivia aurea ist eine jener Pflanzen, die von Population zu Population eine verwirrende Varietäten-Vielfalt zeigt, die es wirklich unmöglich macht, zwischen ihnen eine klare und definitiv trennende Linie zu ziehen. Wenn eine Pflanze aus irgendeiner Population gewisse Details aus einer benachbarten Population aufweist, z. B. körpermorphologische Veränderungen, eine andere Bedornung und eine unterschiedliche Blütenfarbe, so kann es sicher nur eine willkürliche Entscheidung sein, daraus eine neue Varietät abzuleiten, auch wenn es Dutzende derartiger Populationen gibt. Gegenwärtig werden etwa 12 Varietäten akzeptiert, aber man sollte sich darüber im klaren sein, daß diese Pflanze, die nur als **Lobivia aurea** bezeichnet wird, sich ebenso wie die vielen genannten Varietäten von der Typpflanze der Originalbeschreibung unterscheiden kann.

Deshalb wäre es empfehlenswert, sich Exemplare von verschiedenen Standorten zu beschaffen, die sich nur durch die verschiedenen Sammelnummern auszeichnen. Eine kurze

Beschreibung der genannten Varietäten – außer den bereits im Bildteil abgebildeten:

v. albiflora Rausch
7 cm lange, weiße Blüte.
HEIMAT: Argentinien, Sierra de Cordoba.

v. callochrysea (Ritt.) Rausch
Einzeln, zylindrisch, bis über 20 cm hoch, mit einer 11 cm langen, gelben Blüte.
HEIMAT: Argentinien, Salta, Quebrada de las Conchas, der nördlichste Standort dieser Gruppe.
ANDERE NAMEN: *Hymenorebutia aurea v. callochrysea*

v. catamarcensis (Ritt.) Rausch
Einzel oder wenig gruppenbildend, Körper bis zu 20 cm hoch bei 8 cm ∅. 6–9 cm lange, gelbe Blüte.
HEIMAT: Argentinien, Catamarca.
ANDERE NAMEN: *Hymenorebutia aurea v. catamarcensis.*

v. dobeana (Doelz) Rausch
Gruppenbildend. Charakteristische, leuchtend rote Blüte.
HEIMAT: Argentinien, Sierra Ancasti.
ANDERE NAMEN: *Lobivia dobeana.*

v. sierragrandensis Rausch
Einzeln, kugelig, bis zu 8 cm ∅, dichte, nadelartige Bedornung, bis zu 2,5 cm lange Mitteldornen. Gelbe Blüte.
HEIMAT: Argentinien, Sierra Grande de Cordoba.

v. tortuosa Rausch
Einzeln, bis zu 8 cm hoch bei 7 cm ∅; bis zu 3 cm lange, schwarze, gedrehte Dornen. Gelbe Blüte.
HEIMAT: Argentinien, Santiago del Estero, nahe Ojo de Agua.

Anhang 4

Neoporteria horrida (Remy ex Gay) D. Hunt.
ANDERE NAMEN: *Horridocactus aconcaguensis, H. horridus, H. tuberisulcatus, H. choapensis, Neochilenia odoriflora, Neoporteria choapensis, Neop. odorif., Neop. tuberis., Pyrrhocactus aconcaguensis, P. choapensis, P. horridus, P. odorif., P. tuberis., Neop. tuberisulcata v. cupreata, v. robusta* und *v. vegasana; Pyrrho. horridus v. aconcaguensis* und *v. robustus, Horrido. robustus* und *v. vegasanus, Neoc. robusta* und *v. vegasana, Pyrrho. robustus* und *v. vegasanus, Neop. curvispina v. aconcaguensis* (falsch benannt), *Neop. horrida v. armata, H. armatus, Neop. armata, N. tuberisulcata v. armata, P. armatus.*

Anhang 5

Neoporteria odieri (Lem.) Berg.
ANDERE NAMEN: *Neochilenia imitans, Neoc. odieri, Neoc. mall.* und *v. solitaria, 'Neoc. krausii', Neop. reichei v. mall.* und *fa. krausii* und *fa. solit., Chileorebutia odieri, C. krausii, C. malleolata* und *v. solitaria, Thelocephala odieri, T. krausii, T. longirapa, T. malleolata* und *v. solitaria, Chileorebutia fulva, Neoc. fulva, Thelo. fulva.* Fälschlich als **N. reichei v. aerocarpa** benannt wurde *Neoc. aerocarpa v. fulva,* die hierher gehört.

Anhang 6

Neoporteria reichei (Sch.) Bkbg.
ANDERE NAMEN: *Neochilenia reichei, 'Neoc. atra', Thelocephala reichei, Chileorebutia reichei, 'Neoc. lembckei', Thelo. lemb., 'Neoc. neoreichei', 'N. pseudoreichei', Neop. reichei v. reichei fa. lembckei, fa. neoreichei, fa. duripulpa* und *fa. pseudoreichei; Chileorebutia duripulpa, Neoc. duri., Thelo. duri.* **v. aerocarpa**: *Chileorebutia aeroc., Neoc. aeroc., Neop. reichei v. reichei fa. aeroc.*

Anhang 7

Notocactus ottonis (Lehm.) Berg.
ANDERE NAMEN: *N. acutus, N. arechavaletai* und Varietäten, *N. campestrensis, N. glaucinus, N. globularis, N. harmonianus, N. ibicuiensis, 'N. incomptus', N. laetivirens Ritt., N. oxycostatus, N. securituberculatus.*

Anhang 8

Rebutia deminuta (Web.) Br. & R.
KGP-M's Beobachtungen innerhalb einer Population von blühenden Rebutias in der Nähe von Iscayache in Bolivien haben bei dieser Art einen unvorstellbaren Varietätenspielraum gezeigt. Bedornung, Körperform und Blüte variieren derart, daß sich nicht einmal zwei Pflanzen in irgend einer Weise ähneln. Ein Dutzend dieser sogenannten „Arten" könnten an einem einzigen Ort gefunden werden – hier fliegen die Bienen wahllos von einer Blüte zur anderen. Frühere Sammler haben seinerzeit nicht akzeptiert, daß Kakteen eine solche Varietäten-Bandbreite zeigen können, und haben deshalb eine bestimmte Anzahl von ähnlichen Pflanzen der Art mit eigenständigen Artnamen belegt.

Es ist fast sicher, daß **R. fulviseta, R. kupperiana, R. pseudodeminuta** und **R. spegazziniana** ebenso in diese Varietäten-Bandbreite fallen, zumal sie aus jenen variantenreichen Populationen stammen. Wenn sich ausreichend Unterscheidungsmerkmale erkennen und begründen lassen, behandeln wir diese trotzdem entsprechend ausführlich im Bildteil, obwohl sie wahrscheinlich nur aus Kultursammlungen stammen.

Anhang 9

Rebutia pygmaea – Varietäten
'v. crassa', publiziert als *Lobivia haagei v. crassa* Rausch
Eine etwas größere Form mit mehr gehöckerten Rippen und einer größeren, rot-orangefarbenen Blüte.
HEIMAT: Bolivien, Iscayache.

'v. elegantula', publiziert als *Lobivia haagei v. elegantula* Rausch
Insgesamt kleiner und bekannt für die starke Gruppenbildung.
HEIMAT: Argentinien, Rio San Juan de Oro.

'v. mudanensis', publiziert als *Rebutia mudanensis* Rausch
Die größte Varietät, bis zu 3 cm breite Triebe und kugeliger, weißlich-silberne, dichte Bedornung. Große, sehr blasse, lachsrosafarbene Blüte.
HEIMAT: Argentinien, Jujuy, Cerro Mudana.
ANDERE NAMEN: *Lobivia haagei v. mudanensis.*

'v. nazarenoensis', publiziert als *Rebutia nazarenoensis* Rausch
Der letzten Varietät sehr ähnlich, aber mit abstehenderer Bedornung, mit einem Mitteldorn und dunkelorangefarbener Blüte.
HEIMAT: Nord-Argentinien, nahe Nazareno.
ANDERE NAMEN: *Lobivia haagei v. nazarenoensis.*

'v. orurensis', publiziert als *Lobivia orurensis* Bkbg.
Körper mit violettem Ton. Blüte kräftig orangefarben mit blassem Schlund.
HEIMAT: Nord-Bolivien, Oruro und Pazna.
ANDERE NAMEN: *Mediolobivia orurensis, Med. pectinata v. orurensis, Lobivia haagei v. orurensis.*

'v. pallida', publiziert als *Rebutia pallida* Rausch
Körper rosa-violett getönt, Bedornung rosa-braun. Kleinere Blüte, leuchtend orange-rosa.
HEIMAT: Bolivien, Culpina, La Cueva.
ANDERE NAMEN: *Lobivia haagei v. pallida.*

'v. pelzliana', publiziert als *Lobivia haagei v. pelzliana* Rausch
Eine dünner bedornte **v. eos** mit einer leuchtend orangeroten Blüte.
HEIMAT: Argentinien, Jujuy, Tafna.

Anhang 10

Rebutia senilis – Varietäten
Zahlreiche Varietäten von **Rebutia senilis** wurden beschrieben und stehen in Kultursammlungen. Sie vermehren sich stark und sind es wert, gesammelt zu werden, weshalb wir die wichtigsten Varietäten nachstehend auflisten. Das bedeutet allerdings, daß sie kaum mehr als nur Formen aus einer sehr variablen Population sind.

v. iseliniana Krainz
Körper kugeliger, orangerote Blüte.

v. kesselringiana Bewg.
Gelbe Blüte. 'Rose of York' hat weiße Blüten.

v. lilacino-rosea Bkbg.
Hell-lila-rosafarbene Blüte.

v. schieliana Bewg.
4 cm breite Blüte, äußere Petalen karmesinrot, innere orangerot.

v. stuemeri Bkbg.
Blüte mit einem ziegelsteinroten Schlund, Petalen oftmals gelblich gerändert.

Anhang 11

Rebutia steinmannii (Solms-Laub.) Bkbg.
Keine der nachstehenden Varietäten wurde je in der Gattung Rebutia eingeordnet, so daß wir nicht die Quelle nach der Kombination angeben können. Stattdessen zitieren wir unter ANDERE NAMEN jede Varietät.

'v. applanata'
Körper dicker und eher flacher. Große, rote Blüte.
HEIMAT: Bolivien, Rio Honda.
ANDERE NAMEN: *Lobivia steinmannii v. applanata* Rausch.

'v. cincinnata'
Eine kleine Form mit gedrehten, weißen Dornen und rötlich-orangefarbenen Blüten.
HEIMAT: Bolivien, Cuchu Ingenio.
ANDERE NAMEN: *R. cincinnata* Rausch., *Lobivia stein. v. cinc.*

'v. costata'
Frisch-grün, 3,5 cm breite Blüte, orange und karmin gerändert.
HEIMAT: Bolivien, Potosi.
ANDERE NAMEN: *R. costata* Werd., *Lobivia stein. v. cost.*

'v. major'
Die größte Form, 5 cm hoch und 3 cm Durchmesser mit duftenden orange-roten Blüten.
HEIMAT: Argentinien, La Quiaca, Tafna.
ANDERE NAMEN: *Lobivia stein. v. major* Rausch.

'v. rauschii'
Die kleinste Form, Blüte nur 2 cm lang, orange.
HEIMAT: Bolivien, Huari.
ANDERE NAMEN: *Reb. rauschii* Zecher, Lobivia stein. v. rauschii.

Synonym-Register

Acanthocalycium andreaeanum (Bkbg.) Don. = **Pyrrhocactus andreaeanus** (Bkbg.) Ritt.
A. aurantiacum Rausch = **Acanthocalycium thionanthum v. aurantiacum** (Rausch) Don.
A. brevispinum Ritt. = **Acanthocalycium thionanthum v. brevispinum** (Ritt.) Don.
A. catamarcense Ritt. = **Acanthocalycium thionanthum** (Speg.) Bkbg.
A. chionanthum (Speg.) Bkbg. = **Acanthocalycium thionanthum v. chionanthum** (Speg.) Hoss.
A. ferrarii Rausch = **'Acanthocalycium thionanthum v. ferrarii'**
A. glaucum Ritt. = **Acanthocalycium thionanthum v. glaucum** (Ritt.) Don. ex Rausch.
A. griseum Bkbg. = **Acanthocalycium thionanthum** (Speg.) Bkbg.
A. klimpelianum (Weidl. & Werd.) Bkbg. = **Acanthocalycium spiniflorum** (K. Sch.) Bkbg.
A. peitscherianum Bkbg. = **Acanthocalycium spiniflorum** (K. Schl.) Bkbg.
A. variiflorum Bkbg. = **Acanthocalycium thionanthum v. variiflorum** (Bkbg.) Don.
A. violaceum (Werd.) Bkbg. = **Acanthocalycium spiniflorum fa. violaceum** (Werd.) Don.

Acantholobivia incuiensis (R. & B.) Rauh & Bkbg. = **Lobivia tegeleriana** Bkbg.
A. tegeleriana (Bkbg.) Bkbg. = **Lobivia tegeleriana** Bkbg.

Ancistrocactus brevihamatus (Engelm.) B. & R. = **Ancistrocactus scheerii** (S-D) B. & R.
A. megarhizus (Rose) B. & R. = **Ancistrocactus scheerii** (S-D) B. & R.

Arequipa erectocylindrica Rauh & Bkbg. = **Arequipa hempeliana** (Guerke) Oehme.
A. leucotricha (Phil.) B. & R. ist ein **Oreocereus.**
A. rettigii (Quehl) Oehme = **Arequipa hempeliana** (Guerke) Oehme.
A. spinosissima Ritt. = **Arequipa hempeliana** (Guerke) Oehme.
A. weingartiana Bkbg. = **Arequipa hempeliana** (Guerke) Oehme.

Ariocarpus elongatus (S-D) M.H. Lee = **Ariocarpus trigonus** (Weber) Sch.
A. intermedius Bkbg. = **Ariocarpus fissuratus v. lloydii** (Rose) And.
A. lloydii (Rose) Berg. = **Ariocarpus fissuratus v. lloydii** (Rose) And.

Astrophytum niveum Kays. = **Astrophytum capricorne v. niveum** (Kays.) Ok.

Aylostera albiflora (Ritt. & Buin.) Bkbg. = **Rebutia albiflora** Ritt. & Buin.
A. albipilosa (Ritt.) Bkbg. = **Rebutia albipilosa** Ritt.
A. deminuta (Web.) Bkbg. = **Rebutia deminuta** (Web.) Br. & R.
A. fiebrigii (Guerke) Bkbg. = **Rebutia fiebrigii** (Guerke) B. & R.
A. fiebrigii v. densiseta Cullm. = **Rebutia fiebrigii** (Guerke) B. & R.
A. fulviseta Rausch = **Rebutia fulviseta** Rausch.
A. heliosa Rausch = **Rebutia heliosa** Rausch.
A. jujuyana Rausch = **Rebutia jujuyana** Rausch.
A. kupperiana (Boed.) Bkbg. = **Rebutia kupperiana** Boed.
A. muscula (Ritt. & Thiele) Bkbg. = **Rebutia muscula** Ritt. & Thiele.
A. narvaecensis Card. = **Rebutia narvaecensis** (Card.) Don.
A. padcayensis Rausch = **Rebutia padcayensis** Rausch.
A. pseudodeminuta (Bkbg.) Bkbg. = **Rebutia pseudodeminuta** Bkbg.
A. pseudominuscula (Speg.) Speg. = **Rebutia deminuta** (Web.) Br. & R.
A. pulchella Rausch = **Rebutia pulchella** Rausch.
A. pulvinosa (Ritt. & Buin.) Bkbg. = **Rebutia pulvinosa** Ritt. & Buin.
A. rubiginosa (Ritt.) Bkbg. = **Rebutia deminuta** (Web.) Br. & R.
A. spegazziniana (Bkbg.) Bkbg. = **Rebutia spegazziniana** Bkbg.
A. spinosissima (Bkbg.) Bkbg. = **Rebutia fiebrigii** (Guerke) B. & R.
A. steinmannii (Solms-Laub.) BKBg. = **Rebutia steinmannii** Solms-Laub
A. tuberosa (Ritt.) Bkbg. = **Rebutia tuberosa** Ritt.

Bartschella schumannii (Hildm.) B. & R. = **Mammillaria schumannii** Hildm.

Blossfeldia atroviridis Ritt.
B. campaniflora Bkbg.
'B. fechseri' Bkbg.
B. minima Ritt.
B. pedicellata Ritt.
= **Blossfeldia liliputana** Werd.

Borzicactus aurantiacus (Vpl.) Kim. & Hutch. = **Matucana aurantiaca** (Vpl.) Bux.
B. aureiflorus (Ritt.) Don. = **Matucana aureiflora** Ritt.
B. calvescens Kim. & Hutch. = **Matucana aurantiaca** (Vpl.) Bux.
B. formosus (Ritt.) Don. = **Matucana formosa** Ritt.
B. haynei (Otto) Kim. & Hutch. = **Matucana haynei** (Otto) B. & R.
B. huagalensis Don. & Lu = **Matucana huagalensis** (Don. & Lau) Bregman *et al.*
B. intertextus (Ritt.) Don. = **Matucana intertexta** Ritt.
B. intertextus v. celendinensis (Ritt.) Don. = **Matucana intertexta v. celendinensis** (Ritt.) Bregman et al.
B. krahnii Don. = **Matucana krahnii** (Don.) Bregman.
B. madisoniorum Huch. = **Matucana madisoniorum** (Hutch.) Rowley.
B. madisoniorum v. pujupatii Don. & Lau = **Matucana pujupatii** (Don. & Lau) Bregman.
B., oreodoxus (Ritt.) Don. = **Matucana oreodoxa** (Ritt.) Slaba.
B. paucicostatus (Ritt.) Don. = **Matucana paucicostata** Ritt.
B. ritteri (Buin.) Don. = **Matucana ritteri** Buin.
B. variabilis (Rauh & Bkbg.) Don. = **Matucana haynei** (Otto) B. & R.
B. weberbaueri (Vpl.) Don. = **Matucana weberbaueri** (Vpl.) Bkbg.

Brachycalycium tilcarense (Bkbg.) Bkbg. = **Gymnocalycium saglione** (Cels) B. & R.

Brasilicactus graessneri (Sch.) Bkbg. = **Notocactus graessneri** Sch.
B. haselbergii (Haage) Bkbg. = **Notocactus haselbergii** Haage.
Brasiliparodia alacriportana (Bkbg. & Voll) Ritt. = **Notocactus alacripotanus** (Bkbg. & Voll) Bux.
B. brevihamata (W. Haage) Ritt. = **Notocactus brevihamatus** (W. Haage) Bux.
B. buenekeri (Buin.) Ritt. = **Notocactus buenekeri** (Buin.) Bux.
B. rechensis (Buin.) Ritt. = **Notocactus rechensis** Buin.

Chamaecereus silvestrii (Speg.) B. & R. = **Lobivia silvestrii** (Speg.) Rowley.

Chileorebutia aerocarpa Ritt. = **Neoporteria reichei v. aerocarpa** (Ritt.) R.M. Ferryman.
'C. carneoflora' = Gartenhybride.
C. duripulpa Ritt. = **Neoporteria reichei** (Sch.) Bkbg.
C. esmeraldana Ritt. = **Neoporteria esmeraldana** (Ritt.) Don. & Rowley.
C. fulva Ritt. n. n. = **Neoporteria odieri** (Lem.) Berg.
C. glabrescens Ritt. = **Neoporteria napina** (Phil.) Bkbg.
C. krausii Ritt. = **Neoporteria odieri v. mallcolata** (Ritt.) R.M. Ferryman.
'C. lembckei' = Katalogname = **Neoporteria reichei** (Sch.) Bkbg.
C. malleolata & *v. solitaria* Ritt. = **Neoporteria odieri v. malleolata** (Ritt.) R.M. Ferryman.
C. napina (Phil.) Ritt. = **Neoporteria napina** (Phil.) Bkbg.
C. odieri (S-D) Ritt. = **Neoporteria odieri** (Lem.) Berg.
C. reichei Ritt. = **Neoporteria reichei** (Sch.) Bkbg.

Cochemiea halei (K. Brand.) Walt. = **Mammillaria halei** K. Brandegee.
C. maritima Lindsay = **Mammillaria maritima** (Lindsay) D. Hunt.
C. pondii (Greene) Walt. = **Mammillaria pondii** Greene.
C. poselgeri (Hildm.) B. & R. = **Mammillaria poselgeri** Hildm.
C. setispina (Coult.) Walt. = **Mammillaria setispina** (Coult.) K. Brandegee.

Copiapoa alticostata Ritt. = **Copiapoa dura** Ritt.
C. applanata Bkbg. = **Copiapoa cinerascens** (S-D) B. & R.
C. atacamensis Middleditch = **Copiapoa boliviana** (Pfeiff.) Ritt.
'C. barquitensis' Ritt. n. n. = **Copiapoa hypogaca v. barquitensis** Ritt.
C. carrizalensis Ritt. = **Copiapoa dealbata** Ritt.
C. chaniaralensis Ritt. = ?**Copiapoa cinerascens** (S-D) B. & R.
C. cinerea v. dealbata (Ritt.) Bkbg. = **Copiapoa dealbata** Ritt.
C. columna-alba Ritt. = **Copiapoa cinerea v. columna-alba** (Ritt.) Bkbg.
C. conglomerata (Phil.) Lembcke = Status zweifelhaft.
C. coquimbana (Karw. ex Ruemp.) B. & R. = *nom. dub.*, bei Pflanzen mit dieser Bezeichnung handelt es sich gewöhnlich um Formen von **Copiapoa pendulina.**
C. cuprea Ritt. = **Copiapoa dura** Ritt.
C. cupreata (Poselg. ex Hildm.) Bkbg. = Status zweifelhaft.
'C domeykoensis' = **Copiapoa pendulina** Ritt.
C. echinoides (Lem. ex S-D) B. & R. = Status zweifelhaft.
C. eremophila Ritt. = **Copiapoa cinerea v. haseltoniana** (Bkbg.) N.P. Taylor.
C. ferox Lembcke & Bkbg. = **Copiapoa solaris** (Ritt.) Ritt.
C. haseltoniana Bkbg. = **Copiapoa cinerea v. haseltoniana** (Bkbg.) N.P. Taylor.
C. gigantea Bkbg. = **Copiapoa cinerea v. haseltoniana** (Bkbg.) N.P. Taylor.
'C. imbricata' = Katalogname = ?**Copiapoa dura** Ritt.
C. intermedia Ritt. n. n. = **Copiapoa cinerascens** (S-D) B. & R.
C. lembckei Bkbg. = Copiapoa calderana Ritt.
C. longispina Ritt. = **Copiapoa humilis** (Phil.) Hutch.
C. malletiana (Lem. ex S-D) Bkbg. = Status zweifelhaft.
C. melanohystrix Ritt. = **Copiapoa cinerea v. columna-alba** (Ritt.) Bkbg.
'C. militaris' = Katalogname = **Copiapoa pendulina** Ritt.?
C. mollicula Ritt. = **Copiapoa hypogaca** Ritt.
C. montana Ritt. = **Copiapoa hypogaca** Ritt.
'C. multicolor' hort. = Bezeichnung ohne Bedeutung.
'C. paposoensis' Ritt. = **Copiapoa humilis** (Phil.) Hutch.
C. pepiniana (Lem. [ex S-D]) Bkbg. = Status zweifelhaft.
C. pepiniana v. fiedleriana (Sch.) Bkbg. = **Copiapoa fiedlerana** (Sch.) Bkbg.
C. pseudocoquimbana Ritt. = **Copiapoa pendulina** Ritt.
C. rarissima Ritt. = **Copiapoa hypogaca** Ritt.
C. rubriflora Ritt. = **Copiapoa rupestris** Ritt.
C. scopulina Ritt. = **Copiapoa krainziana** Ritt.
C. serenana Voldan = **Copiapoa pendulina** Ritt.
C. streptocaulon (Hook.) van Oosten = **Copiapoa marginata** (S-D) B. & R.
C. taltalensis (Werd.) Looser = **Copiapoa humilis** (Phil.) Hutch.

C. tenebrosa Ritt. = **Copiapoa cinerea** (Phil.) B. & R.
C. totoralensis Ritt. = **Copiapoa echinata v. borealis** Ritt.
'C. vulgata' = **Copiapoa pendulina** Ritt.
C. wagenknechtii Ritt. n. n. = besondere Form von **Copiapoa pendulina** Ritt.

Coryphantha clava (Pfeiff.) Lem. siehe unter **Coryphantha clavata.**
C. columnaris Lahmann = **Escobaria vivipara v. radiosa** (Engelm.) D.R. Hunt.
C. duncanii (Hester) Benson = **Escobaria dasyacantha** (Engelm.) B. & R.
C. hesteri Wright = **Escobaria hesteri** (Wright) Bux.
C. minima Baird = **Escobaria minima** (Baird) D. Hunt.
C. muehlenpfordtii B. & R. = **Coryphantha scheerii** (Muehlof.) Lem.
C. nelliae Croiz. = **Escorbaria minima** (Baird) D.R. Hunt.
C. organensis Zimmerman = **Escorbaria organensis** (Zimmerman) Castetter et al.
C. pectinata (Englm.) B. & R. = ?**Coryphantha radians** (DC). B. & R.
C. pirtlei Werd. = **Escobaria emskoetteriana** (Quehl) Borg.
C. pseudoradians (Bravo) **Coryphantha radians** (DC) B. & R.
C. sneedii (B. & R.) Berg. = **Escobaria sneedii** B. & R.
C. sneedii v. leei (Rose ex. Boed.) Benson = **Escobaria leei** Boed.
C. vivipara (Nutt.) B. & R. = **Escobaria vivipara** (Nutt.) Bux.

'Delaetia woutersiana' Bkbg. = **Neoporteria neohankeana** (Ritt.) R.M. Ferryman.
Denmoza erythrocephala (Sch.) Berg. = **Denmoza rhodacantha** (S-D) B. & R.

Discocactus albispinus Buin. & Bred. = **Discocactus zehntneri** B. & R.
D. alteolens Lem. ex Dietr. = Status zweifelhaft.
D. araneispinus Buin. & Bred. = **Discocactus zehntneri** B. & R.
D. boliviensis Bkbg. = **Discocactus heptacanthus** (Rodr.) B. & R.
D. boomianus Buin. & Bred. = **Discocactus zehntneri** B. & R.
D. cangaensis Diers & Est. = **Discocactus heptacanthus** (Rodr.) B. & R.
D. catingicola Buin. & Bred. = **Discocactus heptacanthus** (Rodr.) B. & R.
D. cephaliaciculosus Buin. & Bred. = **Discocactus heptacanthus** (Rodr.) B. & R.
D. diersianus Est. = **Discocactus heptacanthus** (Rodr.) B. & R.
D. estevesii Diers = **Discocactus heptacanthus** (Rodr.) B. & R.
D. ferricola Buin. &. Bred. = **Discocactus heptacanthus** (Rodr.) B. & R.
D. flavispinus Buin. & Bred. ex Buin. = **Discocactus heptacanthus** (Rodr.) B. & R.
D. goianus Diers & Est. = **Discocactus heptacanthus** (Rodr.) B. & R.
D. griseus Buin. & Bred. = **Discocactus heptacanthus** (Rodr.) B. & R.
D. latispinus Buin. & Bred. = **Discocactus placentiformis** (Lem.) Sch.
D. lindaianus Diers & Est. = **Discocactus heptacanthus** (Rodr.) B. & R.
D. magnimammus Buin. & Bred. = **Discocactus hartmannii** (Sch.) B. & R.
D. mamillosus Buin. & Bred. = **Discocactus hartmannii** (Sch.) B. & R.
D. melanochlorus Buin. & Bred. ex Buin. = **Discocactus heptacanthus** (Rodr.) B. & R.
D. multicolorispinus Buin. & Bred. = **Discocactus placentiformis** (Lem.) Sch.
D. nigrisaetosus Buin. & Bred. ex Buin. = **Discocactus heptacanthus** (Rodr.) B. & R.
'D. paranaensis' Bkbg. = **Discocactus heptacanthus** (Rodr.) B. & R.
D. patulifolius Buin. & Bred. = **Discocactus hartmannii** (Sch.) B. & R.
D. pugionacanthus Buin. & Bred. ex Buin. = **Discocactus placentiformis** (Lem.) Sch.
D. pulvinicapitatus Buin. & Bred. ex Buin. = **Discocactus placentiformis** (Lem.) Sch.
D. rapirhizus Buin. & Bred. = **Discocactus heptacanthus** (Rodr.) B. & R.
D. semicampaniflorus Buin. & Bred. = **Discocactus heptacanthus** (Rodr.) B. & R.
D. silicicola Buin. & Bred. = **Discocactus heptacanthus** (Rodr.) B. & R.
D. silvaticus Buin. & Bred. ex Buin. = **Discocactus heptacanthus** (Rodr.) B. & R.
D. spinosior Buin. & Bred. ex Buin. = **Discocactus heptacanthus** (Rodr.) B. & R.
D. squamibaccatus Buin. & Bred. ex Buin. = **Discocactus heptacanthus** (Rodr.) B. & R.
D. subterraneo-proliferans Diers & Est. = **Discocactus heptacanthus** (Rodr.) B. & R.
D. subviridigriseus Buin. & Bred. ex Buin. = **Discocactus placentiformis** (Lem.) Sch.
D. tricornis Monv. ex Pfeiff. = **Discocactus placentiformis** (Lem.) Sch.
D. woutersianus Bred. & v. d. Broek = **Discocactus horstii** Buin. & Bred. ex Buin.

Dolichothele albescens (tieg.) Bkbg. = **Mammillaria camptotricha** Dams.
D. baumii (Boed.) Werd. & Bux. = **Mammillaria baumii** Boed.
D. balsasoides (Craig) Bkbg. = **Mammillaria beneckei** Ehrendb.
D. beneckei (Ehrenb.) Bkbg. = **Mammillaria beneckei** Ehrenb.
D. camptotricha (Dams) Tieg. = **Mammillaria camptotricha** Dams.
D. decipiens (Scheidw.) Tieg. = **Mammillaria decipiens** Scheidw.
D. longimamma (DC) B. & R. = **Mammillaria longimamma** DC.
D. melaleuca (Karw.) Craig = **Mammillaria melaleuca** Karw.
D. nelsonii (B. & R.) Bkbg. = **Mammillaria beneckei** Ehrenb.
D. sphaerica (Dietr.) B. & R. = **Mammillaria sphaerica** Dietr.
D. surculosa (Boed.) Bux. = **Mammillaria surculosa** Boed.
D. uberiformis (Zucc.) B. & R. = **Mammillaria longimamma** DC.
D. zephyranthoides (Scheidw.) Bkbg. = **Mammillaria zephyranthoides** Scheidw.

Echinocactus grandis Rose = **Echinocactus platyacanthus** Link & Otto.

E. ingens Zucc. = **Echinocactus platyacanthus** Link & Otto.
E. palmeri Rose = **Echinocactus platyacanthus** Link & Otto.
E. visnaga Hook. = **Echinocactus platyacanthus** Link & Otto.
E. xeranthemoides (Coult.) Engelm. = **Echinocactus polycephalus v. xeranthemoides** Coult.
Echinocereus acifer (Otto ex salm-Dyck) Hort. F. A. Haage = **Echinocereus polyacanthus v. densus** (Regel) N. P. Taylor.
'E. albatus' Bkbg. = **Echinocereus nivosus** Glass & Foster.
E. amoenus (A. Dietr.) Sch. = **Echinocereus pulchellus v. amoenus** (A. Dietr.) Sch.
E. arizonicus Rose ex Orcutt = **Echinocereus triglochidiatus v. arizonicus** (Rose ex Orcutt) Benson.
E. armatus (Poselger) Berg. = **Echinocereus reichenbachii v. armatus** (Poselger) N. P. Taylor.
E. baileyi Rose = **Echinocereus reichenbachii v. baileyi** (Rose) N. P. Taylor.
E. blanckii (Poselger) Ruempler = **Echinocereus enneacanthus v. brevispinus** (W. O. Moore) Benson.
E. blanckii v. berlandieri (Engelm.) Bkbg. = **Echinocereus berlandieri** (Engelm.) Hort. F. A. Haage.
E. blanckii v. leonensis (Mathsson) Bkbg. = **Echinocereus pentalophus v. leonensis** (Mathsson) N. P. Taylor.
E. bonkerae Thornb. & Bonk. = **Echinocereus fendleri v. bonkerae** (Thornb. & Bonk.) Benson.
E. boyce-thompsonii (Orcutt) = **Echinocereus fendleri v. boyce-thompsonii** (Orcutt) Benson.
E. caespitosus (Engelm.) Engelm. = **Echinocereus reichenbachii** (Terscheck ex Walp.) Hort. F. A. Haage.
E. chlorophthalmus (Hook.) B. & R. = **Echinocereus cinerascens** (DC) Lem.
E. coccineus Engelm. = **Echinocereus triglochidiatus v. melanacanthus** (Engelm.) Benson.
E. cucumis Werd. = **Echinocereus scheeri v. gentryi** (Clover) N. P. Taylor.
E. davisii A. D. Houghton = **Echinocereus viridiflorus v. davisii** (Houghton) W. T. Marsh.
E. dasyacanthus Engelm. = **Echinocereus pectinatus v. dasyacanthus** (Engelm.) N. P. Taylor.
E. dubius (Engelm.) Ruempler = **Echinocereus enneacanthus** Engelm.
E. durangensis Poselger ex Ruempler = **Echinocereus polyacanthus** Engelm.
E. ehrenbergii (Pfeiff.) Ruempler = **Echinocereus cinerascens v. ehrenbergii** (Pfeiff.) H. Bravo-H.
E. enneacanthus v. dubius (Engelm.) Benson = **Echinocereus enneacanthus** Engelm.
E. fasciculatus (Engelm. ex B. D. Jackson) Benson = **Echinocereus fendleri v. fasciculatus** (Engelm. ex B. D. Jackson) N. P. Taylor.
E. fasciculatus v. bonkerae (Thornber & Bonker) Benson = **Echinocereus fendleri v. bonkerae** (Thornber & Bonker) Benson.
E. fasciculatus v. boyce-thompsonii (Orcutt) Benson = **Echinocereus fendleri v. boyce-thompsonii** (Orcutt) Benson.
'E. finnii' = Katalogname = **Echinocereus chloranthus v. russanthus** (Wenig.) Lamb ex Rowley.
E. fitchii B. & R. = **Echinocereus reichenbachii v. fitchii** (B. & R.) Benson.
E. floresii Bkbg. = **Echinocereus sciurus v. floresii** (Bkbg.) N. P. Taylor.
E. fobeanus Oehme = **Echinocereus chisoensis v. fobeanus** (Oehme) N. P. Taylor.
E. gentryi Clov. = **Echinocereus scheeri v. gentryi** (Clover) N. P. Taylor.
E. hempelii Fobe = **Echinocereus fendleri v. kuenzleri** (Castetter et al.) Benson.
E. hexaedrus (Engelm.) Ruempler = **Echinocereus triglochidiatus v. melanacanthus** (Engelm.) Benson.
E. inermis hort. = eine Form von **Echinocereus triglochidiatus v. melanacanthus** (Engelm.) Benson.
E. knippelianus v. reyesii Lau = **Echinocereus knippelianus v. kruegeri** Glass & Foster.
E. kuenzleri Castetter et al. = **Echinocereus fendleri v. kuenzleri** (Castetter et al.) Benson.
E. ledingii Peebles = **Echinocereus fendleri v. ledingii** (Peebles) N. P. Taylor.
E. leeanus (Hook.) Lem. = **Echinocereus polyacanthus v. densus** (Regel) N. P. Taylor.
E. leonensis Mathsson = **Echinocereus pentalophus v. leonensis** (Mathsson) N. P. Taylor.
E. lindsayi Meyran = **Echinocereus ferreirianus v. lindsayi** (Meyran) N. P. Taylor.
'E. melanocentrus' Lowry = **Echinocereus reichenbachii v. fitchii** (B. & R.) Benson.
E. merkeri Hilm. ex Sch. = **Echinocereus enneacanthus** Engelm.
E. mojavensis (Englm. & Big.) Ruempl. = **Echinocereus triglochidiatus v. mojavensis** (Englm. & Big.) Benson.
E. morricalii = **Echinocereus viereckii v. morricalii** (Riha) N. P. Taylor.
E. ochoterenae = **Echinocereus subinermis v. ochoterenae** (J. G. Ortega) G. Unger.
E. pectinatus v. clenoides (Engelm.) Weniger *nom. inv.* = **Echinocereus pectinatus v. dasyacanthus** (Engelm.) N. P. Taylor.
E. pectinatus v. minor (Englm.) Benson = **Echinocereus bristolii v. pseudopectinatus** N. P. Taylor.
E. pectinatus v. neomexicanus (J. Coulter) Benson = **Echinocereus pectinatus v. dasyacanthus** (Engelm.) N. P. Taylor.
E. pectinatus v. rigidissimus (Engelm.) Ruempler = **Echinocereus rigidissimus** (Engelm.) Hort. F. A. Haage.
E. pectinatus v. rubispinus Frank = **Echinocereus rigidissimus v. rubispinus** (Frank) N. P. Taylor.
E. pentalophus v. ehrenbergii (Pfeiff.) Bkbg. = **Echinocereus cinerascens v. ehrenbergii** (Pfeiff.) H. Bravo-H.
E. pentalophus v. procumbens (Engelm.) P. Fournier = **Echinocereus pentalophus v. pentalophus** (DC.) Lem.
E. perbellus B. & R. = **Echinocereus reichenbachii v. perbellus** (B. & R.) Benson.
E. poselgeri Lem. siehe unter **Echinocereus leucanthus.**
E. procumbens (Engelm.) Lem. = **Echinocereus pentalophus v. pentalophus** (DC.) Lem.
E. purpureus Lahman = **Echinocereus reichenbachii** (Terscheck ex Walp) Hort. F. A. Haage.
E. radians Engelm. = **Echinocereus adustus v. adustus** Engelm.
E. reichenbachii v. albertii Benson = **Echinocereus reichenbachii v. fitchii** (B. & R.) Benson.

E. reichenbachii v. albispinus (Lahman) Benson = **Echinocereus reichenbachii v. baileyi** (Rose) N. P. Taylor.
E. reichenbachii v. chisoensis (W. T. Marsh) Benson = **Echinocereus chisoensis** W. T. Marsh.
E. roemeri Hort. F. A. Haage = **Echinocereus triglochidiatus v. melanacanthus** (Engelm.) Benson.
K. E. rosei Wooton & Standley = **Echinocereus triglochidiatus v. neomexicanus** (Standley) Benson.
E. russanthus = **Echinocereus chloranthus v. russanthus** (Weniger) Lamb ex G. Rowley.
E. salm-dyckianus Scheer = **Echinocereus scheeri** (S-D) Scheer.
E. salmianus Ruempler = **Echinocereus scheeri** (S-D) Scheer.
'E. sanborgianus' (J. Coulter) Bkbg. = **Echinocereus brandegeei** (J. Coulter) Sch.
E. schwarzii Lau = **Echinocereus adustus v. schwarzii** (Lau) N. P. Taylor.
'E. spinibarbis' Hort. F. A. Haage *sec.* Bkbg. = **Echinocereus cinerascens v. ehrenbergii** (Pfeiff.) H. Bravo-H.
E. standleyi B. & R. = **Echinocereus viridiflorus** Engelm.
E. steereae Clover = **Echinocereus pectinatus v. dasyacanthus** (Engelm.) N. P. Taylor.
E. stramineus v. conglomeratus (Foerster ex Sch.) H. Bravo-H. = **Echinocereus stramineus** (Engelm.) Ruempler.
E. subinermis v. aculeatus G. Unger = **Echinocereus subinermis** S-D ex Scheer.
E. subinermis v. luteus (B. & R.) Bkbg. = **Echinocereus subinermis** Salm-Dyck ex Scheer.
'E. subterraneus' Bkbg. = **Echinocereus sciurus** (K. Brandegee) Dams.
E. tayopensis W. T. Marsh = **Echinocereus stoloniferus v. tayopensis** (W. T. Marsh) N. P. Taylor.
E. viridiflorus v. chloranthus (Engelm.) Bkbg. = **Echinocereus chloranthus** (Engelm.) Hort F. A. Haage.
E. viridiflorus v. cylindricus (Engelm.) Ruempler = **Echinocereus chloranthus v. cylindricus** (Engelm.) N. P. Taylor.
E. weinbergii Weingart = **Echinocereus pulchellus v. weinbergii** (Weingart) N. P. Taylor.

Echinofossulocactus albatus (Dietr.) B. & R. = **Stenocactus albatus** (Dietr.) A. W. Hill.
E. anfractuosus (Mart.) Lawr. = **Stenocactus crispatus**-Komplex.
E. arrigens (Link ex Dietr.) B. & R. = **Stenocactus crispatus**-Komplex.
E. boedekerianus (Berg.) Croiz. = Status zweifelhaft.
E. bustamentei (Bravo) Croiz. = **Stenocactus crispatus**-Komplex.
E. caespitosus Bkbg. = Status zweifelhaft.
E. confusus B. & R. = Status zweifelhaft.
E. coptonogonus (Lem.) = **Stenocactus coptonogonus** (Lem.) A. W. Hill.
E. crispatus (DC) Lawr. = **Stenocactus crispatus** (DC) A. W. Hill.
E. dichroacanthus (Mart. ex Pfeiff.) B. & R. = Status zweifelhaft.
'E. erectocentrus' Bkbg. = Status zweifelhaft.
E. gladiatus (Link & Otto) Lawr. = Status zweifelhaft.
E. grandicornis (Lem.) B. & R. = Status zweifelhaft.
E. guerraianus Bkbg. = **Stenocactus crispatus**-Komplex.
E. hastatus (Hopff. ex Sch.) B. & R. = Status zweifelhaft.
E. heteracanthus (Muehlpf.) B. & R. = Status zweifelhaft.
E. kelleranus (Dietr.) B. & R. = ?**Stenocactus crispatus**-Komplex.
E. lamellosus (Dietr.) B. & R. = **Stenocactus crispatus**-Komplex.
E. lancifer (Dietr.) B & R. = **Stenocactus crispatus**-Komplex.
E. lexarzai (Bravo) Croiz. = **Stenocactus crispatus**-Komplex.
E. lloydii B. & R. = **Stenocactus multicostatus 'lloydii'.**
E. multiareolatus (Bravo) = **Stenocactus crispatus**-Komplex.
E. multicostatus (Hildm. ex Sch.) B. & R. = **Stenocactus multicostatus** (Hildm. ex Sch.) A. W. Hill.
E. ochoterenaus (Tieg.) Whitmore = **Stenocactus ochoterenaus** Tieg.
E. pentacanthus (Lem.) B. & R. = Status zweifelhaft.
E. phyllacanthus (Mart.) Lawr. = **Stenocactus phyllacanthus** (Mart.) A. W. Hill.
E. tetraxiphus (S-D ex Sch.) Oehme = Status zweifelhaft.
E. tricuspidatus (Scheidw.) B. & R. = **Stenocactus phyllacanthus** (Mart.) A. W. Hill.
E. vaupelianus (Werd.) Whitmore = **Stenocactus vaupelianus** (Werd.) A. W. Hill.
E. violaciflorus (Quehl) B. & R. = **Stenocactus crispatus**-Komplex.
E. wippermannii (Muehlpf.) B. & R. = Status zweifelhaft.
E. xiphacanthus (Miq.) Bkbg. = Status zweifelhaft.
E. zacatecasensis B. & R. = **Stenocactus multicostatus 'zacatecasensis'.**

Encephalocarpus strobiliformis (Werd.) Berg. = **Pelecyphora strobiliformis** (Werd.) Kreuz.

Echinopsis aurantiaca Friedr. & Rowley = **Acanthocalycium thionanthum v. aurantiacum** (Rausch) Don.
E. brasiliensis Fric ex Pazout = **Echinopsis oxygona** (Link) Zucc.
E. calliantholilacina Card. = **Echinopsis obrepanda** (S-D) Sch.
E. callichroma Card. = **Echinopsis obrepanda** (S-D) Sch.
E. calorubra Card. = **Echinopsis obrepanda v. calorubra** (Card.) Rausch.
E. campylacantha Pfeiff. non R. Mey. = **Echinopsis leucantha** (Gill.) Walp.
'E. carmineoflora' **Echinopsis obrepanda** (S-D) Sch.
E. cerdana Card. = **Lobivia ferox** B. & R.
E. cochabambensis Bkbg. siehe unter **Echinopsis bridgesii.**
E. cardobensis Speg. = **Echinopsis leucantha** (Gill.) Walp.
E. coronata Card. = **Echinopsis obrepanda** (S-D) Schn.
E. cotacajesi Card. = **Echinopsis bridgesii** S-D.
E. eyriesii v. grandiflora R. Mey non Link = **Echinopsis oxygona fa. brevispina** Ritt.
E. fallax (Oehme) Friedr. = **Lobivia aurea v. fallax** (Oehme) Rausch.
E. fiebrigii Guerke = **Echinopsis obrepanda** (S-D) Sch.
E. glaucina Friedr. & Rowley = **Acanthocalycium thinanthum v. glaucum** (Ritt.) Don. ex Rausch.
E. hamatacantha Bkbg. = **Echinopsis ancistrophora** Speg.
E. herbasii Card. = **Echinopsis mamillosa** Guerke.
E. hystrichoides Ritt. = **Echinopsis mamillosa v. hystrichoides** (Ritt.) Rausch.
E. ibicuatensis Card. = **Echinopsis bridgesii** S-D.
E. intricatissima Speg. = **Echinopsis leucantha** (gill.) Walp.
'E. kermesina' = Katalogname = **Echinopsis mamillosa v. kermesina** (Krainz) Fried.
E. kratochviliana Bkbg. = **Echinopsis ancistrophora** Speg.

E. lecoriensis Card. = **Lobivia ferox** B. & R.
E. leucorhodantha Bkbg. = **Echinopsis ancistrophora** Speg.
E. mataranensis Card. = **Echinopsis obrepanda** (S-D) Sch.
E. multiplex (Pfeiff.) Zucc. = **Echinopsis oxygona** (Link) Zucc.
E. orozasana Ritt. = **Echinopsis mamillosa** Guerke.
E. pamparuizii Card. = **Echinopsis semidenudata** Card.
'E. paraguayensis' Knebel = **Echinopsis dehrenbergii** Fric.
E. pelecyrhachis Bkbg. = **Echinopsis ancistrophora** Speg.
E. pojoensis Card. = **Echinopsis bridgesii** S-D.
E. polyancistra Bkbg. = **Echinopsis ancistrophora** Speg.
E. potosina Werd. = **Lobivia ferox** B. & R.
E. pseudomamillosa Card. = **Echinopsis obrepanda** (S-D) Sch.
E. riviere-de-caraltii Card. = **Echinopsis obrepanda** (S-D) Sch.
E. robinsoniana Werd. = **Echinopsis minuana** Speg.
E. rojasii Card. = **Echinopsis obrepanda** (S-D) Sch.
E. roseo-lilacina Card. = **Echinopsis obrepanda** (S-D) Sch.
'E. seminuda' = **Echinopsis semidenudata** Card.
E. spegazziniana B. & R. = **Echinopsis leucantha** (Gll.) Walp.
E. toralapana Card. = **Echinopsis obrepanda** (S-D) Sch.
E. turbinata (Pfeiff.) Zucc. = **Echinopsis eyriesii** (Turp.) Zucc.
E. vallegrandensis Card. = **Echinopsis bridgesii** S-D.
E. werdermannii Fric ex Fleischer = **Echinopsis oxygona** (Link) Zucc.

Eriocactus claviceps Ritt. = **Notocactus schumannianus** (Sch.) Berg. emend Buin.
E. grossei (Sch.) Bkbg. = **Notocactus schumannianus** (Sch.) Berg. emend. Buin. jr.
E. leninghausii (Haage jr.) Bkbg. = **Notocactus leninghausii** Haage jr.
E. magnificus Ritt. = **Notocactus magnificus** (Ritt.) Krainz.

Eriosyce algarrobensis Ritt. = **Eriosyce sandillon** (Remy) Phil.
E. aurata Bkbg. = **Eriosyce sandillon** (Remy) Phil.
E. ausseliana Ritt. n. n. = **Eriosyce sandillon** (Remy) Phil.
E. ceratistes B. & R. = **Eriosyce sandillon** (Remy) Phil.
E. ihotzkyanae Ritt. = **Eriosyce sandillon** (Remy) Phil.
E. lapampaensis Ritt. = **Eriosyce sandillon** (Remy) Phil.
E. rodentiophila Ritt. = **Eriosyce megacarpa** Ritt.
E. spinibarbis Ritt. = **Eriosyce sandillon** (Remy) Phil.

Escobaria aggregata = falsche Bezeichnung für **Escobaria vivipara.**
E. asperispina (Boed.) D. Hunt = **Escobaria missouriensis v. asperispina** (Boed.) N. P. Taylor.
E. bella B. & R. = Status zweifelhaft.
E. chaffeyi B. & R. = **Escobaria dasyacantha v. chaffeyi** (B. & R.) N. P. Taylor.
E. duncanii (Hester) Bkbg. = **Escobaria dasyacantha** (Engelm.) B. & R.
E. guadalupensis siehe unter **Escobaria sneedii.**
E. lloydii B. & R. = Status zweifelhaft.
E. muehlbaueriana (boed.) Knuth = **Escobaria emskoetteriana** (Quehl) Borg.
E. nellieae (Croiz.) Bkbg. = **Escobaria minima** (Baird) D. Hunt.
E. orcuttii & vars siehe unter **Escobaria villardii.**
'E. rigida' Bkbg. = **Escobaria laredoi** (Glass & Foster) N. P. Taylor.
E. runyonii B. & R. = **Escobaria emskoetteriana** (Quehl) Borg.
E. sandbergii siehe unter **Escobaria villardii.**
E. sneedii v. leei (boed.) D. Hunt = **Escobaria leei** Boed.
E. tuberculosa (Engelm.) B. & R. = **Escobaria strobiliformis** (Poselg.) Boed.
E. variicolor tieg. = **Escobaria strobiliformis** (Poselg.) Boed.

Ferocactus acanthodes sensu B. & R. = **Ferocactus cylindraceus** (Engelm. Orcutt.
F. acanthodes v. eastwoodiae Benson = **Ferocactus cylindraceus v. eastwoodiae** (Besnon) N. P. Taylor.
F. acanthodes v. lecontei (Engelm.) G. Lindsay = **Ferocactus cylindraccus v. lecontei** (Engelm.) H. Bravo-H.
F. acanthodes v. tortulispinus (H. Gates) G. Lindsay = **Ferocactus cylindraccus** (Engelm.) Orcutt.
F. alamosanus (B. & R.) B. & R. = **Ferocactus pottsii v. alamosanus** (B. & R.) G. Unger.
F. bicolor (Gal. ex Pfeiff.) N. P. Taylor = **Thelocactus bicolor** (Gal. ex Pfeiff.) B. & R.
F. bicolor v. bolaensis (Runge) N. P. Taylor = **Thelocactus bicolor v. bolaensis** (Runge) Berg.
F. bicolor v. flavidispinus (Bkbg.) N. P. Taylor = **Thelocactus bicolor** (Gal. ex Pfeiff.) B. & R.
F. bicolor v. schwarzii (Bkbg.) N. P. Taylor = **Thelocactus bicolor v. schwarzii** (Bkbg.) E. F. Anderson.
F. coloratus H. Gates = **Ferocactus gracilis v. coloratus** (H. Gates) G. Lindsay.
F. covillei B. & R. = **Ferocactus emoryi** (Engelm.) Orcutt.
F. echidne v. victoriensis (Rose) G. Lindsay = **Ferocactus echidne** (DC) B. & R.
'F. electracanthus' hort. = **Ferocactus histrix** (DC) G. Lindsay.
'F. guirocobensis' F. Schwarz n. n. = **Ferocactus pottsii** (Salm-Dyck) Bkbg.
F. hamatacanthus v. crassispinus (Engelm.) Benson = **Ferocactus hamatacanthus** (Muehlenpf.) B. & R.
F. hastifer (Werd. & Boed.) N. P. Taylor = **Thelocactus hastifer** (Werd. & Boed.) Knuth.
F. heterochromus (Weber) N. P. Taylor = **Thelocactus heterochromus** (Weber) van Oosten.
F. leucacanthus (Zucc. ex Pfeiff.) N. P. Taylor = **Thelocactus leucacanthus** (Zucc. ex Pfeiff.) B. & R.
F. mathssonii = **Ancistrocactus crassihamatus** (Web.) Benson.
F. orcuttii (Engelm.) B. & R. = **Ferocactus viridescens** (Torrey & A. Gray) B. & R.
F. peninsulae v. viscainensis (H. Gates) G. Lindsay = **Ferocactus gracilis v. coloratus** (H. Gates) G. Lindsay.
F. rafaelensis (Purpus) Borg = **Ferocactus echidne** (DC) B. & R.
F. rectispinus (Engelm.) B. & R. =**Ferocactus emoryi v. rectispinus** (Engelm.) N. P. Taylor.
F. recurvus Borg = **Ferocactus macrodiscus v. spiralis** (Karw. ex Pfeiff.) N. P. Taylor.
F. setispinus (Engelm.) Benson = **Thelocactus setispinus** (Engelm.) E. F. Anderson.
'F. stainesii' = **Ferocactus pilosus** (Gal. ex S-D) Werd.
F. townsendianus B. & R. = **Ferocactus peninsulae v. townsendianus** (B. & R.) N. P. Taylor.
F. townsendianus v. santa-maria (B. & R.). G. Lindsay = **Ferocactus peninsulae v. santa-maria** (B. & R.) N. P. Taylor.
F. victoriensis (Rose) Bkbg. = **Ferocactus echidne** (DC) B. & R.

F. viscainensis H. Gates = **Ferocactus gracilis v. coloratus** (H. Gates) G. Lindsay.
Frailea albiareolata Buin. & Bred. = **Frailea pumila** (Lem.) B. & R.
F. asterioides Werd. = **Frailea castanea** Bkbg.
F. carmenifilamentosa Kilian = **Frailea pumila** (Lem.) B. & R.
F. friedrichii Buin. & Moser. = **Frailea pumila** (Lem.) B. & R.
F. perbella Prestle = **Frailea phaeodisca** Speg.
F. pygmaea v. phaeodisca (Speg.) Ito = **Frailea phaeodisca** Speg.

Glandulicactus crassihamatus (Web.) Bkbg. = **Ancistrocactus crassihamatus** (Web.) Benson.
G. uncinatus (Gal.) Bkbg. = **Ancistrocactus uncinatus** (Gal.) L. Benson.

Gymnocalycium acorrugatum Lambert = **Gymnocalycium castellanosii** Bkbg.
G. albispinum Bkbg. = **Gymnocalyciium bruchii** (Speg.) Hoss.
G. artigas Hert. = **Gymnocalycium uruguayense** (Arech.) B. & R.
G. asterium Ito = **Gymnocalycium stellatum** Speg.
G. bayensis n. n. = **Gymnocalycium schroederianum v. bayense** Kiesling.
G. bodenbenderianum (Hoss.) Berg. = **Gymnocalycium stellatum** Speg.
G. brachyanthum (Guerke) B. & R. = **Gymnocalycium monvillei** (Lem.) B. & R.
G. brachypetalum Speg. = **Gymnocalycium gibbosum** (Haw.) Pfeiff.
G. chubutense (Speg.) Speg. = **Gymnocalycium gibbosum** (Haw.) Pfeiff.
G. chuquisacanum Card. = **Gymnocalycium pflanzii** (Vpl.) Werd.
G. comarapense Bkbg. n. n. = **Gymnocalycium pflanzii v. zegarrae** (Card.) Don.
G. deeszianum Doeltz = Status zweifelhaft.
G. delaetii = **Gymnocalycium schickendantzii v. delaetii** (Sch.) Bkbg.
'G. eluhilton' = Katalogname = **Gymnocalycium hybopleurum** (Sch.) Bkbg.
'G. esposteo' = Katalogname.
G. euchlorum Bkbg. *nom. prov.* = **Gymnocalycium hybopleurum** (Sch.) Bkbg.
G. eytianum Card. = **Gymnocalycium pflanzii** (Vpl.) Werd.
G. fricianum Plesnik = **Gymnocalycium tudae** Ito.
'G. gerardii' = Katalogname = **Gymnocalycium gibbosum** (Haw.) Pfeiff.
G. grandiflorum Bkbg. = Status zweifelhaft.
G. guanchinense Schuetz = **Gymnocalycium mazanense** Bkbg.
G. guerkeanum (Heese) B. & R. = **Gymnocalycium uruguayense** (Arech.) B. & R.
'G. hammerschmidii' Bkbg. = **Gymnocalycium chiquitanum** Card.
'G. hennisii' = Gartenhybride.
G. horstii v. buenekeri Buin. = **Gymnocalycium buenekeri** Smales.
G. hossei (Haage jr.) Berg. = Status zweifelhaft.
G. hyptiacanthum (Lem.) B. & R. = Status zweifelhaft.
G. izozogsii Card. = **Gymnocalycium tudae v. 'izozogsii'.**
G. joossensianum (Berg.) B. & R. = Status zweifelhaft.
G. kozelskyanum Schuetz = **Gymnocalycium stellatum** Speg.
G. kurtzianum (Guerke) B. & R. = **Gymnocalycium mostii** (Guerke) B. & R.
G. lafaldense Vpl. = **Gymnocalycium bruchii** (Speg.) Hoss.
G. lagunillasense Card. = **Gymnocalycium pflanzii v. lagunillasense** (Card.) Don.
G. leptanthum (Speg.) Speg. = Status zweifelhaft.
G. marquezii Card. = Gymnocalycium pflanzii (Vpl.) Werd.
G. matoense Buin. & Bred. = **Gymnocalycium tudae** Ito.
G. meglothelos (Sencke) B. & R. = Status zweifelhaft.
G. megatae Ito = **Gymnocalycium tudae** Ito.
G. melanocarpum (Ar.) B. & R. = **Gymnocalycium uruguayense** (Arech.) B. & R.
G. michoga (Fric) Ito = **Gymnocalcium schickendantzii** (Web.) B. & R.
G. mihanovichii v. friedrichii Werd. = **Gymnocalycium friedrichii** Pazout.
G. millaresii Card. = **Gymnocalycium pflanzii v. millaresii** (Card.) Don.
G. mucidum Oehme = **Gymnocalycium mazanense** Bkbg.
G. netrelianum (Monv.) B. & R. = **Gymnocalycium leeanum** (Hook.) B. & R.
G. ochoterenai Bkbg. = **Gymnocalycium stellatum** Speg.
G. oenanthemum Bkbg. = Status zweifelhaft.
G. onychacanthum Ito = **Gymnocalycium tudae** Ito.
'G. ourselianum' = **Gymnocalcium multiflorum** (Hook.) B. & R.
G. paraguayense (Sch.) Schuetz = **Gymnocalycium denudatum** (Link & Otto) Pfeiff.
G. parvulum (Speg.) Speg. = **Gymnocalycium quehlianum** (Haage jr.) Berg.
G. pflanzii v. izozogsii' (Card.) = **Gymnocalycium tudae v. 'izozogsii'.**
G. platense (Speg.) B. & R. = Status zweifelhaft.
'G. pseudomalacocarpus' Bkbg. = **'Gymnocalycium tudae v. pseudomalacocarpus'** (Bkbg.) Don.
'G. pseudonobile' = Katalogname.
G. pseudoragonesii n. n. = **Gymnocalycium obductum n. n.**
G. pugionacanthum Bkbg. = **Gymnocalycium hybopleurum** (Sch.) Bkbg.
G. pungens Fleischer = **Gymnocalycium schickendantzii** (Web.) B. & R.
G. riograndense Card. = **Gymnocalycium pflanzii v. riograndense** (Card.) Don.
G. riojense Fric ex Pazout = **Gymnocalycium stellatum** Speg.
G. stuckertii (Speg.) B. & R. = Status zweifelhaft.
'G. tortuga' hort. = **Gymnocalycium tudae** Ito.
G. triacanthum Bkbg. = **Gymnocalycium stellatum** Speg.
G. venturianum Fric = **Gymnocalycium baldianum** (Speg.) Speg.
G. zegarrae Card. = **Gymnocalycium pflanzii v. zegarrae** (Card.) Don.

Hamatocactus hamatacanthus (Muehlenpf.) Knuth = **Ferocactus hamatacanthus** (Muehlenpfl. B. & R.
H. setispinus (Engelm.) B. & R. = **Thelocactus setispinus** (Engelm.) E. F. Anderson.
H. sinuatus (Dietr.) Orcutt = **Ferocactus hamatacanthus v. sinuatus** (Dietr.) Benson.

Helianthocereus crassicaulis Bkbg. = **Lobivia grandiflora v. crassicaulis** (Bkbg.) Rausch.
H. grandiflorus Bkbg. = **Lobivia grandiflora** B. & R.

Horridocactus aconcaguensis (Ritt.) Bkbg. = **Neoporteria horrida** (Remy ex Gray) D. Hunt.
H. andicolus Ritt.
H. andicolus v. descendens Ritt.
H. andicolus v. mollensis Ritt.
H. andicolus v. robustus Ritt.
} = **Neoporteria curvispina** (Bert.) Don. & Rowley.
H. armatus (Ritt.) Bkbg. = **Neoporteria horrida** (Remy ex Gay) D. Hunt.
H. atroviridus (Ritt.) Bkbg. = **Neoporteria atroviridis** (Ritt.) R. M. Ferryman.
H. carrizalensis (Ritt.) Bkbg. = **Neoporteria totoralensis v. carrizalensis** (Ritt.) R. M. Ferryman.
H. choapensis (Ritt.) Bkbg. = **Neoporteria horrida** (Remy ex Gray) D. Hunt.
H. crispus (Ritt.) Bkbg. = **Neoporteria crispa** (Ritt.) Don. & Rowley.
H. curvispinus (Bert.) Bkbg. = **Neoporteria curvispina** (Bert.) Don. & Rowley.
H. echinus (Ritt.) Bkbg. = **Neoporteria echinus** (Ritt.) R. M. Ferryman.
H. eriosyzoides Ritt. = **Neoporteria criosyzoides** (Ritt.) Con. & Rowley.
H. froehlichianus (Sch.) Bkbg. = Status zweifelhaft.
H. garaventai Ritt. = **Neoporteria garaventai** (Ritt.) R. M. Ferryman.
H. geissei (Pos.) Doelz = Status zweifelhaft.
H. grandiflorus (Ritt.) Bkbg. = **Neoporteria curvispina v. grandiflora** (Ritt.) Don. & Rowley.
H. heinrichianus Bkbg. = **Neoporteria heinrichiana** (Bkbg.) R. M. Ferryman.
H. horridus (Remy ex Gay) Bkbg. = **Neoporteria horrida** (Remy ex Gay) D. Hunt.
H. kesselringianus Doelz = Status zweifelhaft.
H. lissocarpus & v. gracilis (Ritt.) Bkbg. = **Neoporteria curvispina** (Bert.) Don. & Rowley.
H. marksianus & v. tunensis (Ritt.) Bkbg. = **Neoporteria marksiana** (Ritt.) Don. & Rowley.
H. nigricans (Dietr.) Bkbg. & Doelz = Status zweifelhaft.
H. paucicostatus & v. viridis (Ritt.) = **Neoporteria paucicostata** (Ritt.) Don. & Rowley.
H. scoparius n. n. Ritt. = **Neoporteria calderana** (Ritt.) Don. & Rowley.
H. tuberisulcatus (Jac.) Ito. = **Neoporteria horrida** (Remy ex Gay) D. Hunt.
H. vallenarensis (Ritt.) Bkbg. = **Neoporteria vallenarensis** (Ritt.) Hoffmann.
Islaya chalaensis Ritt. n. n. = **Neoporteria islayensis** (Foerst.) Don. & Rowley.
I. copiapoides Rauh & Bkbg. = **Neoporteria islayensis** (Foerst.) Don. & Rowley.
I. divaricatiflora Ritt. = **Neoporteria islayensis v. divaricatiflora** (Ritt.) Don. & Rowley.
I. flavida Ritt. n. n. = **Neoporteria islayensis** (Foerst.) Don. & Rowley.
I. grandiflorens Rauh & Bkbg. = **Neoporteria islayensis** (Foerst.) Don. & Rowley.
I. grandis & v. brevispina Rauh & Bkbg. = **Neoporteria islayensis v. grandis** (Rauh & Bkbg.) Don. & Rowley.
I. islayensis (Foerst.) Bkbg. = **Neoporteria islayensis** (Foerst.) Don. & Rowley.
I. krainziana Ritt. = **Neoporteria krainziana** (Ritt.) Don. & Rowley.
'I. longicarpa' = **Neoporteria islayensis** (Foerst.) Don. & Rowley.
I. maritima Ritt. n. n. = **Neoporteria islayensis** (Foerst.) Don. & Rowley.
I. minor Bkbg. = **Neoporteria islayensis** (Foerst.) Don. & Rowley.
I. minuscula Ritt. n. n. = **Neoporteria islayensis** (Foerst.) Don. & Rowley.
I. mollendensis (Vpl.) Bkbg. = **Neoporteria islayensis** (Foerst.) Don. & Rowley.
I. omasensis Ostolaza & Mischler = **Neoporteria omasensis** (Ostolaza & Mischler) R. M. Ferryman.
I. paucispina Rauh & Bkbg. = **Neoporteria islayensis** (Foerst.) Don. & Rowley.
I. paucispinosa Rauh & Bkbg. = **Neoporteria islayensis** (Foerst.) Don. & Rowley.

Krainzia guelzowiana (Werd.) Bkbg. = **Mammillaria guclzowiana** Werd.
K. longiflora (B. & R.) Bkbg. = **Mammillaria longiflora** (B. & R.) Berg.

Lepidocoryphantha macromeris (Engelm.) Bkbg. = **Coryphantha macromeris** Engelm.
L. runyonii (B. & R.) Bkbg. = **Coryphantha macromeris v. runyonii** (B. & R.) Benson.

Lobivia aculeata Buin. = **Lobivia pentlandii** (Hook.) B. & R.
L. adpressispina Ritt. = **Lobivia pugionacantha v. cornuta** (Rausch) Rausch.
L. aguilari Vasq. = **Echinopsis obrepanda v. aguilari** (Vasq.) Rausch.
L. akersii Rausch = **Lobivia tegeleriana v. akersii** (Rausch) Rausch.
L. allegraiana Bkbg. = **Lobivia hertrichiana** Bkbg.
L. amblayensis & v. albispina Rausch = **Lobivia haematantha v. amblayensis** (Rausch) Rausch.
L. andagalensis B. & R. non Web. = **Lobivia grandiflora v. crassicaulis** (Bkbg.) Rausch.
L. argentea Bkbg. = **Lobivia pentlandii** (Hook.) B. & R.
L. atrovirens v. raulii (Rausch) Rausch = **Rebutia raulii** Rausch.
L. atrovirens v. ritteri (Wessn.) Rausch = **Rebutia ritteri** (Wessn.) Don.
L. atrovirens v. yuquinensis (Rausch) Rausch = **Rebutia yuquinensis** Rausch.
L. aurantiaca Bkbg. = **Lobivia pentlandii** (Hook.) B. & R.
L. aureolilacina Card. = **Lobivia ferox v. longispina** (B. & R.) Rausch.
L. aureosenilis Knize = **Lobivia pampana** B. & R.
L. ayacuchoensis Ito = **Lobivia tegeleriana** Bkbg.
L. backebergii subsp. wrightiana (Bkbg.) Rausch = **Lobivia wrigthiana** Bkbg.

L. backebergii subs. zecheri (Rausch) Rausch = **Lobivia zecheri** Rausch.
L. backebergii v. larae (Card.) Rausch = **Lobivia larae** Card.
L. backbergii v. oxyalabastra (Card. & Rausch) Rausch = **Lobvia oxyalabastra** Card. & Rausch.
L. binghamiana Bkbg. = **Lobiva hertrichiana** Bkbg.
L. boliviensis B. & R. = **Lobivia pentlandii** (Hook.) B. & R.
L. breviflora Bkbg. = **Lobivia sanguiniflora** Bkbg.
L. brunneo-rosea Bkbg. = **Lobivia pentlandii** (Hook.) B. & R.
L. buiningiana Ritt. = **Lobivia jajoiana** Bkbg.
L. caespitosa (Purp.) B. & R. = **Lobivia maximiliana v. caespitosa** (Purp.) Rausch.
L. caespitosa v. rinconadensis Ritt. = **Lobivia maximiliana v. hermanniana** (Bkbg.) Rausch.
'L. callochrysea' = **Lobivia aurea v. callochrysea** (Ritt.) Rausch.
L. camataquiensis Card. = **Lobivia lateritia** (Guerke) B. & R.
L. campicola Ritt. = **Lobivia pugionacantha v. culpinensis** (Ritt.) Rausch.
L. cariquinensis Card. = **Lobivia maximiliana** (Heyder) Bkbg.
L. carminantha Bkbg. = **Lobivia pentlandii** (Hook.) B. & R.
L. capinotensis Rausch n.n. = **Lobivia pentlandii** (Hook.) B. & R.
L. cardenasiana Rausch = **'Echinopsis cardensiana'**
L. caespitosa v. rinconadensis Ritt. = **Lobivia maximiliana v. hermanniana** (Bkbg.) Rausch.
L. charcasina Card. = **Lobivia cinnabarina** (Hook.) B. & R.
L. chilensis Knize n. n. = **Lobivia wrightiana** Bkbg.
L. chlorogona Wessn. = **Lobivia haematantha v. rebutioides** (Bkbg.) Rausch.
L. chorrillosensis Rausch = **Lobivia haematantha v. chorrillosensis** (Rausch) Rausch.
L. churinensis Johns. n. n. = **Lobivia tegeleriana v. akersii** (Rausch) Rausch.
L. cintiensis Card. = **Lobivia lateritia** (Guerke) B. & R.
L. claeysiana Bkbg. = **Lobivia ferox v. longispina** (B. & R.) Rausch.
L. corbula (Herrera) B. & R. = **Lobivia maximiliana v. corbula** (Herrera) Rausch.
L. corbula B. & R. (non Herrera) = **Lobivia maximiliana** (Heyder) Bkbg.
L. cornuta Rausch = **Lobivia pugionacantha v. cornuta** (Rausch) Rausch.
L. crassicaulis Bkbg. = **Lobivia grandiflora v. crassicaulis** (Bkbg.) Rausch.
L. cruciaureispina Knize = **Lobivia maximiliana v. westii** (Hutch.) Rausch.
L. culpinensis Ritt. = **Lobivia pugionacantha v. culpinensis** (Ritt.) Rausch.
L. cylindracea Bkbg. = **Lobivia aurea v. shaferi** (B. & R.) Rausch.
L. cylindrica Bkbg. = **Lobivia aurea** (B. & R.) Bkbg.
L. densispina Werd. = **Lobivia haematantha v. densispina** (Werd.) Rausch.
'L. densispina v. leucomalla' = **Lobivia aurea v. leucomalla** (Wessn.) Rausch.
L. digitiformis Bkbg. = **Rebutia pygmaea** (Fries) B. & R.
L. dobeana Doelz = **Lobivia aurea v. dobeana** (Doelz) Rausch.
L. dragae Fric n. n. = **Lobivia chrysantha** (Werd.) Bkbg.
L. draxleriana Rausch = **Lobivia cinnabarina v. draxleriana** (Rausch) Rausch.
L. drijveriana & *vars.* Bkbg. = **Lobivia haematantha v. kuehnrichii** (Fric) Rausch.
L. ducis pauli Fric = **Lobivia ferox** B. & R.
L. ducis pauli v. rubriflora Schuetz = **Lobivia ferox v. longispina** (B. & R.) Rausch
L. duursmaiana Bkbg. = **Lobivia sanguiniflora** Bkbg.
L. echinata Rausch = **Lobivia hertrichiana** Bkbg.
L. einsteinii v. aureiflora (Bkbg.) Rausch = **'Rebutia einsteinii v. aureiflora'.**
L. einsteinii v. gonjianii (Kies.) Don. = **'Rebutia einsteinii v. gonjianii'.**
L. elongata Bkbg. = **Lobivia haematantha v. elongata** (Bkbg.) Rausch.
L. euanthema Bkbg. = **'Rebutia euanthema'.**
L. fallax Oehme = **Lobivia aurea v. fallax** Oehme) Rausch.
'L. famatimensis' hort. = **Lobivia haematantha v. densispina** (Werd.) Rausch.
L. famatimensis sensu Bkbg. = **Lobivia haematantha v. rebutioides** (Bkbg.) Rausch.
L. famatimensis v. leucomalla (Wessn.) Bkbg. = **Lobivia aurea v. leucomalla** (Wessn.) Rausch.
L. formosa v. bruchii (B. & R.) Rausch = **Lobivia bruchii** B. & R.
L. formosa v. kieslingii (Rausch) Rausch = **Lobivia kieslingii** Rausch.
L. formosa v. rosarioana (Rausch) Rausch = **Lobivia rosarioana** Rausch.
L. fricii Rausch = **Lobivia tiegeliana v. cinnabarina** (Fric) Rowley.
L. glauca & *v. paucicostata* Rausch = **Lobivia jajoiana v. paucicostata** (Rausch) Rausch.
L. glaucescens Ritt. = **Lobivia pampana** B. & R.
'L. grandis v. aureiflora' = Katalogname = **Lobivia rosarioana** Rausch.
L. graulichii v. cinnabarina Fric = **Lobivia tiegeliana v. cinnabarina** (Fric) Rowley.
L. haageana Bkbg. = **Lobivia marsoneri** (Werd.) Bkbg.
L. haagei (Fric & Schelle) Wessn. = **Rebutia pygmaea v. haagei** Fric & Schelle.
L. haagei v. canacruzensis (Rausch) Rausch = **'Rebutia pygmaea v. canacruzensis'.**
L. haagei v. crassa Rausch = **'Rebutia pygmaea v. crassa'.**
l. haagei v. eos (Rausch) Rausch = **'Rebutia pygmaea v. eos'.**
L. haagei v. elegantula Rausch = **'Rebutia pygmaea v. elegantula'.**
L. haagei v. mudanensis (Rausch) Rausch) = **'Rebutia pygmaea v. mudanensis'.**
L. haagei v. nazarenoensis (Rausch) Rausch = **'Rebutia pygmaea v. nazarenoensis'.**
L. haagei v. pallida (Rausch) Rausch = **'Rebutia pygmaea v. pallida'.**
L. haagei v. pelzliana Rausch = **'Rebutia pygmaea v. pelzliana'.**
L. haagei v. violascens (Ritt.) Rausch = **Rebutia violascens** Ritt.
L. hastifera Werd. = **Lobivia ferox v. longispina** (B. & R.) Rausch.
L. hermanniana Bkbg. = **Lobivia maximiliana v. hermanniana** (Bkbg.) Rausch.
L. higginsiana Bkbg. = **Lobivia pentlandii** (Hook.) B. & R.

L. horrida Ritt. = **Lobivia ferox v. longispina** (B. & R.) Rausch.
L. hualfinensis & *v. fechseri* Rausch = **Lobivia haematantha v. hualfinensis** (Rausch) Rausch.
L. huilcanota Rauh & Bkbg. = **Lobivia hertrichiana** Bkbg.
L. imporana Ritt. n. n. = **Lobivia lateritia** (Guerke) B. & R.
L. incaica Bkbg. = **Lobivia hertrichiana** Bkbg.
L. incuiensis Rauh & Bkbg. = **Lobivia tegeleriana v. incuiensis** (Rauh & Bkbg.) Rausch.
L. intermedia Rausch = **Lobivia maximiliana v. intermedia** (Rausch) Rausch.
L. iridescens Bkbg. = **Lobivia marsoneri v. iridescens** (Bkbg.) Rausch.
L. janseniana Bkbg. = **Lobivia chrysantha** (Werd.) Bkbg.
L. johnsoniana Bkbg. = **Lobivia pentlandii** (Hook.) B. & R.
L. klusacekii Fric = **Lobivia chrysantha** (Werd.) Bkbg.
L. kuehnrichii Fric = **Lobivia haematantha v. kuehnrichii** (Fric) Rausch.
L. kupperiana Bkbg. = **Lobivia lateritia v. kupperiana** (Bkbg.) Rausch.
L. kupperiana v. rubriflora Bkbg. = **Lobivia lateritia v. rubriflora** (Bkbg.) Rausch.
L. lauramarca Rauh & Bkbg. = **Lobivia maximiliana v. corbula** (Herrera) Rausch.
L. lauii Don. = **Lobivia hertrichiana** Bkbg.
L. leptacantha Rausch = **Lobivia schieliana v. leptacantha** (Rausch) Rausch.
L. leucomalla Wessn. = **Lobivia aurea v. leucomalla** (Wessn.) Rausch.
L. leucorhodon Bkbg. = **Lobivia pentlandii** (Hook.) B. & R.
L. leucoviolacea Bkbg. = **Lobivia pentlandii** (Hook.) B. & R.
L. longiflora Ito = **Lobivia maximiliana v. caespitosa** (Purp.) Rausch.
L. longispina B. & R. = **Lobivia ferox v. longispina** (B. & R.) Rausch.
L. markusii Rausch = **Lobivia chrysochete v. markusii** (Rausch) Rausch.
L. megacarpa Ritt. n. n. = **Echinopsis ayopayana** (Ritt.) Rausch.
L. miniatiflora Ritt. = **Lobivia maximiliana v. miniatiflora** (Ritt.) Rausch.
L. minuta Ritt. = **Lobivia hertrichiana** Bkbg.
L. mistiensis Bkbg. = **Lobivia pampana** B. & R.
L. mizquensis Rausch = **Echinopsis obrepanda v. mizquensis** (Rausch) Rausch.
L. muhriae Bkbg. = **Lobivia marsoneri v. iridescens** (Bkbg.) Rausch.
'L. napina' Pazout = **Lobivia haematantha v. rebutioides** (Bkbg.) Rausch.
L. neocinnabarina Bkbg. = **Lobivia acanthoplegma v. oligotricha** (Card.) Rausch.
L. nigrispina Bkbg. = **Lobivia haematantha v. kuehnrichii** (Fric) Rausch.
L. nigristoma Buin. = **Lobivia jajoiana v. nigristoma** (Buin.) Bkbg.
L. oligotricha Card. = **Lobivia acanthoplegma v. oligotricha** (Card.) Rausch.
L. omasuyana Card. = **Lobivia pentlandii** (Hook.) B. & R.
L. oyonica Akers n. n. = **Lobivia tegeleriana v. akersii** (Rausch) Rausch.
L. peclardiana Krainz = **Lobivia tiegeliana** Wessn.
L. pectinifera Wessn. = **Lobivia haematantha v. rebutioides** (Bkbg.) Rausch.
L. penca poma Blossf. n. n. = **Lobivia haematantha v. kuehnrichii** (Fric) Rausch.
L. pentlandii v. larae (Card.) Rausch = **Lobivia larae** Card.
L. pentlandii v. maximiliana (Heyder) Rausch = **Lobivia maximiliana** (Heyder) Bkbg.
L. pictiflorea Ritt. = **Lobivia ferox v. longispina** (B. & R.) Rausch.
L. planiceps Bkbg. = **Lobivia hertrichiana** Bkbg.
L. pojoensis Rausch = **Echinopsis rauschii** Friedm.
L. polaskiana Bkbg. = **Lobivia chrysantha** (Werd.) Bkbg.
L. polycephala Bkbg. = **Lobivia sanguiniflora** Bkbg.
'L. potosina' = **Lobivia ferox** B. & R.
L. prestoana Card. = **Lobivia cinnabarina** (Hook.) B. & R.
L. pseudocachensis Bkbg. = **Lobivia saltensis v. pseudocachensis** (Bkbg.) Rausch.
L. pseudocariquinensis Card. = **Lobivia maximiliana** (Heyder) Bkbg.
L. pseudocinnabarina Bkbg. = **Lobivia acanthoplegma v. oligotricha** (Card.) Rausch.
L. pugionacantha v. rossii (Boed.) Rausch = **Lobivia rossii** Boed.
L. pugionacantha v. versicolor (Rausch) Rausch = **Lobivia versicolor** Rausch.
L. pusilla Ritt. = **Lobivia tiegeliana v. pusilla** (Ritt.) Rausch.
L. pusilla fa. flaviflora Ritt. = **Lobivia tiegeliana v. flaviflora** (Ritt.) Rausch.
L. pygmaea (Fries) = **Rebutia pygmaea** (Fries) B. & R.
L. pygmaea v. colorea (Ritt.) = **'Rebutia pygmaea v. colorca'.**
L. pygmaea v. diersiana (Rausch) Rausch = **'Rebutia pygmaea v. diersiana'.**
L. pygmaea v. friedrichiana (Rausch) Rausch = **'Rebutia pygmaea v. friedrichiana'.**
L. pygmaea v. iscayachensis (Rausch) Rausch = **'Rebutia pygmaea v. iscayachensis'.**
L. quiabayensis Rausch = **Lobivia schieliana v. quiabayensis** (Rausch) Rausch.
L. raphidacantha Bkbg. = **Lobivia pentlandii** (Hook.) B. & R.
L. rebutioides & *vars.* Bkbg. = **Lobivia haematantha v. rebutioides** (Bkbg.) Rausch.
L. rubescens Bkbg. = **Lobivia marsoneri** (Werd.) Bkbg.
L. salitrensis Rausch = **Lobivia pugionacantha v. salitrensis** (Rausch) Rausch.
L. saltensis v. stilowiana (Bkbg.) Rausch = **Lobivia schreiteri v. stilowiana** (Bkbg.) Rausch.
L. schneideriana Bkbg. = **Lobivia pentlandii** (Hook.) B. & R.
L. scopulina Bkbg. = **Lobivia lateritia** (Guerke) B. & R.
L. shaferi B. & R. = **Lobivia aurea v. shaferi** (B. & R.) Rausch.
L. sicuaniensis Rausch = **Lobivia maximiliana v. sicuaniensis** (Rausch) Rausch.
L. simplex Rausch = **Lobivia hertrichiana v. simplex** (Rausch) Rausch.
L. spiniflora (Sch.) Rausch = **Acanthocalycium spiniflorum** (Sch.) Bkbg.
L. spiniflora v. klimpeliana (Weidl. & Werd.) Rausch = **Acanthocalycium spiniflorum v. klimpelianum** (Weidl. & Werd.) Don.
L. spiniflora v. violacea (Werd.) Rausch = **Acanthocalycium**

spiniflorum fa. violaceum (Werd.) Don.
L. staffenii Fric = **Lobivia chrysantha** (Werd.) Bkbg.
L. steinmannii v. applanata Rausch = **'Rebutia steinmannii v. applanata'.**
L. steinmannii v. cincinnata (Rausch) Rausch = **'Rebutia steinmannii v. cincinnata'.**
L. steinmanni v. costata (Werd.) Rausch = **'Rebutia steinmannii v. costata'.**
L. steinmannii v. major Rausch = **'Rebutia steinmannii v. major'.**
L. steinmannii v. rauschii (Zech.) Rausch = **'Rebutia steinmannii v. rauschii'.**
L. stilowiana Bkbg. = **Lobivia schreiteri v. stilowiana** (Bkbg.) Rausch.
L. sublimiflora Bkbg. = **Lobivia haematantha v. rebutioides** (Bkbg.) Rausch.
L. taratensis Card. = **Lobivia acanthoplegma** (Bkbg.) Bkbg.
L. tenuispina Ritt. = **Lobivia chrysochete v. tenuispina** (Ritt.) Rausch.
L. thionantha v. aurantiaca (Rausch) Rausch = **Acanthocalycium thionanthum v. aurantiacum** (Rausch) Don.
L. thionantha v. brevispina (Ritt.) Rausch = **Acanthocalycium thionanthum v. brevispinum** (Ritt.) Don.
L. thionantha v. catamarcensis (Ritt.) Rausch = **Acanthocalycium thionanthum** (Speg.) Bkbg.
L. thionantha v. chionantha (Speg.) Rausch = **Acanthocalycium thionanthum v. chionanthum** (Speg.) Hoss.
L. thionantha v. ferrarii (Rausch) Rausch = **'Acanthocalycium thionanthum v. ferrarii'**
L. thionantha v. glauca (Ritt.) Rausch = **Acanthocalycium thioanthum v. glaucum** (Ritt.) Don.
L. thionantha v. variiflora (Bkbg.) Rausch = **Acanthocalycium thionanthum v. variiflorum** (Bkbg.) Don.
L. tiegeliana v. fricii Rausch = **Lobivia tiegeliana v. cinnabarina** (Fric) Rowley.
L. titicacensis Card. = **Lobivia pentlandii** (Hook.) B. & R.
L. uitewaaleana Buin. = **Lobivia marsoneri v. iridescens** (Bkbg.) Rausch.
L. varians Bkbg. = **Lobivia pentlandii** (Hook.) B. & R.
L. variispina Ritt. = **Lobivia ferox v. longispina** (B. & R.) Rausch.
L. vatteri Krainz = **Lobivia jajoiana v. nigristoma** (Buin.) Bkbg.
L. wegheiana Bkbg. = **Lobivia pentlandii** (Hook.) B. & R.
'L. wegneriana' Grunert & Kluegl. = **Lobivia hertrichiana** Bkbg.
L. wessneriana Fritz. = **Lobivia haematantha v. rebutioides** (Bkbg.) Rausch.
L. westii Hutch. = **Lobivia maximiliana v. westii** (Hutch.) Rausch.
L. winteriana Ritt. = **Lobivia wrightiana v. winteriana** (Ritt.) Rausch.
L. zudanensis Card. = **Lobivia cinnabarina** (Hook.) B. & R.

Lophophora echinata Croiz = **Lophophora williamsii** (Lem. ex S-D) Coult.
L. echinata v. diffusa Croiz = **Lophophora diffusa** (Croiz) Bravo.
'L. jordaniana' (Rebut) Kreuz. = **Lophophora williamsii** (Lem. ex S-D) Coult.
L. lutea (Rouh.) Bkbg. = Status zweifelhaft.
'L. ziegleri' Schmoll = Status zweifelhaft.

Malacocarpus siehe unter *Wigginsia.*

Mamillopsis diguetii (Web.) B. & R. = Status ungewiß.
M. senilis (S-D) B. & R. = **Mammillaria senilis** [Lodd. zugeschrieben von S-D].
Mammillaria acanthoplegma Lem. = Status zweifelhaft.
M. affinis DC = **Mammillaria polythele** Mart.
M. albescens Tiegel = **Mammillaria decipiens** Scheidw. mit weißen Dornen.
M. albiarmata Boed. = **Mammillaria coahuilensis** (boed.) Moran.
M. albida Haage ex Pfeiff. = **Mammillaria discolor** Haw.
'M. Albidula' Bkbg. = **Mammillaria conspicua** Purpus.
'M. aljibensis' = Katalogname = ?**Mammillaria perbella** Hildm. ex Sch.
M. ancistroides Lem. = Status zweifelhaft.
'M. alpina' hort. = Katalogname = **Mammillaria kraehenbuehlii** (Krainz) Krainz.
M. amoena Hopfer ex S-D = **Mammillaria discolor** Haw.
M. angularis Link & Otto = **Mammillaria compressa** DC.
M. applanata Engelm. = **Mammillaria heyderi** *Muehl.*
M. armatissima Craig = **Mammillaria gigantea** Hildm. ex. Sch.
M. ascensionis Repp. = **Mammillaria glassii v. ascensionis** Glass & Foster.
M. atroflorens Bkbg. = **Mammillaria mystax** Mart.
M. aureiceps Lem. = **Mammillaria rhodantha** Link & Otto.
M. aureoviridis Heinr. = Status zweifelhaft.
M. auriareolis Tiegel = **Mammillaria parkinsonii** Ehrenb.
M. auricantha Craig = **Mammillaria canelensis** Craig.
M. auricoma Dietr. = **Mammillaria spinosissima** Lem.
M. aurisaeta Bkbg. = **Mammillaria picta** Meins.
M. auritricha Craig = **Mammillaria canelensis** Craig.
M. avila-camachoi Shurly n. n. = **Mammillaria parkinsonii** Ehrenb.
M. aylostera Werd. = **Mammillaria beneckei** Ehrenb.
M. bachmannii Boed. = Status zweifelhaft.
M. balsasensis Boed. = **Mammillaria beneckei** Ehrenb.
M. balsasoides Craig = **Mammillaria beneckei** Ehrenb.
M. barkeri Shurly n. n. = **Mammillari beneckei** Ehrenb.
M. bellacantha Craig = **Mammillaria canelensis** Craig.
M. bellisiana Craig = **Mammillaria sonorensis** Craig.
M. bicornuta Tiegel n. n. = **Mammillaria bucareliensis** Craig.
M. boedekeriana Quehl = Status zweifelhaft.
M. bogotensis Werd. = **Mammillaria columbiana** S-D.
M. bonavitii Schmoll = ?**Mammillaria discolor**-Form.
M. bravoae Craig = **Mammillaria hahniana** Werd.
M. buchenauii Bkbg. = **Mammillaria crucigera** Mart.
M. bullardiana (Gates) Boed. = **Mammillaria hutchisoniana** (Gates) Boed.
'M. cadereytana' = Katalogname = **Mammillaria pygmaea** (B. & R.) Berg.
M. caerulea Craig = **Mammillaria chionocephala** Purpus.
M. calleana Bkbg. = **Mammillaria wildii** Dietr.
M. casoi H. Bravo = **Mammillaria mystax** Mart.
M. celsiana Lem. = nom. dub., bei Pflanzen, die unter diesem Namen angeboten werden, handelt es sich immer um **Mammillaria muehlenpfordtii.**

M. centricirrha Lem. = **Mammillaria magnimamma** Haw.
M. chavezii Cowper = **Mammillaria viridiflora** (B. & R.) Boed.
M. cirrhifera Mart. = **Mammillaria compressa** DC.
M. collina Purpus = **Mammillaria haageana** Pfeiff.
M. collinsii (B. & R.) Orcutt = **Mammillaria voburnensis v. collinsii** (b. & R.) Repp.
M. colonensis Craig = **Mammillaria beneckei** Ehrenb.
M. confusa (B. & R.) Orcutt = **Mammillaria karwinskiana** Mart.
M. conzattii (B. & R.) Orcutt = **Mammillaria karwinskiana** Mart.
M. coronaria Sch. = Status zweifelhaft.
M. sowperae Shurly = **Mammillaria moellerana** Boed.
M. criniformis DC = ?**Mammillaria crinita** DC.
M. crispiseta Craig = **Mammillaria mystax** Mart.
M. crocidata Lem. = Status zweifelhaft.
M. dawsonii (Houghton) Craig = **Mammillaria glarcosa** Boed.
M. dealbata Dietr. = **Mammillaria haageana** Pfeiff.
M. deliusiana Shurly = **Mammillaria bella** Bkbg.
M. denudata (Engelm.) Berg = **Mammillaria lasiacantha** Engelm.
M. diacentra Jac. = Status zweifelhaft.
M. diguetii (Weber) D. Hunt = **Mammillaria senilis** [Lodd. zugeschrieben von S-D]
M. dodsonii Bravo = **Mammillaria deherdtiana v. dodsonii** (Bravo) Glass & Foster.
M. dolichocentra Lem. = **Mammillaria obconella** Scheidw.
M. donatii Berg. ex Sch. = Status zweifelhaft.
M. dyckiana Zucc. = **Mammillaria haageana** Pfeiff.
M. ebenacantha Schmoll = **Mammillaria karwinskiana** Mart.
M. echinaria DC = **Mammillaria clongata** DC.
M. egregia Bkbg. = **Mammillaria lasiacantha** Engelm.
M. eichlamii Quehl = **Mammillaria voburnensis v. eichlamii** (Quehl) Repp.
M. ekmanii Werd. = ?**Mammillaria mammillaris** (L.) Karst.
M. elegans v. schmollii Craig = **Mammillaria meissneri** Ehrenb.
M. erectohamata Boed. = Status zweifelhaft.
M. ernestii Fittkau = **Mammillaria backebergiana v. ernestii** (Fitt.) Glass & Foster.
M. esperanzaensis Boed. = **Mammillaria discolor** Haw.
'M. essaussiere' = Katalogname = **Mammillaria densispina** (Coulter) Orcutt.
M. esseriana Boed. = Status zweifelhaft.
M. estanzuelensis Moeller = **Mammillaria candida** Scheid.
M. estebanensis Lindsay = **Mammillaria angelensis v. estebanensis** (Lindsay) Repp.
M. euthele Bkbg. n. n. = **Mammillaria melanocentra** Poselg.
M. fasciculata Engelm. = **Mammillaria thornberi** Orcutt.
M. fertilis Hildm. = **Mammillaria backebergiana** Buchenau.
M. fischeri Pfeiff. = **Mammillaria karwinskiana** Mart.
M. flavescens Haw. = **Mammillaria nivosa** Link ex Pfeiff.
M. flavescens v. nivosa (Link) Bkbg. = **Mammillaria nivosa** Link ex Pfeiff.
M. flavicentra Bkbg. = **M. dixanthocentron v. flavicentra** (Bkbg.) Repp.
M. flavihamata Bkbg. = **Mammillaria jaliscana** (B. & R.) Boed.
M. flavovirens S-D = **Mammillaria magnimamma** Haw.
M. floresii Bkbg. = **Mammillaria canelensis** Craig.
M. fragilis S-D = **Mammillaria gracilis** Pfeiff.
M. fuliginosa S-D = Status zweifelhaft.
M. fuscata Link & Otto = **Mammillaria rhodantha** Link & Otto.
M. garessii Cowper = **Mammillaria barbata** Engelm.
'M. ginsaumae' = hort. var. = **Mammillaria discolor** Haw.
M. gladiata Mart. = **Mammillaria magnimamma** Haw.
M. glochidiata Mart. = Status zweifelhaft.
M. goldii Glass & Foster = **Mammillaria saboae v. goldii** (G. & F.) Glass & Foster.
M. goodridgii v. rectispina Dawson = **Mammillaria rectispina** (Dawson) Repp.
M. graessneriana Boed. = Status zweifelhaft.
M. gueldemanniana Bkbg. = ?**Mammillaria sheldonii** (B. & R.) Boed.
M. guiengolensis Bravo = **Mammillaria beneckei** Ehrenbg.
M. guillauminiana Bkbg. = **Mammillaria mercadensis v. guillauminiana** (Bkbg.) Repp.
M. guirocobensis Craig = ?**Mammillaria sheldonii** (B. & R.) Boed.
M. gummifera v. macdougalii (Rose) Benson = **Mammillaria macdougalii** Rose.
M. gummifera v. meiacantha (Engelm.) Benson = **Mammillaria meiacantha** Engelm.
'M. haasii' = Katalogname = **Mammillaria virginis** Fitt. & Kladiwa.
M. haehneliana Boed. = **Mammillaria knebeliana** Boed.
M. halbingeri Boed. = Status zweifelhaft.
M. hamata Lehmann ex Pfeiff. = *nom. dub.*, Pflanzen, die zur Zeit unter dieser Bezeichnung angeboten werden, ähneln **Mammillaria duofomis** Craig & Dawson.
M. hamiltonhoytea (Bravo) Werd. = **Mammillaria gigantea** Hildm. ex Sch.
M. hastifera Krainz & Keller = **Mammillaria gigantea** Hildm. ex Sch.
M. haudeana Lau & Wagner = **Mammillaria saboae fa. haudeana** (Lau & Wagner) D. Hunt.
M. haynei Ehrenb. = Status zweifelhaft.
M. heeriana Bkbg. n. n. = Status zweifelhaft, die unter dieser Bezeichnung angebotenen Kakteen ähneln **Mammillaria duoformis** Craig & Dawson.
M. hemisphaerica Engelm. = **Mammillaria heyderi v. hemisphaerica** (Engelm.) Engelm.
M. hennisii Boed. = **Mammillaria columbiana** S-D.
M. heyderi v. macdougalii (Rose) Benson = **Mammillaria macdougalii** Rose.
M. heyderi v. meiacantha (Engelm.) Benson = **Mammillaria meiacantha** Engelm.
M. hidalgensis Purpus = **Mammillaria polythele** Mart.
'M. hildmannii' = Katalogname.
M. hoffmanniana (Tiegel) Bravo = **Mammillaria polythele** Mart.
'M. huriana' = Katalogname.
M. icamolensis Boed. = Status zweifelhaft.
M. inaiae Craig = **Mammillaria sheldonii** (B. & R.) Boed.
M. infernillensis Craig = **Mammillaria parkinsonii** Ehrenb.
M. ingens Bkbg. = **Mammillaria polythele** Mart.
M. kelleriana Schmoll ex Craig = **Mammillaria polythele** Mart.
M. kewensis S-D = **Mammillaria polythele** Mart.
'M. kladiwae' = hort. = ?**Mammillaria spinosissima** Lem.
M. kuentziana P. & B. Fearn = **Mammillaria vetula** Mart.
M. kunthii Ehrenb. = **Mammillaria haageana** Pfeiff.

M. kunzeana Boed. & Quehl = Status zweifelhaft, bei den unter dieser Bezeichnung angebotenen Kakteen handelt es sich gewöhnlich um **Mammillaria bocasana** Poselg.
M. lanata (B. & R.) Orcutt = **Mammillaria supertexta** Mart. ex Pfeiff.
M. laneusumma Craig = **Mammillaria canelensis** Craig.
M. lauii fa. subducta D. Hunt = **Mammillaria subducta** (D. Hunt) Repp.
M. lengdobleriana Boed. = Status zweifelhaft.
M. leona Poselg. = **Mammillaria pottsii** Scheer ex S-D.
M. lesaunieri (Rebut) Sch. = Status zweifelhaft.
M. leucocentra Berg. = ?**Mammillaria geminispina** Haw.
M. macracantha DC = **Mammillaria magnimamma** Haw.
M. magneticola Meyran = **Mammillaria vetula** Mart.
M. marneriana Bkbg. = **Mammillaria grahamii v. oliviae** (Orcutt) Benson.
M. marshalliana (Gates) Boed. ex Bkbg. = **Mammillaria baxteriana** (Gates) Boed.
M. martinezii Bkbg. = **Mammillaria supertexta** Mart.
M. mayensis Craig = **Mammillaria canelensis** Craig.
M. melispina Werd. = Status zweifelhaft.
M. mendeliana (Bravo) Werd. = **Mammillaria hahniana** Werd.
M. meridiorosei Castetter et al. = **Mammillaria wrightii v. wilcoxii** (Toumey ex Sch.) Marshall.
M. mexicensis Craig = Status zweifelhaft.
'M. michoacanensis' = Katalogname = ?**Mammillaria meyranii** Bravo.
M. microcarpa Engelm. = **Mammillaria milleri** (B. & R.) Boed.
M. microcarpa v. grahamii Engelm. = **Mammillaria grahamii** Engelm.
M. microheliopsis Werd. = **Mammillaria microhelia** Werd.
M. mitlensis Bravo = **Mammillaria rekoi** (B. & R.) Vpl.
M. mixtecensis Bravo = **Mammillaria casoi** Bravo.
M. mollihamata Shurly = **Mammillaria pygmaea** (B. & R.) Berg.
M. monancistracantha Bkbg. = **Mammillaria nana** Bkbg. ex Mottram.
M. monocentra Jac. = Status zweifelhaft.
M. montensis Craig = ?**Mammillaria canelensis** Craig.
M. morricalii Cowper = **Mammillaria barbata** Engelm.
M. movensis Craig = **Mammillaria standleyi** (B. & R.) Orcutt
M. multicentralis Craig = Status zweifelhaft.
M. multiceps S-D = **Mammillaria prolifera** (Miller) Haw.
M. multiformis (B. & R.) Boed. = **Mammillaria erythrosperma** Boed.
M. multihamata Boed. = Status zweifelhaft.
M. multiseta Ehrenb. = **Mammillaria karwinskiana** Mart.
M. mutabilis Scheidw. = **Mammillaria mystax** Mart.
M. nelsonii (B. & R.) Boed. = **Mammillaria beneckei** Ehrenb.
M. neobertrandiana Bkbg. = **Mammillaria magallanii** Schmoll.
M. neocoronaria Knuth = Status zweifelhaft.
M. neocrucigera Bkbg. = Status zweifelhaft.
M. neomystax Bkbg. = **Mammillaria mystax** Mart.
M. neophaeacantha Bkbg. = **Mammillaria polythele** Mart.
M. neopotosina Craig = **Mammillaria muehlenpfordtii** Foerst.
M. neoschwarzeana Bkbg. = **Mammillaria bocensis** Craig.
M. obscura Hildm. = ?**Mammillaria petterssonii** Hildm.
M. obvallata Otto ex Dietr. = Status zweifelhaft.
M. ocamponis Ochot. = **Mammillaria mercadensis v. guillauminiana** (Bkbg.) Repp.
M. ochoterenae (Bravo) Werd. = **Mammillaria discolor** Haw.
M. ocotillensis Craig = **Mammillaria gigantea** Hildm.
M. oliviae Orcutt = **Mammillaria grahamii v. oliviae** (Orcutt) Benson.
M. orestera Benson = **Mammillaria viridiflora** (B. & R.) Boed.
M. ortegae (B. & R.) Orcutt = **Mammillaria scrippsiana** (B. & R.) Orcutt.
'M. ortiz-rubiona' (Bravo) Weid. = **Mammillaria candida** Scheid.
M. pachyrhiza Bkbg. = **Mammillaria discolor** Haw.
M. painteri Rose ex Quehl siehe unter **Mammillaria pygmaea.**
M. palmeri Jac. non Boed. = Status zweifelhaft.
M. parensis Craig = **Mammillaria pringlei** (Coulter) K. Brandegee.
M. patonii (Bravo) Boed. = **Mammillaria mazatlanensis** Sch.
M. pectinifera fa. solisoides (Bkbg.) S.-Mejorada = **Mammillaria solisioides** Bkbg.
M. pennispinosa v. nazasensis Glass & Foster = **Mammillaria nazasensis** (Glass & Foster) Repp.
M. pentacantha Pfeiff. = Status zweifelhaft.
M. phaeacantha Lem. = Status zweifelhaft.
M. phymatothele Berg. = Status zweifelhaft.
M. pilensis Shurly = **Mammillaria petterssonii** Hildm.
M. pitcayensis = unkorrekte Schreibweise von **Mammillaria pilcayensis** Bravo.
M. polygona S-D = Status zweifelhaft.
M. posseltiana Boed. = **Mammillaria rettigiana** Boed.
M. praelii Muehlpf. = Status zweifelhaft.
M. pseudoalamensis Bkbg. = **Mammillaria grahamii v. oliviae** (Orcutt) Benson.
M. pseudorekoi [Boed. (Rose) zugeordnet von Boed. (1931)] = *nom. dub.*
'M. pseudoschiedeana' hort. = **Mammillaria dumetorum** Purpus.
M. pseudoscrippsiana Bkbg. = **Mammillaria scrippsiana** (B. & R.) Orcutt.
M. pseudosimplex W. Haage & Bkbg. = **Mammillaria mammillaris** (L.) Karsten.
'M. pseudosupertexta' = Katalogname.
M. pubispina Boed. = **Mammillaria pygmaea** (B. & R.) Berg.
M. pusilla (DC) Sweet = **Mammillaria prolifera** (Miller) Haw.
M. pyrrhocephala Scheidw. = **Mammillaria karwinskiana** Mart.
M. queretarica Craig = **Mammillaria parkinsonii** Ehrenb.
'M. quevedoi' = Katalogname = **Mammillaria hahniana** Craig.
M. radiaissima Lindsay = **Mammillaria baumii** Boed.
'M. rawlii' = Katalogname = **Mammillaria nana** Bkbg.
M. rekoi v. aurispina Lau = **Mammillaria aureispina** (Lau) Repp.
M. rekoi v. leptacantha Lau = **Mammillaria leptacantha** (Lau) Repp.
'M. rekoiana' Craig = **Mammillaria rekoi** (B. & R.) Vpl.
M. rosensis Craig = **Mammillaria parkinsonii** Ehrenb.
M. roseocentra Boed. & Ritt. = **Mammillaria magallanii** Schmoll ex Craig.
M. rossiana Heinr. = ?**Mammillaria duoformis** Craig & Dawson.
M. rubida Schwarz = **Mammillaria bocensis v. rubida** Repp.
M. runyonii (B. & R.) Boed. = **Mammillaria melanocentra** Poselg.
N. rutila Zucc. ex Pfeiff. = Status zweifelhaft.

M. saboae v. theresae (Cutak) Rowley = **Mammillaria theresae** Cutak.
M. saffordii (B. & R.) Bravo = **Mammillaria carretii** Rebut ex Sch.
M. sanluisensis Shurly = **Mammillaria pilispina** Purpus.
M. santaclarensis Cowper = **Mammillaria barbata** Engelm.
M. scheidweilerana Otto ex A. Dietr. = **Mammillaria erythrosperma** Boed.
M. schelhasii Pfeiff. = Status zweifelhaft, bei den unter dieser Bezeichnung angebotenen Kakteen handelt es sich gewöhnlich um **Mammillaria bocasana.**
M. schieliana Schick. = **Mammillaria picta** Meins.
M. schmollii (Bravo) Werd. = **Mammillaria discolor** Haw.
'M. schmuckeri' hort. Schmoll = Status zweifelhaft.
M. schwartzii (boed.) Buxb. = **Mammillaria coahuilensis** (Boed.) Moran.
M. seideliana Quehl = Status zweifelhaft.
M. seitziana Mart. ex Pfeiff. = Status zweifelhaft.
M. shurliana Gates ex Shurly = **Mammillaria blossfeldiana v. shurliana** (Gates) Wiggins.
M. simplex Haw. = **Mammillaria mammillaris** (L.) Karsten.
M. sinaloensis (Rose ex Ortega) Mottram = **Mammillaria mazatlanensis** Sch.
M. slevinii (B. & R.) Boed. = **Mammillaria albicans** (B. & R.) Berg.
M. soehlenmannii W. Haage & Bkbg. = **Mammillaria columbiana** Salm-Dyck.
M. solisii (B. & R.) Boed. = **Mammillaria nunezii** (B. & R.) Orcutt.
M. stampferi Repp. = **Mammillaria longiflora fa. stampferi** (Repp.) D. Hunt.
M. stella-de-tacubaya Heese = keine sichere Bestimmung möglich.
M. subdurispina Bkbg. = **Mammillaria polythele** Mart.
M. subtilis Bkbg. = **Mammillaria pilispina** J. A. Purpus.
M. tamayonis Killip ex L. Schnee = **Mammillaria columbiana** Salm-Dyck.
M. tenampensis (B. & R.) Berg. = **Mammillaria sartorii** Purpus.
M. tetracantha S–D = **Mammillaria obconella** Scheidw.
M. tetracentra [Otto zugeordnet von Foerst.] = Status zweifelhaft.
M. tiegeliana Bkbg. = **Mammillaria parkinsonii** Ehrenb.
M. tricacantha Sch. = Status zweifelhaft.
M. trohartii Hildm. ex Sch. = **Mammillaria magnimamma** Haw.
M. umbrina Ehrenbg. = Status zweifelhaft.
M. unihamata Boed. = **Mammillaria weingartiana** Boed.
M. vagaspina Craig = **Mammillaria magnimamma** Haw.
M. vaupelii Tiegel = **Mammillaria haageana** Pfeiff.
M. verhaertiana Boed. = Status zweifelhaft.
'M. viescensis' = Katalogname = **Mammillaria chica** Repp.
M. vonwyssiana Krainz = **Mammillaria parkinsonii** Ehrenb.
M. wilcoxii v. viridiflora (B. & R.) Marshall & Bock = **Mammillaria viridiflora** (B. & R.) Boed.
M. woodsii Craig = **Mammillaria hahniana** Werd.
M. wrightii v. viridiflora (B. & R.) Marshall = **Mammillaria viridiflora** (B. & R.) Marshall.
M. wrightii v. wilcoxii (Toumey) Marshall = **Mammillaria wilcoxii** Toumey ex Sch.
'M. wolfii' = **Mammillaria wrightii v. wolfii** (D. Hunt) Repp.
M. wuthenauiana Bkbg. = **Mammillaria nunezii** (B. & R.) Orcutt.
M. xanthina (B. & R.) Boed. = Status zweifelhaft.
M. zahniana Boed. = **Mammillaria winterae** Boed.
M. zapilotensis Craig = **Mammillaria guerreronis** (Bravo) [Boed. zugeordnet von Bkbg. & Knuth]
'Matucana armillata' = **Matucana haynei** (Otto) B. & R.
M. blancii Bkbg. = **Matucana haynei** (Otto) B. & R.
M. breviflora Rauh & Bkbg. = **'Matucana haynei v. breviflora'.**
'M. caespitosa' = **Matucana paucicostata** Ritt.
M. calliantha Ritt. = **Matucana krahnii** (Don.) Bregman.
M. calocephala Skarupke = **Matucana myriacantha** (Vpl.) Bux.
M. calvescens (Kim. & Hutch.) Bux. = **Matucana aurantiaca** (Vpl.) Bux.
M. celendinensis Ritt. = **Matucana intertexta v. celendinensis** (Ritt.) Bregman.
M. cereoides Rauh & Bkbg. = **Matucana haynei** (Otto) B. & R.
'M. clavispina' = **Matucana haynei** (Otto) B. & R.
M. currundayensis Ritt. = **Matucana aurantiaca** (Vpl.) Bux.
M. elongata Rauh & Bkbg. = **Matucana haynei** (Otto) B. & R.
'M. eriodisca' = **Matucana paucicostata** Ritt.
M. herzogiana Bkbg. = **Matucana haynei** (Otto) B. & R.
'M. huaricensis' = **Matucana paucicostata** Ritt.
M. huarinensis Knize n. n. = **Matucana myriacantha** (Vpl.) Bux.
M. hystrix Rauh & Bkbg. = **Matucana haynei** (Otto) B. & R.
M. multicolor Rauh & Bkbg. = **Matucana haynei** (Otto) B. & R.
'M. paucispina' = **Matucana paucicostata** Ritt.
M. purpureoalba Ritt. = **Matucana myriacantha** (Vpl.) Bux.
M. roseoalba Ritt. n. n. = **Matucana myriacantha** (Vpl.) Bux.
'M. senile' = **Matucana paucicostata** Ritt.
M. supertexta Ritt. = **Matucana haynei** (Otto) B. & R.
'M. turbiniformis' = **Matucana paucicostata** Ritt.
M. variabilis Rauh & Bkbg. = **Matucana haynei** (Otto) B. & R.
'M. villarica' = **Matucana haynei** (Otto) B. & R.
M. winteri Ritt. = **Matucana myriacantha** (Vpl.) Bux.
M. yanganucensis Rauch & Bkbg. = **Matucana haynei** (Otto) B. & R.

Mediolobivia ausschließlich einiger ungültiger Kombinationen (in dieser Gattung ursprünglich als *nomena nuda* veröffentlicht) aus den Katalogen von Samen- und Pflanzenhandlungen. Wenn sie hier fehlen, sollte man unter *Rebutia* suchen.
Mediolobivia albopectinata Rausch = **Rebutia albopectinata** Rausch.
M. auranitida (Wessn.) Krainz = **Rebutia einsteinii** Fric.
M. aureiflora (Bkbg.) Bkbg. und *vars.* = **'Rebutia einsteinii v. aureiflora'**
M. brunescens Rausch = **Rebutia brunescens** Rausch.
M. conoidea (Wessn.) Krainz = **Rebutia einsteinii** Fric.
M. costata (Werd.) Krainz = **'Rebutia steinmannii v. costata'.**
M. duursmaiana Bkbg. = **'Rebutia einsteinii v. aureiflora'.**
M. elegans Bgkbg. = **Rebutia einsteinii** Fric.
M. euanthema (Bkbg.) = Krainz. **Rebutia euanthema** (Bkbg.) Buin. & Don.
M. eucaliptana (Bkbg.) Krainz = **Rebutia steinmannii** (Solms-Laub.) B. & R.
M. fuauxiana Bkbg. = Status zweifelhaft.
M. haefneriana Cullm. = ?**Rebutia pygmaea** (Fries.) B. & R.
M. ithyacantha Card. = **Rebutia ithyacantha** (Card.) Diers.
M. nigricans (Wessn.) Krainz = **Rebutia ritteri** (Wessn.) Buin. & Don.

M. orurensis Bkbg. = **'Rebutia pygmaea v. orurensis'**.
M. pectinata (Bkbg.) Bgbg. non Fric = **Rebutia pygmaea** (Fries.) B. & R.
M. pectinata v. orurensis (Bkbg.) Bkbg. = **'Rebutia pygmaea v. orurensis'**.
M. pygmaea Bkbg. = **'Rebutia pygmaea v. haagei'**.
M. ritteri (Wessn.) Krainz = **Rebutia ritteri** (Wessn.) Don.
M. rubelliflora Bkbg. = **'Rebutia einsteinii v. aureiflora'**.
M. rubriflora Bkbg. = **'Rebutia einsteinii v. aureiflora'**.
M. schmiedcheniana (Koehl.) Krainz und *vars.* = **Rebutia einsteinii** Fric.
M. spiralisepala Jajo = Status zweifelhaft.

'Melocactus alpestris' = **Melocactus peruvianus** Vpl.
M. amstutziae Rauh & Bkbg. = **Melocactus peruvianus** Vpl.
M. azulensis Buin. et. al. = **Melocactus oreas subsp. ernestii** (Vpl.) Braun.
'M. chalensis' = **Melocactus peruvianus** Vpl.
M. cremnophilus Buin & Bred. = **Melocactus oreas** Miqu.
M. ernestii Vpl. = **Melocactus oreas subsp. ernestii** (Vpl.) Braun.
M. erythracanthus Buin. & Bred. = **Melocactus oreas** Miqu.
M. huallancaensis Rauh & Bkbg. = **Melocactus peruvianus** Vpl.
M. jansenianus Bkbg. = **Melocactus peruvianus** Vpl.
M. longispinus Buin. et. al. = **Melocactus oreas** Miqu.
M. nitidus Ritt. = **Melocactus oreas subsp. ernestii** (Vpl.) Braun.
M. rubrisaetosus Buin. et. al. = **Melocactus oreas** Miqu.
M. trujilloensis Rauh & Bkbg. = **Melocactus peruvianus** (Vpl.)
M. unguispinus Bkbg. = **Melocactus peruvianus** Vpl.

Mila: alle veröffentlichten Namen siehe unter **Mila caespitosa** B. & R.

Navajoa sp. siehe unter **Pediocactus peeblesianus** (Croiz.) Benson.

Neobesseya asperispina (Boed.) Boed. = **Escobaria missouriensis v. asperispina** (Boed.) N. P. Taylor.
N. missouriensis (Sweet) B. & R. = **Escobaria missouriensis** (Sweet) D. Hunt.
N. notesteinii (Brit.) B. & R. = **Escobaria missouriensis v. similis** (Engelm.) N. P. Taylor.
N. rosiflora Lahm. = **Escobaria missouriensis v. similis** (Engelm.) N. P. Taylor.
N. similis (Engelm.) B. & R. = **Escobaria missouriensis v. similis** (Engelm.) N.P. Taylor.
N. wissmannii (Hildm.) B. & R. = **Escobaria missouriensis** (Sweet) D. Hunt.

Neochilenia aerocarpa (Ritt.) Bkbg. = **Neoporteria iquiquensis** (Ritt.) Don. & Rowley.
N. andreaeana Bkbg. = **Pyrrhocactus andreaeanus** (Bkbg.) Ritt.
N. aricensis (Ritt.) Bkbg. = **Neoporteria iquiquensis** (Ritt.) Don. & Rowley.
N. aspillagai (Soehr.) Bkbg. = **Neoporteria aspillagai** (Soehr.) Bkbg.
'N. atra' Bkbg. = **Neoporteria reichei** (Sch.) Bkbg.
N. calderana (Ritt.) Bkbg. = **Neoporteria calderana** (Ritt.) Don. & Rowley.
N. carneoflora Kilian = vermutlich eine Hybride.
N. chilensis (Hildm.) Bkbg. = **Neoporteria chilensis** (Hildm.) Don. & Rowley.
N. chorosensis (Ritt.) Bkbg. = **Neoporteria chorosensis** (Ritt.) Don. & Rowley.
N. confinis (Ritt.) Bkbg. = **Neoporteria confinis** (Ritt.) Don. & Rowley.
'N. deherdtiana' Bkbg. = **Neoporteria chorosensis** (Ritt.) Don. & Rowley.
N. dimorpha (Ritt.) Bkbg. = **Neoporteria jussieui v. dimorpha** (Ritt.) Hoffmann.
N. duripulpa (Ritt.) Bkbg. = **Neoporteria reichei** (Sch.) Bkbg.
N. eriocephala Bkbg. = Status zweifelhaft.
N. eriosyzoides (Ritt.) Bkbg. = **Neoporteria eriosyzoides** (Ritt.) Don. & Rowley.
'N. esmeraldana' (Ritt.) Bkbg. = **Neoporteria esmeraldana** (Ritt.) Don. & Rowley.
N. floccosa (Ritt.) Bkbg. = **Neoporteria echinus v. floccosa** (Ritt.) R. M. Ferryman.
N. fobeana (Mieckl.) Bkbg. = Status zweifelhaft.
N. fusca (Muehlpf.) B. & R. = Status zweifelhaft.
N. glabrescens Ritt. = **Neoporteria napina** (Phil.) Bkbg.
N. glaucescens (Ritt.) Bkbg. = **Neoporteria echinus** (Ritt.) R. M. Ferryman.
N. gracilis (Ritt.) Bkbg. = **Neoporteria calderana** (Ritt.) Don. & Rowley.
N. hankeana & *vars.* = Status zweifelhaft.
N. huascensis (Ritt.) Bkbg. = **Neoporteria huascensis** (Ritt.) Don. & Rowley.
N. imitans Bkbg. = **Neoporteria odieri** (Lem.) Berg.
N. intermedia (Ritt.) Bkbg. = **Neoporteria calderana** (Ritt.) Don. & Rowley.
N. iquiquensis (Ritt.) Bkbg. = **Neoporteria iquiquensis** (Ritt.) Don. & Rowley.
N. jussieui (Monv.) Bkbg. = **Neoporteria jussieui** (Monv.) B. & R.
N. kunzei (Foerst.) Bkbg. = **Neoporteria kunzei** (Foerst.) Bkbg.
'N. krausii' (Ritt.) Bkbg. = **Neoporteria odieri v. malleolata** (Ritt.) R. M. Ferryman.
'N. lembckei' Bkbg. = **Neoporteria reichei** (Sch.) Bkbg.
N. malleolata (Ritt.) Bkbg. = **Neoporteria odieri v. malleolata** (Ritt.) R. M. Ferryman.
N. malleolata v. solitaria Ritt. = **Neoporteria odieri v. malleolata** (Ritt.) R. M. Ferryman.
N. mebbesii (Hildm.) Bkbg. = Status zweifelhaft.
N. minima n. n. = **Neoporteria chorosensis** (Ritt). Don. & Rowley.
N. mitis (Phil.) Bkbg. = **Neoporteria napina** (Phil.) Bkbg.
'N. monte-amargensis' Bkbg. = **Neoporteria odieri v. monte-amargensis** (Bkbg.) R. M. Ferryman comb. nov.
N. napina (Phil.) Bkbg. = **Neoporteria napina** (Phil.) Bkbg.
N. napina v. spinosior (Bkbg.) Bkbg. = **Neoporteria napina** (Phil.) Bkbg.
N. neofusca Bkbg. = **Neoporteria jussieui** (Monv.) B. & R.
'N. neoreichei' Bkbg. = **Neoporteria reichei** (Sch.) Bkbg.
'N. nigriscoparia' Bkbg. = **Neoporteria crispa** (Ritt.) Don. & Rowley.
N. occulta (Sch.) Bkbg. = **Neoporteria occulta** (Sch.) B. & R.

N. odoriflora (Ritt.) Bkbg. = **Neoporteria horrida** (Remy ex Gay)
N. paucicostata & *v. viridis* (Ritt.) Bkbg. = **Neoporteria paucicostata** (Ritt.) Don. & Rowley.
N. pilispina (Ritt.) Bkbg. = **Neoporteria calderana** (Ritt.) Don. & Rowley.
N. pulchella (Ritt.) Bkbg. n. n. = **Neoporteria pulchella** (Ritt.) R. M. Ferryman.
N. pygmaea (Ritt.) Bkbg. = **Neoporteria calderana** (Ritt.) Don. & Rowley.
N. recondita (Ritt.) Bkbg. = **Neoporteria recondita** (Ritt.) Don. & Rowley.
N. reichei (Sch.) Bkbg. = **Neoporteria reichei** (Sch.) Bkbg.
N. residua (Ritt.) Bkbg. = **Neoporteria recondita** (Ritt.) Don. & Rowley.
N. robusta & *v. vegasana* (Ritt.) Bkbg. = **Neoporteria horrida** (Remy ex Gay) D. Hunt.
N. rupicola (Ritt.) Bkbg. = **Neoporteria taltalensis** Hutch.
N. saxifraga n. n. = **Neoporteria iquiquensis** (Ritt.) Don. & Rowley.
N. scoparia (Ritt.) Bkbg. = **Neoporteria calderana** (Ritt.) Don. & Rowley.
N. setosiflora & *v. intermedia* (Ritt.) Bkbg. = **Neoporteria setosiflora** (Ritt.) Don. & Rowley.
N. subikii n. n. = **Neoporteria chorosensis** (Ritt.) Don. & Rowley.
N. taltalensis v. flaviflora (Ritt.) Bkbg. n. n. = **Neoporteria neohankeana** (Ritt.) R. M. Ferryman.
N. totoralensis (Ritt.) Bkbg. = **Neoporteria totoralensis** (Ritt.) Don. & Rowley.
N. transitensis (Ritt.) Bkbg. = **Neoporteria transitensis** (Ritt.) R. M. Ferryman.
'N. vanbaelii' = **Neoporteria jussieui** (Monv.) B. & R.
N. violaciflora n. n. = **Neoporteria taltalensis** Hutch.
N. wagenknechtii (Ritt.) Bkbg. = **Neoporteria jussieui v. wagenknechtii** (Ritt.) R. M. Hoffmann.

Neogomesia agavoides Castan. = **Ariocarpus agavoides** (Castan.) And.

Neolloydia ceratites (Quehl) B. & R. = **Neolloydia conoides** (DC) B. & R.
N. conoidea v. ceratites (Quehl) Kladiwa & Fittkau = **Neolloydia conoides** (DC) B. & R.
N. conoidea v. grandiflora (Otto ex Pfeiff.) Kladiwa & Fittkau = **Neolloydia conoidea** (DC) B. & R.
N. conoidea v. matehualensis (Bkbg.) Kladiwa & Fittkau = **Neolloydia conoidea** (DC) B. & R.
N. erectocentra (Coult.) Benson = **Echinomastus erectocentrus** (Coult.) B. & R.
N. gielsdorfiana (Werd.) Knuth = **Gymnocactus gielsdorfianus** (Werd.) Bkbg.
N. grandiflora (Otto ex Pfeiff.) Berg. = **Neolloydia conoidea** (DC) B. & R.
N. horripila (Lem.) B. & R. = **Gymnocactus horripilus** (Lem.) Bkbg.
N. intertexta (Englm.) Benson = **Echinomastus intertextus** (Englm.) B. & R.
N. johnsonii (Parry) Benson = **Echinomastus johnsonii** (Parry) Baxt.
N. knuthiana (Boed.) Knuth = **Gymnocactus knuthianus** (Boed.) Bkbg.
N. macdowellii (Rebux ex Quehl) H. E. Moore = **Thelocactus macdowellii** (Rebut ex Quehl) C. Glass.
N. mariposensis (Hester) Benson = **Echinomastus mariposensis** Hester.
N. odorata (Boed.) Bkbg. = **Cumarinia odorata** (Boed.) Bux.
N. pseudopectinata (Bkbg.) Anderson = **Turbinicarpus pseudopectinatus** (Bkbg.) Glass & Foster.
N. pulleineana Bkbg. = **Coryphantha pulleineana** (Bkbg.) Glass.
N. saueri (Boed.) Knuth = **Gymnocactus saueri** (Boed.) Bkbg.
N. smithii (Muehlpf.) Kladiwa & Fittkau = *'Gymnocactus beguinii'* Bkbg. *nom. inval.*
N. schmiedickiana (Boed.) Anderson = **Turbinicarpus schmiedickianus** (Boed.) Bux. & Bkbg.
N. schmiedickiana v. dickisoniae (Glass & Foster) Anderson = **Turbinicarpus schmiedickianus v. dickisoniae** Glass & Foster.
N. schmiedickiana v. flaviflora (Frank & Lau) Anderson = **Turbinicarpus schmiedickianus v. flaviflorus** (Frank & Lau) Glass & Foster.
N. schmiedickiana v. gracilis (Glass & Foster) Anderson = **Turbinicarpus schmiedickianus v. gracilis** Glass & Foster.
N. schmiedickiana v. klinkeriana (Bkbg. & Jacobs.) Anderson = **Turbinicarpus schmiedickianus v. klinkerianus** (Bkbg. & Jacobs.) Glass & Foster.
N. schmiedickiana v. macrochele (Werd.) Anderson = **Turbinicarpus schmiedickianus v. macrochele** (Werd.) Glass & Foster.
N. schmiedickiana v. schwarzii (Shurly) Anderson = **Turbinicarpus schmiedickianus v. schwarzii** (Shurly) Glass & Foster.
N. subterranea (Bkbg.) F. Moore = **Gymnocactus subterraneus** (Bkbg.) Bkbg.
N. subterranea v. zaragosae (Glass & Foster) Anderson = **Gymnocactus subterraneus v. zaragosae** Glass & Foster.
N. valdeziana (Moell.) Anderson = **Turbinicarpus valdezianus** (Moell.) Glass & Foster.
N. viereckii (Werd.) Knuth = **Gymnocactus viereckii** (Werd.) Bkbg.
N. warnockii Benson = **Echinomastus warnockii** (Benson) Glass & Foster.
Neoporteria andreaeana (Bkbg.) Don. & Rowley = **Pyrrhocactus andreaeanus** (Bkbg.) Ritt.
N. aricensis (Ritt.) Don. & Rowley = **Neoporteria iquiquensis** (Ritt.) Don & Rowley.
N. armata (Ritt) Krainz = **Neoporteria horrida** (Remy ex Gay) D. Hunt
N. atrispinosa (Bkbg.) Bkbg. = **Neoporteria villosa** (Monv.) Berg.
N. calderana fa. gracilis (Ritt.) Don. & Rowley = **Neoporteria calderana** (Ritt.) Don. & Rowley.
N. castanea Ritt. = **Neoporteria subgibbosa v. castanea** (Ritt.) R. M. Ferryman.
N. cephalophora (Bkbg.) Bkbg. = **Neoporteria villosa** (Monv.) Berg.
N. choapensis (Ritt.) Don. & Rowley = **Neoporteria horrida** (Remy ex Gay) D. Hunt.
N. curvispina v. aconcaguensis (Ritt.) Don. & Rowley = **Neoporteria curvispina** (Bert.) Don. & Rowley.
N. curvispina v. andicola (Ritt.) Don. & Rowley = **Neoporteria curvispina** (Bert.) Don. & Rowley.
N. curvispina v. carrizalensis (Ritt.) Don. & Rowley = **Neoporteria totoralensis v. carrizalensis** (Ritt.) R. M. Ferryman.
N. curvispina v. echinus (Ritt.) Don. & Rowley = **Neoporteria echinus** (Ritt.) R. M. Ferryman.

N. curvispina v. garaventai (Ritt.) Don. & Rowley = **Neoporteria garaventai** (Ritt.) R. M. Ferryman.
N. curvispina v. heinrichiana (Bkbg.) Don. & Rowley = **Neoporteria heinrichiana** (Bkbg.) R. M. Ferryman.
N. curvispina v. lissocarpa (Ritt.) Don & Rowley = **Neoporteria curvispina** (Bert.) Don & Rowley.
N. curvispina v. transitensis (Ritt.) Don. & Rowley = **Neoporteria transitensis** (Ritt.) R. M. Ferryman.
N. curvispina v. vallenarensis (Ritt.) Don. & Rowley = **Neoporteria vallenarensis** (Ritt.) R. M. Ferryman.
N. eriocephala (Bkbg.) sensu Don. & Rowley = **Neoporteria odieri v. malleolata** (Ritt.) R. M. Ferryman.
N. eriocephala v. glaucescens (Ritt.) Don. & Rowley = **Neoporteria echinus** (Ritt.) R. M. Ferryman.
N. fobeana (Mieckl.) Bkbg. = Status zweifelhaft.
N. fusca (Muehlpf.) B. & R. = Status zweifelhaft.
N. gerocephala Ito = **Neoporteria nidus v. gerocephala** (Ito) Ritt.
N. intermedia (Ritt.) Don. & Rowley = **Neoporteria calderana** (Ritt.) Don. & Rowley.
N. islayensis v. islayensis fa. brevicylindrica (Rauh & Bkbg.) Don. & Rowley = **Neoporteria islayensis** (Foerst.) Don. & Rowley.
N. islayensis v. islayensis fa. grandiflorens (Rauh & Bkbg.) Don. & Rowley = **Neoporteria islayensis** (Foerst.) Don. & Rowley.
N. islayensis v. islayensis fa. minor (Bkbg.) Don. & Rowley = **Neoporteria islayensis** (Foerst.) Don. & Rowley.
N. islayensis v. islayensis fa. mollendensis (Vpl.) Don. & Rowley = **Neoporteria islayensis** (Foerst.) Don. & Rowley.
N. islayensis v. islayensis fa. spinosior (Rauh & Bkbg.) Don. & Rowley = **Neoporteria islayensis** (Foerst.) Don. & Rowley.
N. laniceps Ritt. = **Neoporteria villosa** (Monv.) Berg.
N. lindleyi (Foerst.) Don. & Rowley = **Neoporteria islayensis** (Foerst.) Don. & Rowley.
N. litoralis & *v. intermedia* Ritt. = **Neoporteria subgibbosa** (Haw.) B. & R.
N. marksiana v. tunensis (Ritt.) Don. & Rowley = **Neoporteria marksiana** (Ritt.) Don. & Rowley.
N. microsperma v. graciana Ritt. = **Neoporteria microsperma** Ritt.
N. microsperma v. serenana Ritt. = **Neoporteria microsperma** Ritt.
N. monte-amargensis (Bkbg.) Don. & Rowley = **Neoporteria odieri v. monte-amargensis** (Bkbg.) R. M. Ferryman.
N. multicolor Ritt. = **Neoporteria nidus v. multicolor** (Ritt.) Hoffmann.
N. napina v. laniger n. n. = **Neoporteria napina v. fankhauseri** (Ritt.) R. M. Ferryman.
N. napina v. mitis (Phil.) Don. & Rowley = **Neoporteria napina** (Phil.) Bkbg.
N. napina v. mitis fa. glabrescens (Ritt.) Don. & Rowley = **Neoporteria napina** (Phil.) Bkbg.
N. napina v. spinosior (Bkbg.) Don. & Rowley = **Neoporteria napina** (Phil.) Bkbg.
N. napina v. spinosior fa. mebbesii (Hild.) Don. & Rowley = **Neoporteria napina** (Phil.) Bkbg.
N. nidus v. matancillana (Ritt.) **Neoporteria nidus** (Sohr.) B. & R.
N. nidus f. senilis (Phil.) Don. & Rowley = **Neoporteria nidus** (Sohr.) B. & R.
N. nigrihorrida vars. major & *minor* (Bkbg.) Bkbg. = **Neoporteria migrihorrida** (Bkbg.) Bkbg.
N. odoriflora (Ritt.) Bkbg. = **Neoporteria horrida** (Remy ex Gay) D. Hunt.
N. pilispina & *fa. pygmaea* (Ritt.) Don. & Rowley = **Neoporteria calderana** (Ritt.) Don. & Rowley.
N. polyraphis (Pfeiff.) Bkbg. = ?**Neoporteria villosa** (Monv.) Berg.
N. rapifera Ritt. n. n. = **Neoporteria wagenknechtii** Ritt.
N. reichei v. reichei fa. aerocarpa (Ritt.) Don. & Rowley = **Neoporteria reichei v. aerocarpa** (Ritt.) R. M. Ferryman.
N. reichei v. reichei fa. carneoflora (Kil.) Don. & Rowley = vermutlich eine Hybride.
N. reichei v. reichei fa. duripulpa (Ritt.) Don. & Rowley = **Neoporteria reichei** (Sch.) Bkbg.
N. reichei v. reichei fa. lembckei (Bkbg.) Don. & Rowley = **Neoporteria reichei** (Sch.) Bkbg.
N. reichei v. reichei fa. neoreichei (Bkbg.) Don. & Rowley = **Neoporteria reichei** (Sch.) Don. & Rowley.
N. reichei v. reichei fa. pseudoreichei (Lemb. & Bkbg.) Don. & Rowley = **Neoporteria reichei** (Sch.) Bkbg.
N. ritteri Don. & Rowley = **Neoporteria jussieui v. wagenknechtii** (Ritt.) Hoffmann.
N. robusta Ritt. = **Neoporteria coimasensis v. robusta** (Ritt.) Ritt.
N. rupicola (Ritt.) Don. & Rowley = **Neoporteria taltalensis** Hutch.
N. scoparia (Ritt.) Don. & Rowley = **Neoporteria calderana** (Ritt.) Don. & Rowley.
N. senilis (Phil.) Bkbg. = **Neoporteria nidus** (Sohr.) B. & R.
N. sociabilis v. napina (Ritt.) = **Neoporteria sociabilis** Ritt.
N. subaiana (Bkbg.) Don. & Rowley = **Neoporteria garaventai** (Ritt.) R. M. Ferryman.
N. subgibbosa v. microsperma (Ritt.) Don. & Rowley = **Neoporteria microsperma** Ritt.
N. subgibbosa v. nigrihorrida (Bkbg.) Don. & Rowley = **Neoporteria nigrihorrida** (Bkbg.) Bkbg.
N. subgibbosa v. orientalis Ritt. = **Neoporteria subgibbosa** (Haw.) B. & R.
N. subgibbosa v. subgibbosa fa. castanea (Ritt.) Don. & Rowley = **Neoporteria subgibbosa v. castanea** (Ritt.) R. M. Ferryman.
N. subgibbosa fa. litoralis (Ritt.) Don. & Rowley = **Neoporteria subgibbosa** (Haw.) B. & R.
N. tuberisulcata (Jac.) Don. & Rowley = **Neoporteria horrida** (Remy ex Gay) D. Hunt.
N. tuberisulcata v. atroviridis (Ritt.) Don. & Rowley = **Neoporteria atroviridis** (Ritt.) R. M. Ferryman.
N. tuberisulcata v. armata (Ritt.) Don. & Rowley = **Neoporteria horrida** (Remy ex Gay) D. Hunt.
N. tuberisulcata v. cupreata (Pos.) Don. & Rowley = **Neoporteria horrida** (Remy ex Gay) D. Hunt.
N. tuberisulcata v. robusta (Ritt.) Don. & Rowley = **Neoporteria horrida** (Remy ex Gay) D. Hunt.
N. tuberisulcata v. vegasana (Ritt.) Don. & Rowley = **Neoporteria horrida** (Remy ex Gay) D. Hunt.
N. vallenarensis Ritt. = **Neoporteria wagenknechtii v. vallenarensis** (Ritt.) Hoffmann.
N. wagenknechtii v. napina Ritt. = **Neoporteria wagenknechtii** Ritt.

Normanbokea pseudopectinata (Bkbg.) Kladiwa & Bux. = **Turbinicarpus pseudopectinatus** (Bkbg.) Glass & Foster.
N. valdeziana (Moell.) Kladiwa & Bux. = **Turbinicarpus valdezianus** (Moell.) Glass & Foster.

Notocactus acutus Ritt. = **Notocactus ottonis** (Lehm.) Berg.
N. agnetae van Vliet = **Notocactus concinnus** (Monv.) Berg.
N. alacriportanus (Bkbg. & Voll) Bux. siehe unter **Notocactus buenekeri.**
N. allosiphon Marchesi siehe unter **Notocactus mammulosus.**
N. apricus (Ar.) Berg. = **Notocactus concinnus** (Monv.) Berg.
N. arachnites Ritt. = **Notocactus crassigibbus** Ritt.
N. arechavaletai (Speg.) Hert. = **Notocactus ottonis** (Lehm.) Berg.
N. blauuwianus van Vliet = **Notocactus concinnus** (Monv.) Berg.
N. brevihamata (Hge.) Bux. siehe unter **Notocactus buenekeri** (Buin.) Bux.
N. bomeljei van Vliet = **Notocactus concinnus** (Monv.) Berg.
N. campestrensis Ritt. = **Notocactus ottonis** (Lehm.) Berg.
N. carambeiensis Buin. & Bred. = **Notocactus ottonis v. tortuosus** (Link & Otto) Berg.
N. eremiticus Ritt. = **Notocactus concinnus** (Monv.) Berg.
'N. erizo' = **Notocactus veenianus** van Vliet.
N. erythracanthus Schl. & Bred. = **Notocactus mammulosus** (Lem.) Berg.
N. eugeniae van Vliet = **Notocactus veenianus** van Vliet.
N. floricomus (Ar.) Berg. = **Notocactus mammulosus** (Lem.) Berg.
N. glaucinus Ritt. = **Notocactus ottonis** (Lehm.) Berg.
N. globularis Ritt. = **Notocactus ottonis** (Lehm.) Berg.
N. harmonianus Ritt. = **Notocactus ottonis** (Lehm.) Berg.
N. ibicuiensis = **Notocactus ottonis** (Lehm.) Berg.
'N. incomptus' = **Notocactus ottonis** (Lehm.) Berg.
N. laetivirens Ritt. = **Notocactus ottonis** (Lehm.) Berg.
N. linkii (Lehm.) Hert. = **Notocactus ottonis v. tortuosus** (Link & Otto) Berg.
N. megalanthus Schl. & Bred. siehe unter **Notocactus mammulosus** (Lem.) Berg.
N. megapotamicus Ost. ex Hert. = **Notocactus ottonis v. tortuosus** (Link & Otto) Berg.
N. minimus Fric & Kreuz. = **Notocactus caespitosus** Speg.
'N. mueller-moelleri' Fric. = Status zweifelhaft.
'N. muegelianus' = **Notocactus horstii** Ritt.
N. multicostatus Buin. & Bred. = **Notocactus concinnus** (Monv.) Berg.
N. neobuenekeri Ritt. = **Notocactus sucineus** Ritt.
N. nigrispinus (Sch.) Buin. siehe unter **Notocactus leninghausii.**
N. orthacanthus (Link & Otto) Hert. = Status zweifelhaft.
N. orthacanthus sensu van Vliet = **Notocactus mammulosus** (Lehm.) Berg.
N. ottonis v. venclusianus Schuetz = Blüte orange; Gartenform von **Notocactus ottonis.**
N. oxycostatus Buin. & Bred. = **Notocactus ottonis** (Lehm.) Berg.
N. pampeanus (Speg.) Bkbg. = **Notocactus mammulosus** (Lehm.) Berg.
N. paulus Schl. & Bred. = **Notocactus veenianus** van Vliet.
N. pseudoherteri Buin. = **Notocactus herteri fa. pseudoherteri** (Buin.) Herm.
N. pulvinatus van Vliet = besondere Form von **Notocactus erinaceus** Haw.
N. purpureus Ritt. = **Notocactus horstii** Ritt.
N. securituberculatus Ritt. = **Notocactus ottonis** (Lehm.) Berg.
N. submammulosus (Lehm.) Bkbg. = **Notocactus mammulosus** (Lehm.) Berg.
N. tabularis (Cels ex. Sch.) Berg. = **Notocactus concinnus** (Monv.) Berg.
N. tenuicylindricus Ritt. = **Notocactus caespitosus** Speg.
N. winkleri van Vliet = **Notocactus veenianus** van Vliet.

Oroya-Arten gehören mit Ausnahme von **Oroya borchersii** alle zu **Oroya peruviana** (Sch.) B. & R.

Parodia agasta Brandt = **Parodia roseoalba** Ritt.
P. agregia Wesk *nom. prov.* = **Parodia dichroacantha** Brandt & Wesk.
P. amblayoensis Brandt = **Parodia microsperma** (Web.) Speg.
P. applanata Brandt = **Parodia schwebsiana** (Werd.) Bkbg.
'P. atroviridis' Bkbg. = **Parodia microsperma** (Web.) Speg.
P. aurihamata hort. = **Parodia aureispina** Bkbg.
P. backebergiana Brandt = **Parodia otuyensis** Ritt.
P. belliata Brandt = **Parodia maassii** (Heese) Berg.
P. bermejoensis Brandt = **Parodia maassii** (Heese) Berg.
P. betaniana Ritt. = **Parodia microsperma** (Web.) Speg.
P. bilbaoensis Card. = **Parodia taratensis** Card.
'P. blancii' = Katalogname.
P. borealis Ritt. = **Parodia miguillensis** Card.
P. cainena Brandt = **Parodia ocampoi** Card.
P. camargensis Ritt = **Parodia maassii** (Heese) Berg.
P. camblayana Ritt. n. n. = **Parodia maassii** (Heese) Berg.
P. candidata Brandt = Gartenhybride.
P. capillitaensis Brandt = **Parodia spegazziniana** Brandt
P. carapariana Brandt = **Parodia formosa** Ritt.
P. cardenasii Ritt. = **Parodia formosa** Ritt.
P. carminata Bkbg. = **Parodia microsperma** (Web.) Speg.
P. carrerana Card. = Status zweifelhaft.
P. castanea Ritt. = **Parodia maassii** (Heese) Berg.
P. catamarcensis Bkbg. = **Parodia microsperma** (Web.) Speg.
P. chaetocarpa Ritt. = **Parodia formosa** Ritt.
P. challamarcana Brandt = **Parodia procera** Ritt.
P. chirimoyarana Brandt = **Parodia formosa** Ritt.
P. chlorocarpa Ritt. = **Parodia microsperma** (Web.) Speg.
P. cintiensis Ritt. = **Parodia maassii** (Heese) Berg.
P. comosa Ritt. = **Parodia miguillensis** Card.
P. compressa Ritt. = **Parodia ocampoi** Card.
P. cotacajensis Brandt = **Parodia ayopayana** Card.
P. cruci-nigricentra (Fric) Sub. = **Parodia faustiana** Bkbg.
P. culpinensis Brandt = **Parodia subterranea** Ritt.
'P. durispina' = Katalogname.
P. echinus Ritt. = **Parodia miguillensis** Card.
'P. ekligiana' = Katalogname. ?**Parodia procera.**
P. elachista Brandt = **Parodia punae** Card.
P. elata Brandt = **Parodia ayopayana** Card.
P. elegans Fechs. n. n. = **Parodia microsperma** (Web.) Speg.
'P. eriodes' = **Parodia schwebsiana** (Werd.) Bkbg.

P. erythrantha (Speg.) Bkbg. = **Parodia microsperma** (Web.) Speg.
P. escayachensis (Vpl.) Bkbg. = **Parodia maassii** (Heese) Berg.
P. firmissima Brandt = **Parodia otuyensis** Ritt.
P. friciana Brandt = **Parodia steumeri** (Werd.) Bkbg.
P. fulvispina Ritt. = **Parodia maassii** (Heese) Berg.
P. gibbulosa Ritt. = **Parodia gibbulosoides** Brandt.
P. gigantea Fric ex Krainz = **Parodia steumeri** (Werd.) Bkbg.
'P. gigantea v. jujuyana' = **Parodia spegazziniana** Brandt
P. glischrocarpa Ritt. = **Parodia microsperma** (Web.) Speg.
P. gokrauseana Heinr. = **Parodia steumeri** (Werd.) Bkbg.
P. gracilis Ritt. = **Parodia ocampoi** Card.
P. gummifera Bkbg. & Vol. = **Uebelmannia gummifera** (Bkbg. & Vol.) Buin.
'P. gutekunstiana' Bkbg. = **Parodia steumeri microsperma** (Web.) Speg.
P. haageana Brandt = **Parodia maassii** (Heese) Berg.
'P. higueritas' = Katalogname.
P. idiosa Brandt = **Parodia otuyensis** Ritt.
P. ignorata Brandt = **Parodia ocampoi** Card.
P. jujuyana Fric. ex Sub. = Status zweifelhaft.
'P. kilianana' Bkbg. = Status zweifelhaft, bei den unter dieser Bezeichnung angebotenen Kakteen handelt es sich gewöhnlich um **Parodia faustiana.**
P. knizei Brandt = **Parodia maassii** (Heese) Berg.
P. koehresiana Brandt = Gartenhybride.
P. krasuckana Brandt = **Parodia tuberculata** Card.
P. lamprospina Brandt = **Parodia maassii** (Heese) Berg.
'P. lecoriensis' = Katalogname. ?**Parodia maassii.**
P. legitima Brandt = **Parodia columnaris** Card.
'P. lixnosa' = Katalogname; vielleicht falsche Schreibweise des folgenden Eintrags?
P. lychnosa Brandt = **Parodia ocampoi** Card.
P. maassii v. commutans (Ritt.) Don. & Rowley = **Parodia commutans** Ritt.
P. maassii v. commutans fa. maxima (Ritt.) Don. & Rowley = **Parodia maxima** Ritt. (siehe unter **P. commutans** Ritt.)
P. maassii v. subterranea (Ritt.) Krainz = **Parodia subterranea** Ritt.
P. macednosa Brandt = **Parodia miguillensis** Card.
P. matthesiana Heinr. = Status zweifelhaft.
P. maxima Ritt. siehe unter **Parodia commutans** Ritt.
P. mazanensis n. n. = **Parodia riojensis** Ritt. & Wesk.
P. mendezana Brandt = **Parodia maassii** (Heese) Berg.
P. mesembrina Brandt = **'Parodia fechseri'** Bkbg.
P. microthele Bkbg. = **Parodia microsperma** (Web.) Speg.
P. minima Brandt = **Parodia schwebsiana** (Werd.) Bkbg.
P. minima Rausch = **Parodia minuscula** Rausch.
P. miranda Brandt = Gartenhybride.
P. muhrii Brandt = **Parodia aureicentra** Bkbg.
'P. multispina' = Katalogname.
P. mutabilis Bkbg. = **Parodia aureispina** Bkbg.
P. neglecta Brandt = **Parodia comarapana** Card.
P. neglectoides Brandt = **Parodia comarapana** Card.
P. nigresca Brandt = **Parodia subterranea** Ritt.
P. obtusa Ritt. = **Parodia commutans** Ritt.
P. otaviana Card. = **Parodia maassii** (Heese) Berg.
P. pachysa Brandt = **Parodia formosa** Ritt.
P. papagayana Brandt = **Parodia microsperma** (Web.) Speg.
P. paraguayensis Speg. = Status zweifelhaft.
P. parvula Brandt = **Parodia formosa** Ritt.
P. perplexa Brandt = **Parodia maassii** (Heese) Berg.
'P. peruviana' = Status zweifelhaft.
P. piltziorum Wesk. = **Parodia horrida** Brandt.
'P. potosina' = Katalogname. ?**Parodia maassii.**
P. pseudoayopayana Card. = **Parodia ayopayana** Card.
P. pseudoprocera Brandt = **Parodia procera** Ritt.
'P. pseudosteumeri' Bkbg. = **Parodia steumeri** (Werd.) Bkbg.
P. pseudosubterranea Brandt = Gartenhybride.
P. purpureo-aurea Ritt. = **Parodia formosa** Ritt.
P. pusilla Brandt = **Parodia formosa** Ritt.
P. quechua = **Parodia otuyensis** Ritt.
'P. rauschii' Bkbg. = **Parodia aureicentra** Bkbg.
'P. rigida' Bkbg. = **Parodia dichroacantha** Brandt.
P. rigidispina Krainz = **Parodia steumeri** (Werd.) Bkbg.
P. riograndensis Brandt = Gartenhybride.
P. ritteri Buin. = **Parodia maassii** (Heese) Berg.
P. ritteri v. cintiensis (Ritt.) Krainz = **Parodia maassii** (Heese) Berg.
P. robustihamata Ritt. n. n. = **Parodia subterranea** Ritt.
P. rostrum-sperma Brandt = **Parodia maassii** (Heese) Berg.
'P. rubellihamata' Bkbg. = **Parodia microsperma** (Web.) Speg.
P. rubida Ritt. = **Parodia maassii** (Heese) Berg.
P. rubricentra Bkbg. = **Parodia steumeri** (Werd.) Bkbg.
'P. rubriflora' Bkbg. = **Parodia sanguiniflora** Fric ex Bkbg.
P. rufidihamata Ritt. n. n. = **Parodia microsperma** (Web.) Speg.
P. salitrensis Brandt = **Parodia subterranea** Ritt.
P. salmonea Brandt = Status zweifelhaft.
P. sanagasta (Fric) Wgt. = **Parodia microsperma** (Web.) Speg.
P. schuetziana Jajo = **Parodia steumeri** (Werd.) Bkbg.
P. scopaoides Bkbg. = **Parodia aureispina** Bkbg.
P. scoparia Ritt. = **Parodia steumeri** (Werd.) Bkbg.
'P. sebiliensis' = Katalogname.
P. separata Brandt = **Parodia echinopsoides** Brandt.
P. setifera Bkbg. = **Parodia microsperma** (Web.) Speg.
P. setispina Ritt. = **Parodia formosa** Ritt.
P. sotomayorensis Ritt. = ?**Parodia otuyensis** Ritt.
P. spanisa Brandt = **Parodia microsperma** (Web.) Speg.
P. speciosa Brandt = Gartenhybride.
P. splendens Card. = Status zweifelhaft.
P. stereospina Brandt = **Parodia otuyensis** Ritt.
P. sucrensis Brandt = **Parodia tuberculata** Card.
P. superba Brandt = **Parodia microsperma** (Web.) Speg.
P. suprema Ritt. = **Parodia maassii** (Heese) Berg.
'P. tafiensis' Bkbg. = **Parodia sanguiniflora v. comata** Ritt.
P. talaensis Brandt = **Parodia macrancistra** (Sch.) Wesk.
P. tarabucina Card. = Status zweifelhaft.
P. thieleana Brandt = **Parodia maassii** (Heese) Berg.
P. thionantha Brandt = **Parodia microsperma** (Web.) Speg.
P. tilcarensis (Werd. & Bkbg.) Bkbg. = **Parodia steumeri** (Werd.) Bkbg.
P. tillii Wesk. = **Parodia formosa** Ritt.
P. tojoensis Brandt = **Parodia maassii** (Heese) Berg.
P. tredecimcostata Ritt. = **Parodia echinopsoides** Brandt.
'P. tuberculosi-costata' Bkbg. = **Parodia microsperma** (Web.) Speg.

P. uebelmanniana Ritt. = **Parodia microsperma** (Web.) Speg.
P. uhligiana Bkbg. = **Parodia aureicentra** Bkbg.
P. variicolor Ritt. = **Parodia aureicentra** Bkbg.
P. weberioides Brandt = Status zweifelhaft.
P. weskampiana Krasucka & Spanowsky = **Parodia microsperma** (Web.) Speg.
P. yamparaezi Card. = **Parodia otuyensis** Ritt.
P. zaletaewana Brandt = **Parodia subterranea** Ritt.
P. zecheri Vasqu. = **Parodia punae** Card.

Pediocactus bradyi v. knowltonii (Benson) Bkbg. = **Pediocactus knowltonii** Benson.

Pelecyphora pseudopectinata Bkbg. = **Turbinicarpus pseudopectinatus** (Bkbg.) Glass & Foster.
P. valdeziana Moell. = **Turbinicarpus valdezianus** (Moell.) Glass & Foster.

Phellosperma tetrancistra (Engelm.) B. & R. = **Mammillaria tetrancistra** Engelm.

Pilocopiapoa solaris Ritt. = **Copiapoa solaris** (Ritt.) Ritt.

Porfiria schwartzii (Fric) Boed. = **Mammillaria coahuilensis** (Boed.) Moran.

Pseudolobivia ancistrophora (Speg.) Bkbg. = **Echinopsis ancistrophora** Speg.
P. aurea (B. & R.) Bkbg. = **Lobivia aurea** B. & R.
P. boyuibensis (Ritt.) Bkbg. = **Echinopsis boyuibensis** Ritt.
P. callichroma (Card.) Bkbg. = **Echinopsis obrepanda** (S-D) Sch.
P. calorubra (Card.) Bkbg. = **Echinopsis obrepanda v. calorubra** (Card.) Rausch.
P. carmineoflora Hoffm. & Bkbg. = **Echinopsis obrepanda** (S-D) Sch.
P. ferox (B. & R.) Bkbg. = **Lobivia ferox** B. & R.
P. fiebrigii (Guerke) Bkbg. = **Echinopsis obrepanda** (S-D) Sch.
P. frankii Bosz. = **Echinopsis obrepanda** (S-D) Sch.
P. hamatacantha (Bkbg.) Bkbg. = **Echinopsis ancistrophora** Speg.
P. kermesina Krainz = **Echinopsis mamillosa v. kermesina** (Krainz) Friedm.
P. kratochviliana (Bkbg.) Bkbg. = **Echinopsis ancistrophora** Speg.
P. lecoriensis (Card.) Bkbg. = **Lobivia ferox** B. & R.
P. leucorhodantha (Bkbg.) Bkbg. = **Echinopsis ancistrophora** Speg.
P. longispina (B. & R.) Bkbg. = **Lobivia ferox v. longispina** (B. & R.) Rausch.
P. luteiflora Bkbg. = **Lobivia aurea** (B. & R.) Bkbg.
P. obrepanda (S-D) Bkbg. = **Echinopsis obrepanda** (S-D) Sch.
P. orozasana (Ritt.) Bkbg. = **Echinopsis mamillosa** Guerke.
P. pelecyrhachis (Bkbg.) Bkbg. = **Echinopsis ancistrophora** Speg.
P. polyancistra (Bkbg.) Bkbg. = **Echinopsis ancistrophora** Speg.
P. potosina (Werd.) Bkbg. = **Lobivia ferox** B. & R.
P. rojasii (Card.) Bkbg. = **Echinopsis obrepanda** (S-D) Sch.
P. toralapana (Card.) Bkbg. = **Echinopsis obrepanda** (S-D) Sch.
P. torrecillasensis (Card.) Bkbg. = **Lobivia arachnacantha v. torrecillasensis** (Card.) Bkbg.
P. wilkeae Bkbg. = **Lobivia ferox v. longispina** (B. & R.) Rausch.

Pyrrhocactus aconcaguensis Ritt. = **Neoporteria horrida** (Remy ex Gay) D. Hunt.
P. aspillagai (Soehr.) Ritt. = **Neoporteria aspillagai** (Soehr.) Bkbg.
P. aricensis Ritt. = **Neoporteria iquiquensis** (Ritt.) Don. & Rowley.
P. armatus Ritt. = **Neoporteria horrida** (Remy ex Gay) D. Hunt.
P. atroviridis Ritt. = **Neoporteria atroviridis** (Ritt.) R. M. Ferryman.
P. calderanus Ritt. = **Neoporteria calderana** (Ritt.) Don. & Rowley.
P. carrizalensis Ritt. = **Neoporteria totoralensis v. carrizalensis** (Ritt.) R. M. Ferryman.
P. chaniarensis Ritt. = **Neoporteria heinrichiana** (Bkbg.) R. M. Ferryman.
P. chilensis (Hildm.) Ritt. = **Neoporteria chilensis** (Hildm.) Don. & Rowley.
P. choapensis Ritt. = **Neoporteria horrida** (Remy ex Gay) D. Hunt.
P. chorosensis Ritt. = **Neoporteria chorosensis** (Ritt.) Don. & Rowley.
P. coliguayensis Ritt. = **Neoporteria curvispina** (Bert.) Don. & Rowley.
P. confinis Ritt. = **Neoporteria confinis** (Ritt.) Don. & Rowley.
P. crispus Ritt. = **Neoporteria crispa** (Ritt.) Don. & Rowley.
P. curvispinus (Bert.) Berg. = **Neoporteria curvispina** (Bert.) Don. & Rowley.
P. dimorphus Ritt. = **Neoporteria jussieui v. dimorpha** (Ritt.) Hoffmann.
P. echinus Ritt. = **Neoporteria echinus** (Ritt.) R. M. Ferryman.
P. engleri (Ritt.) Ritt. = **Neoporteria engleri** (Ritt.) Don. & Rowley.
P. eriosyzoides (Ritt.) Ritt. = **Neoporteria eriosyzoides** (Ritt.) Don. & Rowley.
P. eriosyzoides v. domeykoensis Ritt. = **Neoporteria eriosyzoides v. domeykoensis** (Ritt.) R. M. Ferryman.
P. floccosus Ritt. = **Neoporteria echinus v. floccosa** (Ritt.) R. M. Ferryman.
P. floribundus (Bkbg.) Ritt. = **Neoporteria iquiquensis** (Ritt.) Don. & Rowley.
P. glaucescens Ritt. = **Neoporteria echinus** (Ritt.) R. M. Ferryman.
P. glacilis Ritt. = **Neoporteria calderana** (Ritt.) Don. & Rowley.
P. grandiflorus Ritt. = **Neoporteria curvispina v. grandiflora** (Ritt.) Don. & Rowley.
P. heinrichianus (Bkbg.) Ritt. = **Neoporteria heinrichiana** (Bkbg.) R. M. Ferryman.
P. horridus (Remy ex Gay) Bkbg. = **Neoporteria horrida** (Remy ex Gay) D. Hunt.
P. huascensis Ritt. = **Neoporteria huascensis** (Ritt.) Don. & Rowley.
P. intermedius Ritt. = **Neoporteria calderana** (Ritt.) Don. & Rowley.
P. jussieui (Monv.) Ritt. = **Neoporteria jussieui** (Monv.) B. & R.
P. kunzei (Foerst.) Ito = **Neoporteria kunzei** (Foerst.) Bkbg.

P. limariensis Ritt. = **Neoporteria limariensis** (Ritt.) R. M. Ferryman.
P. marksianus & *v. tunensis* Ritt. = **Neoporteria marksiana** (Ritt.) Don. & Rowley.
P. neohankeanus Ritt. = **Neoporteria neohankeana** (Ritt.) R. M. Ferryman.
P. occultus (Sch.) Ritt. = **Neoporteria occulta** (Sch.) B. & R.
P. odoriflorus Ritt. = **Neoporteria horrida** (Remy ex Gay) D. Hunt.
P. pamaensis Ritt. = **Neoporteria limariensis** (Ritt.) R. M. Ferryman.
P. paucicostatus & *v. viridis* (Ritt.) Ritt. = **Neoporteria paucicostata** *(Ritt.)* Don. & Rowley.
P. pilispinus Ritt. = **Neoporteria calderana** (Ritt.) Don. & Rowley.
P. pulchellus Ritt. = **Neoporteria pulchella** (Ritt.) R. M. Ferryman.
P. pygmaeus Ritt. = **Neoporteria calderana** (Ritt.) Don. & Rowley.
P. reconditus Ritt. = **Neoporteria recondita** (Ritt.) Don. & Rowley.
P. residuus Ritt. = **Neoporteria recondita** (Ritt.) Don. & Rowley.
P. robustus & *vegasanus* Ritt. = **Neoporteria horrida** (Remy ex Gay) D. Hunt.
P. rupicolus Ritt. = **Neoporteria taltalensis** Hutch.
P. saxifragus Ritt. = **Neoporteria iquiquensis** (Ritt.) Don. & Rowley.
P. scoparius Ritt. = **Neoporteria calderana** (Ritt.) Don. & Rowley.
P. setosiflorus & *v. intermedius* Ritt. = **Neoporteria setosiflora** (Ritt.) Don. & Rowley.
P. simulans (Ritt.) = **Neoporteria simulans** (Ritt.) Don. & Rowley.
P. subaianus Bkbg. = **Neoporteria garaventai** (Ritt.) R. M. Ferryman.
P. taltalensis (Hutch.) Ritt. = **Neoporteria taltalensis** Hutch.
P. tenuis Ritt. = **Neoporteria taltalensis** Hutch.
P. totoralensis Ritt. = **Neoporteria totoralensis** (Ritt.) Don. & Rowley.
P. transiens Ritt. = **Neoporteria transiens** (Ritt.) R. M. Ferryman.
P. transitensis Ritt. = **Neoporteria transitensis** (Ritt.) R. M. Ferryman.
P. trapichensis Ritt. = **Neoporteria chorosensis** (Ritt.) Don. & Rowley.
P. truncatipetalus Ritt. = **Neoporteria marksiana** (Ritt.) Don. & Rowley.
P. tuberisulcatus (Jac.) Berg. = **Neoporteria horrida** (Remy ex Gay) D. Hunt.
P. vallenarensis Ritt. = **Neoporteria vallenarensis** (Ritt.) Hoffmann.
P. vexatus Ritt. = **Neoporteria recondita v. vexata** (Ritt.) Hoffmann.
P. wagenknechtii Ritt. = **Neoporteria jussieui v. wagenknechtii** (Ritt.) Hoffmann.

Rebutia albiareolata Ritt. = **Rebutia deminuta** (Web.) B. & R.
R. almeyeri Heinr. ex Bkbg. = ?Gartenhybride.
R. arenacea Card. = **Sulcorebutia arenacea** (Card.) Ritt.
'R. beryllioides' = **Rebutia wessneriana v. beryllioides** (Buin. & Don.) Don.
R. binnewaldiana Heinr. = Status zweifelhaft.
'R. boliviensis' = **Rebutia deminuta** (Web.) B. & R.
R. brachyantha (Wessn.) Buin. & Don. = **Rebutia steinmannii** (Solms-Laub.) B. & R.
R. cajasensis Ritt. = **Rebutia deminuta** (Web.) B. & R.
R. calliantha Bewg. = **Rebutia wessneriana v. calliantha** (Bewg.) Don.
R. calliantha v. beryllioides Buin. & Don. = **Rebutia wessneriana v. beryllioides** (Buin. & Don.) Don.
R. canacruzensis Rausch = **'Rebutia pygmaea v. canacruzensis'.**
R. candiae Card. = **Sulcorebutia candiae** (Card.) Buin. & Don.
R. canigueralii Card. = **Sulcorebutia canigueralii** (Card.) Buin. & Don.
R. caracarensis Card. siehe unter **Sulcorebutia caracarensis** sensu Rausch.
R. christinae Rausch = **'Rebutia steinmannii v. christinae'.**
R. cincinnata Rausch = **'Rebutia steinmannii v. cincinnata'.**
R. cintiensis Ritt. = **Rebutia fiebrigii** (Guerke) B. & R.
R. colorea Ritt = **'Rebutia pygmaea v. colorea'.**
R. costata Werd. = **'Rebutia steinmannii v. costata'.**
R. diersiana v. minor Rausch = **'Rebutia pygmaea v. diersiana'.**
R. eos Rausch = **'Rebutia pygmaea v. eos'.**
'R. espinosae' = **Rebutia narvaecensis** (Card.) Don.
R. eucaliptana (Bkbg.) Ritt. = **Rebutia steinmannii** (Solms-Laub.) B. & R.
R. fiebrigii v. densiseta (Cullm.) Oeser = **Rebutia fiebrigii** (Guerke) B. & R.
R. friedrichiana Rausch = **'Rebutia pygmaea v. friedrichiana'.**
R. fusca Ritt. = **Rebutia spegazziniana** Bkbg.
R. glomeriseta Card. = **Sulcorebutia glomeriseta** (Card.) Ritt.
R. glomerispina Card. = **Sulcorebutia glomerispina** (Card.) Buin. & Don.
R. gonjianii Kies. = **Rebutia einsteinii v. gonjianii** (Kies.) Don.
R. gracilispini Ritt. = **Rebutia pygmaea** (Fries) B. & R.
R. grandiflora Bkbg. = **Rebutia minuscula v. grandiflora** (Bkbg.) Buin. & Don.
R. hyalacantha (Bkbg.) Bkbg. = **Rebutia wessneriana** Bewg.
R. inflexiseta Card. = **Sulcorebutia inflexiseta** (Card.) Don.
R. isayachensis Rausch = **'Rebutia pygmaea v. iscayachensis'.**
R. kariusiana Wessn. = rosa blühende Form von **Rebutia violaciflora** Wessn. oder **Rebutia marsoneri** Werd.
'R. maxima' = **Rebutia deminuta** (Web.) B. & R.
R. minuscula fa. violaciflora (Bkbg.) Don. = **Rebutia violaciflora** Bkbg.
R. minutissima Ritt. = **Rebutia spegazziniana** Bkbg.
R. mudanensis Rausch = **'Rebutia pygmaea v. mudanensis'.**
R. nazarenoensis Rausch = **'Rebutia pygmaea v. nazarenoensis'.**
R. nigricans (Wessn.) Bkbg. = **Rebutia ritteri** (Wessn.) Buin. & Don.
R. nitida Ritt. = **Rebutia deminuta** (Web.) B. & R.
R. nogalesensis Ritt. = **Rebutia deminuta** (Web.) B. & R.
R. oculata Werd. = **Rebutia euanthema** (Bkbg.) Buin. & Don.
R. odontopetala Ritt. = **Rebutia pygmaea 'v. friedrichiana'.**
'R. oligitiformis' = **Rebutia pygmaea** (Fries) B. & R.
R. pallida Rausch = **'Rebutia pygmaea v. pallida'.**
R. patericalyx Ritt. = **Rebutia deminuta** (Web.) B. & R.

R. permutata Heinr. = Status zweifelhaft.
R. pseudominuscula (Speg.) B. & R. = **Rebutia deminuta** (Web.) B. & R.
R. rauschii Zech. = **'Rebutia steinmannii v. rauschii'.**
R. robustispina Ritt. = **Rebutia spegazziniana** Bkbg.
R. rubiginosa Ritt. = **Rebutia deminuta** (Web.) B. & R.
R. rutiliflora Ritt. = **'Rebutia pygmaea v. diersiana'.**
R. sanguinea Ritt. = **Rebutia spegazziniana** Bkbg.
R. sarothroides Werd. = **'Rebutia einsteinii v. aureiflora'.**
R. singularis Ritt. = **Rebutia padcayensis** Rausch.
'R. sphaerica' = **Rebutia ritteri** (Wessn.) Don.
R. tamboensis Ritt. = **Rebutia deminuta** (Web.) B. & R.
R. tarijensis Rausch = ?**Rebutia ritteri** (Wessn.) Don.
R. tiraquensis Card. = **Sulcorebutia tiraquensis** (Card.) Ritt.
R. totorensis Card. = **Sulcorebutia totorensis** (Card.) Ritt.
R. tuberosa Ritt. = **Rebutia deminuta** (Web.) B. & R.
R. vallegrandensis Card. = Status zweifelhaft.
R. vulpina Ritt. = **Rebutia spegazziniana** Bkbg.
R. zecheri Rausch = **Rebutia ritteri** (Wessn.) Don.

'Reicheocactus floribundus' Bkbg. = **Neoporteria iquiquensis** (Ritt.) Don. & Rowley.
R. pseudoreicheanus Bkbg. = **Lobivia famatimensis** (Speg.) B. & R.

Rodentiophila atacamensis Ritt. n. n. = **Eriosyce megacarpa** Ritt.
R. megacarpa Ritt. n. n. = **Eriosyce megacarpa** Ritt.

Roseocactus fissuratus (Eng.) Berg. = **Ariocarpus fissuratus** (Engl.) Sch.
R. intermedius Bkbg. & Kil. = **Ariocarpus fissuratus v. lloydii** (Rose) And.
R. kotschoubeyanus (Lem.) Berg. = **Ariocarpus kotschoubeyanus** (Lem.) Sch.
R. lloydii (Rose) Berg. = **Ariocarpus fissuratus v. lloydii** (Rose) And.

Soehrensia bruchii (B. & R.) Bkbg. = **Lobivia bruchii** B. & R.
Solisia pectinata (Stein) B. & R. = **Mammillaria pectinifera** (Stein) Web.
Submatucana aurantiaca (Vpl.) Bkbg. = **Matucana aurantiaca** (Vpl.) Bux.
S. aureiflora (Ritt.) Bkbg. = **Matucana aureiflora** Ritt.
'S. bagalaensis' = **Matucana aurantiaca** (Vpl.) Bux.
'S. calmada' = **Matucana aurantiaca** (Vpl.) Bux.
S. calvescens (Kim. & Hutch.) Bkbg. = **Matucana aurantiaca** (Vp.) Bux.
S. currundayensis (Ritt.) Bkbg. = **Matucana aurantiaca** (Vpl.) Bux.
S. formosa (Ritt.) Bkbg. = **Matucana formosa** Ritt.
'S. grandiflora' = **Matucana aurantiaca** (Vpl.) Bux.
S. intertexta (Ritt.) Bkbg. = **Matucana intertexta** Ritt.
S. madisoniorum (Hutch.) Bkbg. = **Matucana madisoniorum** (Hutch.) Rowley.
S. paucicostata (Ritt.) Bkbg. = **Matucana paucicostata** Ritt.
S. ritteri (Buin). Bkbg. = **Matucana ritteri** Buin.

Sulcorebutia albida n. n. = **Sulcorebutia albissima** (Brandt) Pilbeam.
'S. bicolor' = **Sulcorebutia steinbachii** (Werd.) Bkbg.
S. caineana (Card.) Don. = **Sulcorebutia breviflora** Bkbg.
'S. camachoi' = **Sulcorebutia tiraquensis v. bicolorispina** Knize nom. prov.
S. cupreata n. n. = **Sulcorebutia flavissima** Rausch.
S. flavida Brandt = **Sulcorebutia flavissima** Rausch.
S. haseltonii (Card.) Don. = **Sulcorebutia breviflora** Bkbg.
S. hoffmanniana Bkbg. = **Sulcorebutia kruegeri v. hoffmanniana** (Bkbg.) Don.
'S. koehresii' = **Sulcorebutia langeri** Neum. & Falk. nom. prov.
S. lepida Ritt. = **Sulcorebutia totorensis v. lepida** (Ritt.) Pilbeam ex Don.
S. menesesii v. kamiensis n. n. = **Sulcorebutia menesesii** (Card.) Buin. & Don.
S. muschii Vasqu. = **Sulcorebutia menesesii v. muschii** (Vasqu.) Don.
S. polymorpha (Card.) Bkbg. = **Sulcorebutia steinbachii v. polymorpha** (Card.) Pilbeam.
S. pulchera = unkorrekt veröffentlichter Name für **Sulcorebutia pulchra** (Card.) Don.
S. seinoiana Vasqu. nom. prov. = **Sulcorebutia kruegeri v. hoffmanniana** (Bkbg.) Don.
'S. senilis' = **Sulcorebutia tiraquensis v. bicolorispina** Knize. *nom. prov.*
S. steinbachii v. gracilior Bkbg.
S. steinbachii v. horrida Rausch
'S. steinbachii v. violaciflora'
} = **Sulcorebutia steinbachii** (Werd.) Bkbg.
S. sucrensis Ritt. n. n. = **Sulcorebutia losenickyana** Rausch.
S. taratensis (Card.) Buin. & Don. = Status zweifelhaft.
S. tuberculato-chrysantha (Card.) Don. = **Sulcorebutia steinbachii** (Werd.) Bkbg.
S. unguispina Rausch = **Sulcorebutia purpurea** Don.
S. vanbaelii n. n. = **Sulcorebutia kruegeri v. hofmanniana** (Bkbg.) Don.
S. verticillacantha v. applanata Don. & Krahn = **'Sulcorebutia canigueralii v. applanata'.**
S. verticillacantha v. aureiflora Rausch = **'Sulcorebutia tarabucoensis v. aureiflora'.**
S. verticillacantha v. chatajillensis Oeser & Bred. = **Sulcorebutia alba** Rausch.
S. verticillacantha v. cuprea Rausch = **'Sulcorebutia markusii v. cuprea'.**
S. verticillacantha v. verticosior Ritt. = **Sulcorebutia verticillacantha** Ritt.
'S. weingartioides' = **Sulcorebutia pampagrandensis** Rausch.
S. xanthoantha Bkbg. = **Sulcorebutia candiae** (Card.) Buin. & Don.
S. zavaletae (Card.) Bkbg. = Status zweifelhaft.

Thelocactus bicolor v. schottii Davis ex Bkbg. = **Thelocactus bicolor** (Gal. ex Pfeiff.) B. & R.
T. bicolor v. texensis Bkbg. nom. inval. = **Thelocactus bicolor** (Gal. ex Pfeiff.) B. & R.
T. bicolor v. tricolor Sch. = **Thelocactus bicolor** (Gal. ex Pfeiff.) B. & R.
T. bicolor v. wagnerianus (Berg.) Krainz = **Thelocactus bicolor** (Gal. ex Pfeiff.) B. & R.
T. bueckii (Klein) B. & R. = **Thelocactus tulensis v. bueckii** (Klein) E. F. Anderson.

T. conothelos v. macdowellii Glass & Foster = **Thelocactus macdowellii** (Rebut ex Quehl) C. Glass.
T. flavidispinus (Bkbg.) Bkbg. = **Thelocactus bicolor** (Gal. ex Pfeiff.) B. & R.
T. hexaedrophorus v. fossulatus (Scheidw.) S-D ex Lab. = **Thelocactus hexaedrophorus** (Lem.) B. & R.
T. leucacanthus v. porrectus (Lem.) Bkbg. = **Thelocactus leucacanthus** (Zucc. ex Pfeiff.) B. & R.
T. leucacanthus v. sanchezmejoradai (Meyran) Bkbg. = **Thelocactus leucacanthus** (Zucc. ex Pfeiff.) B. & R.
T. lloydii B. & R. = **Thelocactus hexaedrophorus v. lloydii** (B. & R.) Kladiwa & Fittkau.
T. lophothele (S-D) B. & R. = **Thelocactus rinconensis** (Poselg.) B. & R.
T. lophothele v. nidulans (Quehl) Kladiwa & Fittkau = **Thelocactus rinconensis** (Poselg.) B. & R.
T. matudae Sanchez-Mej. & Lau = **Thelocactus tulensis v. matudae** (Sanchez-Mej & Lau) E. F. Anderson.
T. nidulans (Quehl) B. & R. = **Thelocactus rinconensis** (Poselg.) B. & R.
T. phymatothelos, 'T. phymatothele' (Poselg. ex Ruemp.) B. & R. = **Thelocactus rinconensis** (Poselg.) B. & R.
T. rinconensis v. nidulans (Quehl) Glass & Foster = **Thelocactus rinconensis** (Poselg.) B. & R.
T. rinconensis v. phymatothelos (Poselg. ex Ruemp.) Glass & Foster = **Thelocactus rinconensis** (Poselg.) B. & R.
T. sanchezmejoradai Meyran = **Thelocactus leucacanthus** (Zucc. ex Pfeiff.) B. & R.
T. saussieri (Weber) Berg. = **Thelocactus conothelos** (Regel & Klein) Bkbg. & Knuth.
T. schwarzii Bkbg. = **Thelocactus bicolor v. schwarzii** (Bkbg.) E. F. Anderson.

Thelocephala aerocarpa (Ritt.) Ritt. = **Neoporteria reichei v. aerocarpa** (Ritt.) R. M. Ferryman.
T. duripulpa (Ritt.) Ritt. = **Neoporteria reichei** (Sch.) Bkbg.
T. esmeraldana (Ritt.) Ritt. = **Neoporteria esmeraldana** (Ritt.) Don. & Rowley.
T. fankhauseri Ritt. = **Neoporteria napina. v. fankhauseri** (Ritt.) Hoffmann.
T. fulva (Ritt.) Ritt. = **Neoporteria odieri** (Lem.) Berg.
T. glabrescens (Ritt.) Ritt. = **Neoporteria napina** (Phil.) Bkbg.
T. krausii (Ritt.) Ritt. = **Neoporteria odieri v. malleolata** (Ritt.) R. M. Ferryman.
T. lembckei (Bkbg.) Ritt. = **Neoporteria reichei** (Sch.) Bkbg.
T. longirapa Ritt. = **Neoporteria odieri** (Lem.) Berg.
T. malleolata & v. solitaria (Ritt.) Ritt. = **Neoporteria odieri** (Lem.) Berg.
T. napina (Phil.) Ito = **Neoporteria napina** (Phil.) Bkbg.
T. nuda Ritt = **Neoporteria napina** (Phil.) Bkbg.
T. odieri (S-D) Ritt. = **Neoporteria odieri** (Lem.) Berg.
T. reichei (Sch.) Ritt. = **Neoporteria reichei** (Sch.) Bkbg.
T. tenebrica Ritt. = **Neoporteria napina** (Phil.) Bkbg.

Toumeya papyracantha (Englm.) B. & R. = **Sclerocactus papyracanthus** (Englm.) Benson.

'Turbinicarpus dickisoniae' = **Turbinicarpus schmiedickeanus v. dickisoniae** Glass & Foster.
T. flaviflorus Frank & Lau = **Turbinicarpus schmiedickeanus v. flaviflorus** (Frank & Lau) Glass & Foster.
T. gielsdorfianus (Werd.) V. John & Riha = **Gymnocactus gielsdorfianus** (Werd.) Bkbg.
T. gracilis Glass & Foster = **Turbinicarpus schmiedickeanus v. gracilis** (Glass & Foster).
T. horripilus (Lem.) V. John & Riha = **Gymnocactus horripilus** (Lem.) Bkbg.
T. klinkerianus Bkbg. & Jacobs. = **Turbinicarpus schmiedickeanus v. klinkerianus** (Bkbg. & Jacobs.) Glass & Foster.
T. knuthianus (Boed.) V. John & Riha = **Gymnocactus knuthianus** (Boed.) Bkbg.
T. krainzianus (Frank) Bkbg. = **Turbinicarpus pseudomacrochele v. krainzianus** (Frank) Glass & Foster.
T. macrochele (Werd.) Bux. & Bkbg. = **Turbinicarpus schmiedickeanus v. macrochele** (Werd.) Glass & Foster.
'T. polaskii' Bkbg. nom. inval. = **Turbinicarpus schmiedickeanus v. schwarzii** (Shurly) Glass & Foster.
T. schwarzii (Shurly) Bkbg. = **Turbinicarpus schmiedickeanus v. schwarzii** (Shurly) Glass & Foster.
T. viereckii (Werd.) V. John & Riha = **Gymnocactus viereckii** (Werd.) Bkbg.

Weingartia aglaia Brandt = **Sulcorebutia tiraquensis v. bicolorispina** Knize nom. prov.
W. albaoides Brandt = Status zweifelhaft.
W. albissima Brandt = **Sulcorebutia albissima** (Brandt) Pilbeam.
W. ambigua (Hildm.) Bkbg. = Status zweifelhaft.
W. backebergiana Brandt = **Sulcorebutia steinbachii** (Werd.) Bkbg.
W. brachygraphisa Brandt = **Weingartia neocumingii** Bkbg.
W. callecallensis Brandt = **'Sulcorebutia tarabucoensis v. aureiflora'**.
W. chilensis (Bkbg.) Bkbg. = **Neowerdermannia chilensis** Bkbg.
W. chuquichuquiensis Brandt = **Weingartia lanata** Ritt.
W. clavata Brandt = **Sulcorebutia steinbachii** (Werd.) Bkbg.
W. corroana Card. 1971 = **Weingartia lanata** Ritt.
W. (Sulcorebutia) croceareolata Brandt = Status zweifelhaft.
W. cumingii (S-D) Werd. siehe unter **Weingartia neocumingii** Bkbg.
W. erinacea Ritt. = **Weingartia neocumingii subsp. pulquinensis** (Card.) Don.
W. flavida Brandt = **Sulcorebutia flavissima** Rausch.
W. formosa Brandt = Status zweifelhaft.
W. gracilispina Ritt. = **Weingartia neocumingii subsp. sucrensis** (Ritt.) Don.
'W. hajekyana' = **Weingartia neocumingii subsp. pulquinensis v. mairanensis** Don.
W. hediniana Bkbg. = **Weingartia neocumingii subsp. sucrensis** (Ritt.) Don.
w. knizei Brandt = **Weingartia neocumingii subsp. pulquinensis** (Card.) Don.
W. lecoriensis Card. = **Weingartia westii** Hutch.
W. longigibba Ritt. = **Weingartia lanata.**

'*W. mairanana*' Brandt = **Weingartia neocumingii subsp. pulquinensis v. mairanensis** Don.
W. mataralensis Brandt = **Weingartia neocumingii subsp. pulquinensis** (Card.) Don.
W. multispina Ritt. = **Weingartia neocumingii subsp. pulquinensis** (Card.) Don.
W. neglecta Brandt = **Weingartia neocumingii subsp. sucrensis** (Ritt.) Don.
W. nigro-fuscata Brandt = **Sulcorebutia tiraquensis** (Card.) Ritt.
W. oligacantha Brandt = **Sulcorebutia tarijensis** Ritt.
W. platygona Card. = **Weingartia lanata subsp. pilcomayoensis** (Card.) Don.
'*W. pruinosa*' n. n. = Katalogname = ?**Weingartia neocumingii** Bkbg.
W. pulquinensis Card. = **Weingartia neocumingii subsp. pulquinensis** (Card.) Don.
W. pygmaea Ritt. = **Weingartia kargliana** Rausch.
W. riograndensis Ritt. = **Weingartia lanata subsp. riograndensis** (Ritt.) Don.
'*W. rio-orensis*' = Katalogname = **Weingartia neocumingii** Bkbg.
W. rubro-aurea = **'Sulcorebutia tarabucoensis v. aureiflora'**.
W. saetosa Brandt = **Weingartia neocumingii subsp. pulquinensis** (Card.) Don.
W. saipinensis Brandt = **Weingartia neocumingii subsp. pulquinensis** (Card.) Don.
W. sucrensis Ritt. = **Weingartia neocumingii subsp. sucrensis** (Ritt.) Don.
'*W. tominensis*' = Katalogname.
W. torotorensis Card. = **Sulcorebutia torotorensis** (Card.) Bred. & Don.
W. totoralensis Brandt = Status zweifelhaft.
W. trollii Oeser = **Weingartia neocumingii subsp. sucrensis** (Ritt.) Don.
W. vilcayensis Card. = **Weingartia westii** Hutch.

Wigginsia arechavaletai (Sch. ex Speg.) D. D. Port = **Notocactus neoarechavaletai** (Sch. ex Speg.) Elsner.
W. corynodes (Otto ex Pfeiff.) S-D = **Notocactus erinaceus** (Haw.) Krainz.
W. erinacea (Haw.) D. M. Port. = **Notocactus erinaceus** (Haw.) Krainz.
W. fricii (Ar.) D. M. Port. = **Notocactus erinaceus** (Haw.) Krainz.
W. horstii Ritt. = **Notocactus neohorstii** (Ritt.) Theum.
W. langsdorfii (Lehm.) D. M. Port. = **Notocactus erinaceus** (Haw.) Krainz.
W. leucocarpa (Ar.) D. M. Port. = **Notocactus erinaceus** (Haw.) Krainz.
'*W. pulvinata*' = **Notocactus erinaceus** (Haw.) Krainz.
W. sessiliflora (Mackie) D. M. Port. = **Notocactus erinaceus** (Haw.) Krainz.
W. stegmannii (Bkbg.) D. M. Port. = **Notocactus erinaceus** (Haw.) Krainz.
W. tephracantha (Link & Otto) D. M. Port. = **Notocactus erinaceus** (Haw.) Krainz.
W. turbinata (Ar.) D. M. Port. = **Notocactus erinaceus** (Haw.) Krainz.
W. vorwerkiana (Werd.) D. M. Port. = **Notocactus erinaceus** (Haw.) Krainz.

Wilcoxia albiflora Bkbg. = **Echinocereus leucanthus** N. P. Taylor.
W. australis hort. n. n. = **Echinocereus poselgeri** Lem. (siehe unter *Echinocereus leucanthus*).
W. poselgeri (Lem.) B. & R. = **Echinocereus poselgeri** Lem. (siehe unter *Echinocereus leucanthus*).
W. schmollii (Weingart) Bkbg. = **Echinocereus schmollii** (Weingart) N. P. Taylor.
W. tamaulipensis Werd. = **Echinocereus poselgeri** Lem. (siehe unter *Echinocereus leucanthus*).

Bildquellen

Die meisten Farbfotos in diesem Buch stammen von Premaphotos, aber die Autoren möchten sich auch bei den nachfolgend genannten Personen bedanken, die freundlicherweise Bildmaterial zur Verfügung stellten:

L. Bremer: Seite 23 unten links.

G. Charles: Seite 14 unten links; 15 unten Mitte; 16 oben rechts, unten Mitte; 17 unten links, unten Mitte; 18 oben Mitte; 19 oben links; 20 unten links, unten Mitte; 31 unten links, unten Mitte, unten rechts; 32 oben rechts; 37 unten rechts; 39 unten links; 41 unten links; 54 oben rechts; 58 unten Mitte; 62 unten rechts; 65 oben rechts, unten Mitte; 66 oben Mitte, unten Mitte, unten rechts; 67 oben rechts, unten Mitte; 68 oben rechts; 69 oben rechts; 71 oben links; 73 oben links, oben Mitte, unten Mitte, unten rechts; 74 oben links; 75 oben links, oben Mitte; 82 unten Mitte; 90 oben links; 106 unten links; 109 unten links; 117 oben rechts; 118 oben links; 135 unten links; 136 oben links, oben Mitte, unten links, unten Mitte, unten rechts; 137 oben links, oben Mitte, unten Mitte; 138 oben links, oben Mitte, unten links, unten Mitte; 139 oben Mitte; 144 oben links; 147 oben links; 151 oben Mitte; 154 unten links; 157 oben links; 167 unten links, unten rechts; 188 unten rechts; 193 unten Mitte; 195 oben links, oben rechts, unten links, unten Mitte, unten rechts; 196 oben links, oben Mitte, oben rechts, unten links.

J. Donald: Seite 153 unten Mitte; 156 unten Mitte; 175 oben rechts; 176 unten rechts; 177 unten rechts.

R. M. Ferryman: Seite 20 oben rechts; 21 oben links; 22 unten Mitte; 121 unten Mitte; 140 unten Mitte; 141 unten links, unten Mitte; 142 unten Mitte; 143 oben links, oben Mitte; 144 oben Mitte, oben rechts, unten rechts; 146 unten rechts; 147 unten links, unten Mitte; 148 unten Mitte; 149 unten Mitte; 150 oben Mitte; 168 oben links.

G. Hole: Seite 160 unten Mitte.

R. Mottram: Seite 59 unten rechts; 60 unten Mitte; 76 oben Mitte; 105 oben rechts; 150 unten rechts.

D. Parker: Seite 33 unten rechts.

W. Reppenhagen: Seite 87 unten links; 90 oben rechts; 92 oben Mitte; 94 oben links, unten rechts; 96 oben links, oben Mitte, oben rechts; 99 unten Mitte; 101 oben Mitte; 107 oben links; 108 unten rechts; 110 oben Mitte; 115 oben Mitte; 116 oben rechts; 119 oben Mitte; 127 oben links; 130 unten links, unten rechts oben; 131 oben links; 133 unten rechts; 135 oben links.

P. Smart: Seite 84 oben rechts; 174 oben links; 175 unten Mitte; 184 oben rechts; 189 unten links.

N. P. Taylor: Seite 57 oben links, oben rechts, unten links; 58 oben links, oben Mitte; 105 unten Mitte; 109 oben Mitte; 139 oben links; 180 oben links; 190 unten Mitte.

S. Woolcock: Seite 86 unten Mitte.